除垢剂
配方与制备

李东光 主编

CHUGOUJI PEIFANG
YUZHIBEI

化学工业出版社
·北京·

除垢剂由多种组分复配而成，可快速清除溶解各种换热设备、锅炉和管道中的水垢、锈垢和其他沉积物；同时，在金属表面形成保护膜，防止金属腐蚀和水垢的快速形成，对各种设备和卫生设施表面的水垢薄层，污垢菌藻、蚀斑有极佳的清除作用。本书收集了 300 余种除垢剂制备实例，包括家用除垢剂和工业除垢剂两类，详细介绍了产品的特性、用途与用法、配方和制法，可供从事精细化工生产的技术人员参考。

图书在版编目（CIP）数据

除垢剂配方与制备/李东光主编 . —北京：化学工业出版社，2016.7（2022.10 重印）
ISBN 978-7-122-27119-8

Ⅰ.①除… Ⅱ.①李… Ⅲ.①除垢剂-配方②除垢剂-制备 Ⅳ.①TE39

中国版本图书馆 CIP 数据核字（2016）第 111366 号

责任编辑：张 艳 靳星瑞 　　　文字编辑：陈 雨
责任校对：宋 夏 　　　　　　　装帧设计：王晓宇

出版发行：化学工业出版社（北京市东城区青年湖南街 13 号 邮政编码 100011）
印 　　装：北京七彩京通数码快印有限公司
850mm×1168mm 1/32 印张 10½ 字数 284 千字
2022 年 10 月北京第 1 版第 4 次印刷

购书咨询：010-64518888 　　　　售后服务：010-64518899
网 　　址：http://www.cip.com.cn
凡购买本书，如有缺损质量问题，本社销售中心负责调换。

定 　　价：48.00 元 　　　　　　　　　版权所有 违者必究

前 言
FOREWORD

给水中所含杂质进入设备（容器）后，随着水温不断升高或蒸发浓缩，在设备（容器）内受热面水侧金属表面上生成的固体附着物称为水垢。

水垢的形成与水的硬度有着十分密切的关系，它主要是水中硬质物质的沉淀物，当水被加热或蒸发时，水垢就形成。在工业生产过程中，水是最重要的热交换介质，受热面和传热面的结垢就成为热交换工艺中困扰设备正常运行的主要问题之一。水垢会导致热效率下降，能耗增加，严重时堵塞管道甚至引起锅炉爆炸等严重后果。在家庭生活中，水垢会堵塞管道，损坏电加热器，并可能危害人体健康。

水垢的导热性一般都很差。不同的水垢因其化学组成不同，内部孔隙不同，水垢内各层次结构不同等原因，导热性也各不相同。水垢的热导率大约仅为钢材板的热导率的 $1\% \sim 10\%$。这就是说假设有 0.1mm 厚的水垢附着在金属壁上，其热阻相当于加厚了几毫米到几十毫米。水垢的热导率很低是水垢危害大的主要原因。

除垢剂是一种去除水垢、污垢等多种垢渍的化学制剂，一般由多种组分复配而成。工业用除垢剂主要用于去除换热设备、锅炉等内的污垢，家用除垢剂主要用于去除饮水机、热水器、水壶等内的污垢。除垢剂可快速清除溶解各种换热设备、锅炉和管道中的水垢、锈垢和其他沉积物，同时，在金属表面形成保护膜，防止金属腐蚀和水垢的快速形成；对各种设备和卫生设施表面的水垢薄层、污垢菌藻、蚀斑有极佳的清除作用。

为了满足市场的需求，我们在化学工业出版社的组织下编写了这本《除垢剂配方与制备》，书中收集了 300 余种除垢剂制备实例，详细介绍了产品的特性、用途与用法、配方和制法，旨在为除垢剂工业的发展尽点微薄之力。

本书由李东光主编，参加编写的还有翟怀凤、李桂芝、吴宪民、吴慧芳、蒋永波、邢胜利、李嘉等。由于编者水平有限，疏漏和不足之处在所难免，请读者在使用过程中发现问题及时指正。作者 Email：ldguang@163.com。

编者
2016 年 6 月

目 录
CONTENTS

2 工业除垢剂

1

家用除垢剂

冰箱除垢剂

原料配比

原料	配比(质量份)			
	1#	2#	3#	4#
水	90	100	45	80
碱性氧化锰	5	10	8	6
磷酸	20	40	35	25
乙酸	10	5	7	9
二氯化锡	3	9	6	8
增白剂	2	5	4	3

制备方法 将各组分原料混合均匀即可。

原料配伍 本品各组分质量份配比范围为：水 90～100，碱性氧化锰 5～10，磷酸 20～40，乙酸 5～10，二氯化锡 3～9，增白剂 2～5。

产品应用 本品主要用作冰箱除垢剂。

产品特性 本产品无毒、无腐蚀，能快速分解污垢，整个清洗过程轻松易行，对冰箱表面无任何损伤，也不会留下任何异味，清洗后的冰箱表面光亮如新，并在一定程度上能抑制污垢附着，使冰箱长期保持干净清洁的状态，瞬间去除冰箱内有害物质，纯生态、绿色环保，无残留。

厕盒长效杀菌消毒除垢剂

原料配比 →

原料	配比（质量份）					
	1#	2#	3#	4#	5#	6#
非离子表面活性剂	10.15	4.6	4.61	4.62	4.8	4.81
阴离子表面活性剂	40.4	40.6	40.8	40.85	41	41.5
金属钠盐	3.2	7.6	7.8	7.9	8	8.2
染料	6.05	8.55	8.89	8.9	8.95	9
杀菌剂	1.55	2.1	2.4	2.5	2.6	2.9
氧化物	2.66	3.2	3.7	3.8	3.9	4
香精	0.5	0.5	0.6	0.7	0.75	0.8
水	0.6	0.7	0.75	0.8	0.85	0.9

制备方法　取非离子表面活性剂、阴离子表面活性剂、钠盐，放入反应釜中，加温至 65～95℃，保温 1h，然后加入杀菌剂、氧化物、染料、香精和水。进行搅拌，降温至 30℃，取出灌入模具凝固成型，制成本品。

原料配伍　本品各组分质量份配比范围为：非离子表面活性剂 4.6～40、阴离子表面活性剂 3.34～77.12、金属钠盐 0.1～8.2、染料 6～39、杀菌剂 0.1～15、氧化物 2.3～5、香精 0.5～0.8、水 0.5～1。

在本品中，非离子表面活性剂可以是聚乙二醇型的表面活性剂：C_{12} 脂肪醇聚氧乙烯（4）醚，C_{12} 脂肪醇聚氧乙烯（3）醚，C_{12} 脂肪醇聚氧乙烯（7）醚或 C_{12} 脂肪醇聚氧乙烯（9）醚，或 C_{12}～C_{18} 脂肪醇聚氧乙烯（10）醚，或脂肪醇聚氧乙烯（15）醚，或脂肪醇聚氧乙烯（20）醚，或苯乙烯基苯基聚氧乙烯醚。以上可以混用，也可单独使用。若混用，聚乙二醇型表面活性剂：多元醇型表面活性剂的比例为 27∶1。

在本品中，可以使用的阴离子表面活性剂为烷基苯磺酸盐、高碳醇硫酸酯盐、烯烃磺酸盐及金属皂盐等。以上物质可以混合使用，也可单独使用。与组合物最好的比例为 25∶1。

在本品中，可供选择的杀菌剂为甲酚及其同分异构体：间甲酚，邻甲酚，对甲酚，四甲基秋兰姆化二硫，2-异丙基-5-甲基苯酚，或硫酸铜、硫黄或三环锡，唑啉铜，二氯异丙醚，1,2-二溴氯丙烷，有机氯杀虫剂 4,5,6,7-四氯苯酚，对二氯苯，间氯苯，邻氯苯，4,4-三氯-三羟基二苯醚。最好的比例为 0.1％～5.0％。

在本品中，可供选择的染料为酸性湖蓝 5R，弱酸性艳蓝 GAW，中性蓝 BNLP，直接耐晒翠蓝 GL，分散蓝，可以混合使用，也可单独使用。最好的比例为 6.0％～10.0％。在本品中，可供选择的金属钠盐为磷酸钠盐、硫酸钠盐、碳酸钠盐、乙二胺四乙酸二钠。可以混合使用，也可单独使用。最好的比例为 0.1％～6.5％。

产品应用　本品主要用作厕盒长效杀菌消毒除垢剂。

产品特性　本品放入水箱中，经过 5min，放出蓝色水溶液至厕盆，防结尿垢，杀菌消毒，除臭味，一个产品重 15～20g，可使用 30 天左右，平均每天使用 12～15 次。

❖ 厕所除垢剂

原料配比

原料	配比（质量份）	
	1#	2#
烷基苯磺酸钠	6	9
草酸	3	6
氨基磺酸	13	7
硅酸钠	5	3
聚乙二醇	12	18
无水硫酸钠	加至100	加至100

制备方法　将各组分原料混合均匀即可。

原料配伍　本品各组分质量份配比范围为：烷基苯磺酸钠 5～10，草酸 2～8，氨基磺酸 5～15，硅酸钠 2～5，聚乙二醇 10～20，无水硫酸钠加至 100。

产品应用　本品主要用作厕所除垢剂。

产品特性　本产品生产成本低、除垢效果好。

∴ 马桶内管除垢液

原料配比 →

原料		配比（质量份）					
		1#	2#	3#	4#	5#	6#
酸混合物	乙酸和盐酸混合物(2:1)	50	80	—	55	—	—
	乙酸和盐酸混合物(3:1)	—	—	70	—	65	—
	乙酸和盐酸混合物(3:2)	—	—	—	—	—	60
助溶剂	硅酸钠	10	—	—	—	25	—
	三聚磷酸钠	—	30	—	20	—	—
	磷酸三钠	—	—	15	—	—	10
表面活性剂	脂肪酸甘油酯	20	—	—	18	—	—
	失水山梨醇脂肪酸酯	—	10	—	—	18	—
	十二烷基苯磺酸钠	—	—	15	—	—	18
渗透剂	乙二醇单丁醚、琥珀酸二丁酯混合物(2:3)	20	5	10	15	15	—
	乙二醇单丁醚、琥珀酸二丁酯混合物(1:3)	—	—	—	—	—	10
小苏打粉		2	8	3	5	6	4

制备方法　在酸混合物中依次加入助溶剂、表面活性剂，充分均匀搅拌，然后加热温度到 60℃，再依次加入渗透剂和小苏打粉，最后

冷却得到用于马桶内管的除垢液。

原料配伍　本品各组分质量份配比范围为：酸混合物 50~80，助溶剂 10~30，表面活性剂 10~20，渗透剂 5~20，小苏打粉 2~8。

所述酸混合物由乙酸和盐酸所组成。

所述助溶剂为：硅酸钠、三聚磷酸钠、磷酸三钠中任意一种。

所述表面活性剂为脂肪酸甘油酯、失水山梨醇脂肪酸酯、十二烷基苯磺酸钠中任意一种。

所述渗透剂是乙二醇单丁醚、琥珀酸二丁酯组合物。

产品应用　本品主要用于马桶内管的除垢液。

产品特性　该除垢液毒性小，不污染环境，能够快速附着在马桶内壁表面，并强力溶解污垢，不会损伤设备的光滑度，挥发性小，同时该产品还具有杀菌除臭的功效。

卫生间除垢剂

原料配比 →

原　料	配比（质量份）	
	1#	2#
36%乙酸	7	9
硫脲	2	3
三聚磷酸钠	6	9
亚硝酸钠	32	25
酸式硫酸盐	加至 100	加至 100

制备方法　将原料各组分混合均匀即可。

原料配伍　本品各组分质量份配比范围为：36%乙酸 5~10、硫脲 1~3、三聚磷酸钠 5~10、亚硝酸钠 20~40、酸式硫酸盐加至 100。

产品应用　本品主要应用于卫生间除垢。

产品特性　本品生产成本低，除垢效果好。

卫生间除垢清洗粉

原料配比

原　料	配比(质量份)
酸式硫酸盐	70
摩擦剂	20
亚硝酸钠	30
烷基苯磺酸钠	4
草酸	3
香料	适量

制备方法　将各组分混合均匀即可。

原料配伍　本品各组分质量份配比范围为：酸式硫酸盐 50～70、摩擦剂 20～40、亚硝酸钠 1～30、烷基苯磺酸钠 3～5、草酸 2～3、香料适量。

产品应用　本品主要应用于日用化工产品卫生间除垢清洗粉。

产品特性　本品的卫生间除垢粉去垢强，清洗速度快，使用携带方便。使用时将除垢粉撒在湿拖把或泡沫塑料刷把上，轻擦污垢处即可，本品是固体粉状，便于储运，具有生产工艺简单，成本低廉，投资少，效益高，使用方便等特点。

臭氧水型多功能水垢油污清洗剂

原料配比

原　料	配比(质量份)
IS-129 咪唑啉缓蚀剂	0.3
TSX-03 除油剂	0.6
淡绿色染色剂	适量
茉莉香型工业香料	适量
0.01g/kgO₃-8％HCl 水溶液	加至100

制备方法　先将盐酸注入到 0.01g/kg 的臭氧水中，在塑料容器或陶瓷容器中稀释成 8％的臭氧-盐酸水溶液，然后加入 IS-129 咪唑啉缓蚀剂，TSX-03 除油剂，再加适量淡绿色染色剂和适量的茉莉香型工业香料，充分混合搅拌均匀迅速密封待用。

原料配伍　本品各组分质量份配比范围为：IS-129 咪唑啉缓蚀剂 0.2~1、TSX-03 除油剂 0.1~0.6、0.01g/kgO$_3$/8％HCl 水溶液加至 100。

臭氧水型多功能水垢油污清洗剂还可以加入彩色染色剂，使液体有漂亮的色彩，清新明亮。

臭氧水型多功能水垢油污清洗剂还可加入工业香料，使用时发出宜人清香。

产品应用　本品可广泛用于饮水机、热得快、铝制烧水壶、电烧水壶、家用热水器、暖瓶、工厂用热水器、医用消毒锅、热交换器、汽车水箱、各种低压锅炉水垢污物清洗。同时也用于家庭、工厂、宾馆、医院等便盆和洗手盆的尿垢、污垢清洗。

产品特性　本品臭氧水型多功能水垢油污清洗剂的各组分没有毒害，采用咪唑啉缓蚀剂可保证对金属材料，特别是铝和铝合金制品不产生腐蚀。采用除油剂可清除油污，所以能迅速除去水垢、油污、尿垢、茶垢等。因清洗液中含有臭氧，有良好的杀菌除臭功能。成本低、价格便宜。生产操作简单，不消耗能源，生产过程中不污染环境，无三废，安全可靠，原料易得，成本低廉。该品用途极广，系长线消费品，市场容量大，又因清除水垢可提高热效率，所以是国家提倡的节能产品。

除臭除垢剂（1）

原料配比

原　料	配比（质量份）	
	1#	2#
酸式硫酸盐	15	20

续表

原　料	配比(质量份)	
	1#	2#
硬脂酸钠	10	8
硅酸钠	4	3
草酸	5	6
硼酸	5	8
三聚磷酸钠	10	8
香精	1	2
水	加至100	加至100

制备方法　将原料各组分混合均匀即可。

原料配伍　本品各组分质量份配比范围为：酸式硫酸盐10～30、硬脂酸钠5～10、硅酸钠2～5、草酸2～7、硼酸5～10、三聚磷酸钠5～10、香精1～3、水加至100。

产品应用　本品主要应用于家用除垢。

产品特性　本品配方合理，除垢效果好，安全可靠，生产成本低。

⁘ 除臭除垢剂（2） ⁘

 原料配比

原料	配比(质量份)	
	1#	2#
脂肪醇聚氧乙烯硫酸钠	3	1
硫脲	2	1
硫酸亚铁	5	8
抗坏血酸	0.2	0.3

续表

原料	配比(质量份)	
	1#	2#
十二烷基苯磺酸钠	2	2
水	加至100	加至100

制备方法　将原料各组分混合均匀即可。

原料配伍　本品各组分质量份配比范围为：脂肪醇聚氧乙烯硫酸钠 1～3、硫脲 1～3、硫酸亚铁 5～10、抗坏血酸 0.1～0.3、十二烷基苯磺酸钠 1～3、水加至 100。

产品应用　本品主要用作除垢剂。

产品特性　本品生产成本低，除垢效果好。

除垢剂（1）

原料配比

原料	配比(质量份)	
	1#	2#
25%的盐酸	65	70
氨基磺酸	20	10
硅油	2	3
六亚甲基四胺	3	2
水	10	15

制备方法　将原料各组分混合均匀即可。

原料配伍　本品各组分质量份配比范围为：25%的盐酸 60～75、氨基磺酸 10～20、硅油 1～3、六亚甲基四胺 1～3、水 10～15。

产品应用　本品主要应用于家用除垢。

产品特性　本品配方合理，除垢效果好，安全可靠，生产成本低。

∷ 除垢剂（2）

原料配比 →

原　料	配比（质量份）	
	1#	2#
硝酸钠	1	3
柠檬酸	2	3
磷酸	3	1
氨基磺酸	32	38
水	加至 100	加至 100

制备方法　将原料各组分混合均匀即可。

原料配伍　本品各组分质量份配比范围为：硝酸钠 1～3、柠檬酸 1～3、磷酸 1～3、氨基磺酸 20～40、水加至 100。

产品应用　本品主要用作除垢剂。

产品特性　本品生产成本低，除垢效果好。

∷ 除垢剂（3）

原料配比 →

原　料		配比（质量份）	
		1#	2#
非离子表面活性剂	脂肪醇聚氧乙烯（15）醚	3	4.5
	椰子油脂肪酸二乙醇酰胺（1∶1）	1.5	0.5
阴离子表面活性剂	油酸三乙醇胺盐	8	5
	N-酰基谷氨酸盐	—	2
两性表面活性剂	月桂基两性丙基磺酸盐	1.5	1
苯并三氮唑		0.2	1
羟基亚乙基二膦酸		1.5	1

续表

原　　料	配比（质量份）	
	1#	2#
甲基磺酸	45	38
硫脲	0.2	
去离子水	39.1	47

制备方法

(1) 依次加入计量好的去离子水 56.5 份、非离子表面活性剂 1～5 份，阴离子表面活性剂 0.5～10 份，两性表面活性剂 0.5～5 份，甲基磺酸 2～50 份，缓蚀剂 0.2～1 份，羟基亚乙基二膦酸 1～5 份，常温搅拌，直至物料完全溶解。

(2) 用 300 目滤网过滤包装。

原料配伍　本品各组分质量份配比范围为：非离子表面活性剂 1～5，阴离子表面活性剂 0.5～10，两性表面活性剂 0.5～5，甲基磺酸 2～50，缓蚀剂 0.2～1，羟基亚乙基二膦酸 1～5，去离子水 24～94.7。

所述非离子表面活性剂优选为脂肪醇聚氧乙烯 (15) 醚、椰子油脂肪酸二乙醇酰胺 (1:1)。

所述阴离子表面活性剂优选为 N-酰基谷氨酸盐、油酸三乙醇胺盐。

所述两性表面活性剂优选为月桂基两性丙基磺酸盐。

所述缓蚀剂优选为苯并三氮唑、硫脲。

产品应用　本品主要用于水垢、油垢、茶垢、尿垢、锈垢、尘垢的清洁除污，可去除塑料、金属、不锈钢、瓷具等硬表面的顽垢，对人体无害，可恢复器具表面光洁。

产品特性

(1) 本产品为酸性和表面活性剂的复配物，能够有效地清除硬表面上水垢、油垢、茶垢、尿垢、锈垢、尘垢等顽垢。所选用的非离子表面活性剂脂肪醇聚氧乙烯 (15) 醚、椰子油脂肪酸二乙醇酰胺（1∶1），阴离子表面活性剂 N-酰基谷氨酸盐、油酸三乙醇胺盐，两性表面活性剂月桂基两性丙基磺酸盐，具有润湿、乳化、渗透、清洁等功效的同时，还具有缓蚀、防锈能力。

（2）本产品加入了酸性缓蚀剂苯并三氮唑、硫脲，防垢阻垢剂羟基亚乙基二膦酸大大降低了酸性体系对瓷器、不锈钢、金属表面的腐蚀，有利于保护器具硬表面，可令被清洁表面光洁如新。

（3）本品加入了甲基磺酸，它是一种强的有机酸，具有以下突出优点：无气味，无氧化性，盐溶解能力强，热稳定性好，生物降解，容易操作等。

❖ 除油垢膏 ❖

原料配比 ➡

原料	配比（质量份）					
	1#	2#	3#	4#	5#	6#
十二烷基聚氧乙烯醚硫酸钠	1.5	1.5	2.1	1	—	—
三乙醇胺	2	2	2	1	—	—
X-烯基磺酸钠	3.5	3.5	3.9	2	—	—
脂肪醇聚氧乙烯醚	3.5	3.5	2.4	1.6	—	—
月桂酸二乙醇酰胺	6	6	5.7	8	6	6
磺酸	—	—	—	—	39	35
硅酸钠	2.5	2.5	3	1	4	4
柠檬酸	0.2	1	0.2	2	—	—
碳酸钠	13	10.2	13.2	10	—	—
氢氧化钠	25	15	25	10	4	4
硫酸钠	—	10	—	14	7	11
水	42.8	44.8	42.5	49.4	40	40

制备方法   将原料放入反应釜搅拌 45～60min，成品为白色，pH 值大于 13。

　　原料配伍　本品各组分质量份配比范围为：十二烷基聚氧乙烯醚硫酸钠 1～2.1、三乙醇胺 1～2、X-烯基磺酸钠 2～3.9、脂肪醇聚氧乙烯醚 1.6～3.5、月桂酸二乙醇酰胺 5.7～8、硅酸钠 1～3、柠檬酸 0.2～2、碳酸钠 10～13.2、氢氧化钠 15～25、硫酸钠 0～14、水 42.8～49.4。

　　另一种各组分质量份配比范围为：月桂酸二乙醇酰胺 5～7、磺酸 35～39、硅酸钠 3～5、氢氧化钠 3～5、硫酸钠 7～11、水 38～42。

　　产品应用　本品主要用于去油污。

　　产品特性　本品与同类产品相比，能更迅速、更彻底地去除皮肤表面的油垢，并且不伤皮肤。

⁘ 炊具黑垢清除剂　　　　　　　　　⁘

原料配比

原　料	配比（质量份）		
	1#	2#	3#
氢氧化钠	160	480	320
磷酸三钠	65	160	80
硅酸钠	65	160	160
脂肪醇聚氧乙烯醚	15	—	18
冷开水	1000	1000	1120

　　制备方法　在装有部分冷开水的容器中，加入氢氧化钠，并搅拌溶解；取磷酸三钠，加入搅拌溶解，取硅酸钠，加入搅拌溶解，加脂肪醇聚氧乙烯醚，最后添加剩余冷开水，搅拌均匀即可。

　　原料配伍　本品各组分质量份配比范围为：氢氧化钠 160～480、磷酸三钠 65～160、硅酸钠 65～160、脂肪醇聚氧乙烯醚 0～18、冷开水 1000～1120。

　　溶质中氢氧化钠可为氢氧化钾等强碱类化合物，脂肪醇聚氧乙烯醚可为其他非离子型表面活性剂，磷酸三钠可为磷酸三钾或碳酸钠或碳酸氢钠等弱酸强碱盐类。

产品应用　本品尤其适用于清除不锈钢、铸铁、铝合金、搪瓷等各种炊具外表面的黑垢，也可用于天然气灶具上的黑垢。

使用方法：取本品清除剂水溶液适量，加热至60～100℃，淋于不锈钢、铸铁或铝合金等炊具制品的黑垢部位，待出现大量泡沫时停止淋，放置3～6min后用清水清洗干净，若黑垢未清除干净，再反复淋、洗，直至黑垢清除干净。也可将黑垢部位直接浸入加热的清除剂内，待出现大量泡沫时取出，放置3～5min后用清水清洗干净。可反复浸、洗，直至黑垢清除干净。本清除剂对铝制品有轻微的腐蚀作用。

产品特性　本品配方独特，制备方法简单、原料易购、成本低廉，便于推广运用，还具有清除黑垢快而且彻底等优点。

地板保洁除垢维护保护剂

原料配比

原料	配比(质量份)
二甲苯	10
松节油	25
低分子量石油醚	20
2-羟基正辛氧基二苯丙酮	3.5
乙酸乙酯	3.5
氯化双癸基二乙基胺	1.5
氯化双十二烷基二乙基胺	1.5
乙基丙烯酸甲酯-苯乙烯共聚物	2.5
偏二氟乙烯-三氟氯乙烯共聚物	5.5
非离子型表面活性剂	3.5
磺化二丙酸乙基石蜡	2
磷酸三乙基酯	1.5

原料	配比(质量份)
亚磷酸三丁基苯基酯	1.5
乙基丙烯酸甲酯	1.5
香精	5

制备方法

(1) 首先将二甲苯、松节油、低分子量石油醚、2-羟基正辛氧基二苯丙酮、乙酸乙酯、氯化双癸基二乙基胺及氯化双十二烷基二乙基胺按所选定的比例进行混合，然后进入高度密封的搅拌容器里进行 15~30min 的均匀充分的搅拌，之后在 25~50min 的时间里缓和地加热至 30~50℃备用。

(2) 然后将乙基丙烯酸甲酯-苯乙烯共聚物及偏二氟乙烯-三氟氯乙烯共聚物的原料粒子放置在 -168℃ 的液态氮中脆化 1~45min，接着将经过脆化的乙基丙烯酸甲酯-苯乙烯共聚物及偏二氟乙烯-三氟氯乙烯共聚物的原料粒子进行粉碎及研磨后，成为直径在 0.5~50μm 的乙基丙烯酸甲酯-苯乙烯共聚物粉末料及偏二氟乙烯-三氟氯乙烯共聚物粉末料备用。

(3) 将乙基丙烯酸甲酯-苯乙烯共聚物粉末料及偏二氟乙烯-三氟氯乙烯共聚物粉末料、非离子表面活性剂、磺化二丙酸乙基石蜡、磷酸三乙基酯、亚磷酸三丁基苯基酯及乙基丙烯酸甲酯按所选定的比例进行混合，然后进入高度密封的搅拌容器里进行 15~300min 的均匀充分的搅拌，之后在 25~50min 的时间里缓和地加热至 35~75℃备用；此时可将二者进行混合，然后按所选定的比例添加适量的香精后，进入高度密封的搅拌容器里进行 25~300min 的均匀充分的搅拌，待温度稳定在 30~40℃ 的时候，可静置稳定 10~900min 后，待温度稳定在常温的时候即可获得成品；之后即可对成品进行检测；在成品通过检测后即可进行定量灌装，最后经过包装机完成包装后，即可制成产品。

原料配伍　本品各组分质量份配比范围为：二甲苯 1~25、松

节油1～35、低分子量石油醚2～30、2-羟基正辛氧基二苯丙酮1～
15、乙酸乙酯1～15、氯化双癸基二乙基胺0.5～8.5、氯化双十二
烷基二乙基胺0.5～8.5、乙基丙烯酸甲酯-苯乙烯共聚物1～15、
偏二氟乙烯-三氟氯乙烯共聚物1～15、非离子表面活性剂1.5～
15、磺化二丙酸乙基石蜡1～10、磷酸三乙基酯0.5～8、亚磷酸三
丁基苯基酯0.5～8、乙基丙烯酸甲酯0.5～8、香精0.5～8。

　　所述的二甲苯、松节油、低分子量石油醚及2-羟基正辛氧基
二苯丙酮具有可以保洁除垢实木地板、复合地板及塑胶地板的表面
的各种有机污物、无机污物、灰尘、粘连痕迹、泛黄点及霉变痕迹
的功能。

　　所述的乙酸乙酯、氯化双癸基二乙基胺及氯化双十二烷基二乙
基胺具有可以保洁除垢实木地板、复合地板及塑胶地板的表面的因
静电聚集的微尘、酸性微粒子的功能。

　　所述的乙基丙烯酸甲酯-苯乙烯共聚物、偏二氟乙烯-三氟氯乙
烯共聚物具有可以在实木地板、复合地板及塑胶地板的表面形成一
层高透明度的抗紫外线、抗太阳光、抗高温、抗高湿的高分子维护
薄膜，该高透明度的抗紫外线、抗太阳光、抗高温、抗高湿的高分
子维护薄膜的厚度可以为50～5000nm。

　　所述的非离子表面活性剂具有可以在实木地板、复合地板及塑
胶地板的表面起消除因静电聚集微尘的功能。

　　所述的磺化二丙酸乙基石蜡具有可以在实木地板、复合地板
及塑胶地板的表面形成一层可以保持原有光泽及防白蚁的维护薄
膜的功能，该保持原有光泽及防白蚁的维护薄膜的厚度可以为
50～5000nm。

　　所述的磷酸三乙基酯及亚磷酸三丁基苯基酯具有可以在实木地
板、复合地板及塑胶地板的表面形成一层抗氧化、防腐蚀薄膜的功
能，该抗氧化、防腐蚀薄膜的厚度可以为50～5000nm。

　　所述的乙基丙烯酸甲酯具有可以在实木地板、复合地板及塑胶
地板的表面形成一层防水、防霉薄膜的功能，该防水、防霉薄膜的
厚度可以为50～5000nm。

　　本品实木地板、复合地板及塑胶地板的保洁除垢维护的保护剂的含水量应该低于 0.05％。

　　本品实木地板、复合地板及塑胶地板的保洁除垢维护的保护剂的重金属离子的含量应该低于 0.05％。

　　产品应用　本品主要应用于实木地板、复合地板及塑胶地板的保洁除垢与维护。

　　产品特性　本品为安全可靠、效果明显、应用广泛的一种实木地板、复合地板及塑胶地板的保洁除垢维护的保护剂。

电热水壶除垢剂

原料配比

原　料	配比（质量份）			
	1#	2#	3#	4#
食品级乳酸	40～150	—	—	—
食品级苹果酸	—	40～180	—	—
食品级酒石酸	—	—	40～180	—
食品级柠檬酸	—	—	—	40～175
食品级葡萄糖酸钠	15～45	—	—	—
食品级明胶	—	—	15～50	—
蔗糖	—	—	—	25～50
糊精	—	15～54	—	—
食用水果香精	1～15	—	—	—
食用橘子香精	—	—	1～25	—
食用苹果香精	—	—	—	5～25
食用柠檬香精	—	1～15	—	—
色素	适量	—	—	—

制备方法　将各原料加入到搅拌器内，充分搅拌均匀，粉碎后进行包装，即得本品食品级电热水壶除垢剂。

原料配伍　本品各组分质量份配比范围为：多元有机酸化合物50～180、金属缓蚀剂15～50、辅料1～15。

所述的多元有机酸化合物为酒石酸、羟基乙酸、己二酸、草酸、柠檬酸、丁二酸、富马酸、苹果酸、乳酸和葡萄糖酸中的一种或一种以上。

所述的金属缓蚀剂为葡萄糖、葡萄糖酸钠、蔗糖、淀粉、糊精、果胶、明胶和维生素C中的一种或一种以上。

所述的辅料为食品级香精或色料。

本品的食品级电热水壶除垢剂由多元有机酸化合物与多羟基有机化合物进行一定条件下的复配，充分发挥各组分的单一作用和复配后的协同效能，达到既能快速溶解水垢，又能保护金属材质不被腐蚀的目的。本品是在类别繁多的除垢剂品种基础上，创新、开发、研制出的一种全新概念的电热水壶除垢剂，该电热水壶除垢剂的特点是：绿色、环保、安全、节能、对人体无害、无毒、无残留。除垢后的废液能快速自然分解，是一种人体补钙剂，该电热水壶除垢剂达到了食品级的标准。

产品应用　本品主要应用于电热水壶的除垢。

产品特性

(1) 本品为绿色、环保、安全除垢剂，即使饮用，对人体也无毒、无害，采用的原料及辅料全部达到绿色食品级标准。

(2) 本品除垢后的残液能快速在自然界中分解，对环境不会造成二次污染和危害。

(3) 本品能够快速溶解水垢，节约能源。

(4) 本品采用了新型的缓蚀剂，对不锈钢的腐蚀率为零，对铜、铝、碳钢和合金钢的腐蚀率$<1g/(m^2 \cdot h)$，远远小于中华人民共和国化工行业标准（HG/T 2387—2007）规定的$6g/(m^2 \cdot h)$。

电水壶或水瓶内胆的除垢液

原料配比

原料		配比（质量份）				
		1#	2#	3#	4#	5#
酸混合物	乙酸和硼酸混合物（3：1）	20	50	—	—	—
	乙酸和硼酸混合物（3：2）	—	—	25	30	—
	乙酸和硼酸混合物（2：1）	—	—	—	—	45
缓蚀剂	磷酸盐	20	—	35	—	—
	膦羧酸	—	40	—	40	—
	膦酸	—	—	—	—	30
表面活性剂	脂肪酸甘油酯、失水山梨醇脂肪酸酯	10	—	12	—	—
	失水山梨醇脂肪酸酯、十二烷基苯磺酸钠	—	20	—	15	—
	脂肪酸甘油酯、十二烷基苯磺酸钠	—	—	—	—	10
防锈剂	石油磺酸钡	15	—	7	—	—
	二壬基萘磺酸钡	—	5	—	—	12
	十二烯基丁二酸中一种	—	—	—	10	—
分散剂		0.5	1.5	0.8	1.3	1

制备方法　在酸混合物中缓慢加入防锈剂、表面活性剂，升温到 120～150℃，使硼酸完全溶解，然后保温 60～120min，再依次加入缓蚀剂、分散剂，均匀搅拌，最后冷却得到用于电水壶或水瓶内胆的除垢液。

原料配伍　本品各组分质量份配比范围为：酸混合物 20～50，缓蚀剂 20～40，表面活性剂 10～20，防锈剂 5～15，分散剂 0.5～1.5。

所述酸混合物是由乙酸和硼酸所组成。

所述缓蚀剂为磷酸盐、膦羧酸、膦酸中任意一种。

所述表面活性剂为脂肪酸甘油酯、失水山梨醇脂肪酸酯、十二烷基苯磺酸钠中任意一种或两种。

所述防锈剂是石油磺酸钡、二壬基萘磺酸钡，十二烯基丁二酸中一种。

所述分散剂是去离子水、甘油、聚磷酸盐中一种。

产品应用　本品主要用于电水壶或水瓶内胆的除垢。

产品特性　该除垢液无毒，能够快速附着在电水壶或水瓶内胆的内壁表面，并强力溶解污垢，不会损伤水壶，无挥发性，同时该产品还具有杀菌的功效。

多功能除垢剂（1）

原料配比

原料	配比（质量份）	
	1#	2#
渗透剂	1	3
表面活性剂	1	2
助溶剂	10	15
柠檬酸	4	6
十二烷基硫酸钠	5	10
水	40	50
香精	0.1	1
聚丙二醇	10	20

制备方法　将各组分原料混合均匀即可。

原料配伍　本品各组分质量份配比范围为：渗透剂 1～3，表面活性剂 1～2，助溶剂 10～15，柠檬酸 4～6，十二烷基硫酸钠 5～10，水 40～50，香精 0.1～1，聚丙二醇 10～20。

产品应用　本品主要用于各类保温杯口杯、电暖器加水杯、喷雾电熨斗、豆浆机、饮水机、电水壶、暖水瓶、锅炉内壁水垢饮水机等。

使用方法：除垢剂与水的比例为 1∶20，轻微的水垢无需长时间等待，可以直接拿布蘸水擦拭，水壶及水垢特别严重的器具请适当延长浸泡时间，或用丝瓜布、铁丝球协助清洗。

产品特性　本产品能高效杀菌除异味、快速分解见效快、定期使用防结垢。

多功能除垢剂（2）

原料配比

原料	配比（质量份）	
	1#	2#
40％氢氟酸	1	3
对二甲苯磺酸钠	0.5	0.2
2-巯基苯并噻唑	2	1
硼酸钠	6	3
氨基磺酸	加至100	加至100

制备方法　将原料各组分混合均匀即可。

原料配伍　本品各组分质量份配比范围为：40％氢氟酸1～3、对二甲苯磺酸钠0.1～0.5、2-巯基苯并噻唑1～3、硼酸钠3～8、氨基磺酸加至100。

产品应用　本品主要用作除垢剂。

产品特性　本品生产成本低，除垢效果好。

多功能清洗除垢剂

原料配比

原料	配比（质量份）	
	1#	2#
水解聚马来酸酐	33	38
磷酸	5	8

原料	配比(质量份)	
	1#	2#
30%盐酸	19	11
硫脲	2	1
脂肪醇聚氧乙醚	7	6
水	加至100	加至100

制备方法　将原料各组分混合均匀即可。

原料配伍　本品各组分质量份配比范围为：水解聚马来酸酐30~40、磷酸2~8、30%盐酸10~20、硫脲1~3、脂肪醇聚氧乙醚5~10、水加至100。

产品应用　本品主要用作清洗除垢剂。

产品特性　本品生产成本低，除垢效果好。

多用除垢液

原料配比

原　料	配比(质量份)		
	1#	2#	3#
磷酸	35	40	20
草酸	4	2	7
柠檬酸	3	6	2
尿素	5	3	8
水	加至100	加至100	加至100

制备方法　将原料分别按所取配量盛装在耐酸容器中，再将原料分别溶于水中，制成半成品的水溶液原料。水的用量以能够化开原料为准，各原料与水的溶化温度为：

（1）磷酸在常温下用清水溶化，搅拌均匀，制成磷酸水溶液，待配；

(2) 草酸用 30～40℃ 温水溶化，搅拌均匀，制成草酸水溶液，待配；

(3) 柠檬酸用 30～40℃ 温水溶化，搅拌均匀，制成柠檬酸水溶液，待配；

(4) 尿素用 30～40℃ 温水溶化，搅拌均匀，制成尿素水溶液，待配。

将上述制成水溶液的半成品待配原料，按照后一项与前一项混合配制的次序，依次混合并按配比加足水量，配制成多用除垢液成品，然后盛装在塑料桶中待用。

原料配伍　本品各组分质量份配比范围为：磷酸 15～40、草酸 1～8、柠檬酸 1～7、尿素 3～9、水加至 100。

本品选用磷酸、草酸、柠檬酸、尿素进行组合，可使各原料功效产生协同作用，从而能够达到快速除垢效果。各原料的功能作用分别为：

磷酸：呈弱酸性，具有除垢的作用；

草酸：呈弱酸性，用于增加原料在除垢中的渗透性；

柠檬酸：呈弱酸性，加快原料的反应速率，起着催化作用；

尿素：中性，与上述原料混合后，可起到防垢作用。

产品应用　本品主要用于清除水垢、油垢、污垢、尿垢。

使用方法：采用浸泡除垢或刷涂除垢两种方式。如民用锅炉、茶水炉，可直接将除垢液倒入带有垢层的锅炉或茶炉中，除垢时间可根据垢层的厚度，浸泡 30min 左右，即可达到清除垢层的效果。如水垢过厚没除净，可适当延长浸泡时间至除净为止。一般每千克溶液能溶解的除垢量为 600g 左右，若在除垢时，将溶液加温至 60～80℃，其除垢效果更佳。如在卫生洁具中清尿垢，将除垢液倒入便池中，浸泡 15～20min 左右，再用刷子刷除，即可除去尿垢。对于油垢或污垢的清除，只需将除垢液喷涂在垢层上，浸润 15min 左右，用擦布或刷子均可方便地除去油垢或污垢。

产品特性　按照上述原料配制而成的多用除垢液，可对形成垢层的媒介物质发生化学反应，经表面催化剂、分解油垢、污垢、水垢、尿垢，能迅速地破坏、分解、剥落黏附在金属或非金属表面垢层的附着力，从而达到理想的除垢效果。本除垢液能够快速有效地清除附在金属上的各种水垢，各类油污，并且对金属无腐蚀作用。另外，对于非金属，如生活设施中厨房用具上的油垢以及卫生洁具上的尿垢等，也有很好的清除效果。本除垢液不含任何强酸、卤素、各种油类物质，对人体无刺激、无毒、无腐蚀、无挥发、对环境无污染，不燃不爆、使用安全可靠，操作简便。

复合食用酸除垢剂

原料配比

原料	配比（质量份）	
	1#	2#
市售食品级柠檬酸	650	600
苹果酸	340	390
抗坏血酸	10	10
水果味食用固体香精	0.5	0.5

制备方法　将所述原料混合均匀后，经 200 目涤纶筛网过滤，分装。

原料配伍　本品各组分质量份配比范围为：食品级柠檬酸 55～65，苹果酸 34～44，抗坏血酸 1～2，食用固体香精 0.01～1。

产品应用　本品是一种复合食用酸除垢剂。

使用时，依据容器的容积和结垢的程度，取本产品加入到所述容器中，加入水溶解，摇匀使溶液沾满容器内壁，进行除垢反应，由于柠檬酸作用迅速，苹果酸作用和缓，二者相组合除垢彻底，直至将水垢全部溶解下来，根据结垢薄厚程度的不同，所需除垢时间会有所不同。

使用前按 1%～5% 浓度加水配制，以 500mL 容器为例，加入本产品 5g 后，加水 100mL，待本品充分溶解后，与容器内壁接触反应，10～15min 清除水垢，复用清水冲洗即可。

产品特性

(1) 本产品所用原料全部为食品级原料，产品体积小、质量轻、安全卫生、使用携带方便、误食或喷溅身体均不会对人体造成任何危害，更不会造成被处理容器与各种用具的有害残留，除垢后的废液主要成分也是食品补钙成分，对人体无毒、无害、无残留，能快速自然降解。

(2) 本产品生产不需特殊设备，原料易得，具有工艺简单、能耗低、无环境污染、生产效率高、应用范围广泛等特点。

高效除垢剂

原料配比

原料		配比(质量份)						
		1#	2#	3#	4#	5#	6#	7#
活性氧提供剂		55	50	60	40	70	55	66
活化剂	四乙酰乙二胺和4-壬酰氧基苯磺酸钠盐的混合物	3	—	—	—	—	—	—
	四乙酰乙二胺、可溶性锰盐、二氧化钛的混合物	—	4	—	—	—	—	—
	四乙酰乙二胺、二氧化锰、可溶性锰盐的混合物	—	—	1	—	—	—	—
	四乙酰乙二胺、4-壬酰氧基苯磺酸钠盐、二氧化锰、可溶性锰盐、二氧化钛的混合物	—	—	—	5	—	—	—
	二氧化锰、可溶性锰盐、二氧化钛的混合物	—	—	—	—	0.1	—	—
	四乙酰乙二胺、二氧化锰、二氧化钛的混合物	—	—	—	—	—	3	—
	四乙酰乙二胺、4-壬酰氧基苯磺酸钠盐、二氧化锰、可溶性锰盐、二氧化钛的混合物	—	—	—	—	—	—	0.9

原　料		配比（质量份）						
		1#	2#	3#	4#	5#	6#	7#
润湿剂	柠檬酸钠、酒石酸钠、十二烷基苯磺酸钠、十二烷基磺酸钠的混合物	5	—	—	—	—	—	—
	柠檬酸钠、酒石酸钠、十二烷基苯磺酸钠、十二烷基磺酸钠、α-烯基磺酸盐、烷基糖苷、高碳脂肪醇聚氧乙烯醚的混合物	—	1	—	—	—	—	—
	酒石酸钠、十二烷基苯磺酸钠、α-烯基磺酸盐、烷基糖苷的混合物	—	—	8	—	—	—	—
	柠檬酸钠、十二烷基苯磺酸钠、烷基糖苷、高碳脂肪醇聚氧乙烯醚的混合物	—	—	—	0.5	—	—	—
	柠檬酸钠、酒石酸钠、十二烷基苯磺酸钠、十二烷基磺酸钠、α-烯基磺酸盐、烷基糖苷、高碳脂肪醇聚氧乙烯醚的混合物	—	—	—	—	10	—	—
	十二烷基苯磺酸钠、烷基糖苷、高碳脂肪醇聚氧乙烯醚的混合物	—	—	—	—	—	5	—
	柠檬酸钠、十二烷基苯磺酸钠、α-烯基磺酸盐、高碳脂肪醇聚氧乙烯醚的混合物	—	—	—	—	—	—	0.5
助剂	碳酸钠、硫酸钠、氢氧化钠、硅酸钠的混合物	43	—	—	—	—	—	—
	碳酸钠、硫酸钠、正硅酸钠的混合物	—	56	—	—	—	—	—
	硫酸钠、氢氧化钠、偏硅酸钠的混合物	—	—	37	—	—	—	—

原料		配比(质量份)						
		1#	2#	3#	4#	5#	6#	7#
助剂	氢氧化钠、硅酸钠、偏硅酸钠、正硅酸钠的混合物	—	—	—	60	—	—	—
	碳酸钠、硅酸钠、偏硅酸钠、正硅酸钠的混合物	—	—	—	—	30	—	—
	碳酸钠、硫酸钠、氢氧化钠、硅酸钠、偏硅酸钠、正硅酸钠的混合物	—	—	—	—	—	51	—
	碳酸钠、氢氧化钠、硅酸钠的混合物	—	—	—	—	—	—	39
活性氧提供剂	含过碳酸钠	48	38	55	30	70	50	50
	过硼酸钠	12	13	8	18	10	20	—
	过碳酰胺	4	15	15	7	10	—	15

制备方法　按所述配比选取原材料并加入混料机中混合均匀后密封备用。

原料配伍　本品各组分质量份配比范围为：活性氧提供剂40～70，活化剂0.1～5，润湿剂0.5～10，助剂30～60；所述活性氧提供剂由过碳酸钠、过硼酸钠或过碳酰胺中的一种或多种构成。

所述活性氧提供剂按质量计含过碳酸钠20～70份，过硼酸钠0～20份，过碳酰胺0～20份。

所述活化剂为四乙酰乙二胺、4-壬酰氧基苯磺酸钠盐、二氧化锰、可溶性锰盐、二氧化钛中的一种或多种。

所述润湿剂为柠檬酸钠、酒石酸钠、十二烷基苯磺酸钠、十二烷基磺酸钠、α-烯基磺酸盐、烷基糖苷、高碳脂肪醇聚氧乙烯醚中的一种或多种。

所述助剂为碳酸钠、硫酸钠、氢氧化钠、硅酸钠、偏硅酸钠、正硅酸钠中一种或多种。

产品应用 本品主要涉及一种高效除垢剂。

使用时，取适量的除垢剂加入容器内，并加水溶解（水温为室温～100℃均可），然后将待清洗餐具放入溶液中浸泡10～30min，最后用清水洗净即可。

产品特性 本产品选用适当的活性氧提供剂和活化剂，可以使活性氧提供剂在25～100℃的温度范围内稳定持续地释放活性氧，远低于普通除垢剂的40℃以上的使用温度，从而增强了本除垢剂的使用便捷性（常温即可使用、无需用热水溶解）并拓展了除垢剂的使用范围；本产品还含有适量的润湿剂，可以增强餐具表面污垢的润湿性能，使活性氧可以充分与污垢作用，从而获得更好的除垢效果；本产品由过碳酸钠、过硼酸钠或过碳酰胺混合，三种活性氧提供剂的协同作用，可以获得更多的活性氧。另外，本产品不仅能够除垢，还可以消毒、杀菌，因此除垢后的餐具可以不经过消毒杀菌直接使用。

家用除垢剂（1）

原料配比

原 料	配比（质量份）
明胶	20
31%的工业盐酸	700
六亚甲基四胺	10
乙二醛	10
水	加至1000

制备方法 将明胶加入到水中，加热到60～80℃溶解，然后加入31%的工业盐酸，再加入六亚甲基四胺、乙二醛，并补足水至1000，溶解均匀后即得到本产品。

原料配伍 本品各组分质量份配比范围为：明胶10～50、

31%的工业盐酸 650～800、六亚甲基四胺 5～30、乙二醛 1～30、水加至 1000。

产品应用　本品可广泛应用于各种金属、陶瓷、塑料等器皿的水垢清除。

使用方法：根据器皿水垢的厚度，可将本产品稀释 3～5 倍使用，一般器皿内水垢厚度在 2mm 以下，用稀释 3 倍的溶液，0.5h 即可溶浸清除干净。

产品特性　由于明胶和六亚甲基四胺对金属具有特殊的缓蚀保护作用，乙二醛也具有良好的使用防护效能，本产品能大大减少或消除对各种器皿的腐蚀，配制简单，原料成本低，除垢能力强，除垢时间短，无毒、无味、无污染腐蚀，可广泛应用于各种金属、陶瓷、塑料等器皿的水垢清除。

家用除垢剂（2）

原料配比

原　料	配比（质量份）	
	1#	2#
明胶	3	5
磷酸二氢钠	6	8
乙二醛	4	9
水	31	36
31%盐酸	加至 100	加至 100

制备方法　将原料各组分混合均匀即可。

原料配伍　本品各组分质量份配比范围为：明胶 2～5、磷酸二氢钠 3～8、乙二醛 3～10、水 30～40、31%盐酸加至 100。

产品应用　本品主要应用于家用。

产品特性　本品生产成本低，除垢效果好。

❖ 家用清洗除垢剂

原料配比 →

原料	配比（质量份）	
	1#	2#
6%浓度的稀盐酸	86	—
18%浓度的稀盐酸	—	80
柠檬酸	1	1
磷酸	5	5
氟化铵	1	3
二氯化锡	1	3
硫脲	5	5
硅油	1	3
十二烷基苯磺酸钠	适量	适量

制备方法　首先将90%浓度的工业级盐酸稀释成6%～18%浓度的稀盐酸，然后在常温常压下加入磷酸和柠檬酸配制出除垢酸，最后在常温常压下加入缓蚀剂、氟化铵助剂、适量的十二烷基苯磺酸钠和消泡剂，搅拌均匀过滤即可。

原料配伍　本品各组分质量份配比范围为：稀盐酸80～86、柠檬酸1、磷酸4～6、氟化铵1～3、二氯化锡1～3、硫脲4～6、硅油1～3、十二烷基苯磺酸钠适量。

本品除垢剂实际上是一种由盐酸、磷酸、柠檬酸构成的除垢酸与二氯化锡、硫脲缓蚀剂、十二烷基苯磺酸钠、氟化铵助剂等组成的化学混合物，与水垢接触后通过化学反应达到除垢、除锈目的，且不腐蚀器皿。除垢酸中柠檬酸和磷酸的加入主要起缓冲和钝化作用，使除垢酸的化学反应不至于太强烈，保证除垢的安全稳定，二氯化锡和硫脲缓蚀剂在这里主要用于阻止三价铁、二价铜等氧化性离子对钢铁器件的腐蚀，十二烷基苯磺酸钠作为表面活性剂用于促进除垢过程的进行，氮化铵作为一种促进剂主要用于对水垢中少量硅酸盐垢的清除。

　　缓蚀剂二氯化锡的加入旨在还原或屏蔽三价铁这种氧化性离子，减少削弱其腐蚀能力；缓蚀剂硫脲的加入旨在还原或屏蔽二价铜这种氧化性离子，减少削弱其腐蚀能力。在实际配制时，视被清洗除垢对象的不同，在除垢剂中可同时加两种缓蚀剂，也可加其中的一种缓蚀剂。

　　产品应用　本品主要适用于以碳酸盐为主的水垢及各种尿垢和铁锈、铜锈的清除。尤其适用于家庭对铜、铁、铝、不锈钢、陶瓷、塑料等器皿水垢的处理，也可用于汽车水箱水垢的处理。

　　产品特性　本品的除垢剂，由于采用了无毒无害的二氯化锡、硫脲作为缓蚀剂，刺激性小，气味小，改善了操作和使用环境，且制作工艺简单，安全可靠。

∵ 家用油垢清洗剂

原料配比 ➲

原　料	配比（质量份）
氢氧化钠	80
磷酸三钠	80
三乙碳酸钠	35
碳酸钠	80
硅酸钠	100
十二烷基硫酸钠	2~5
水	1000

　　制备方法　在玻璃容器中放入水，并将氢氧化钠溶解于水中，待固体氢氧化钠全部溶解后，加入磷酸三钠，搅拌并使之彻底溶解，然后再加入其余原料，搅拌混匀即可。

　　原料配伍　本品各组分质量份配比范围为：氢氧化钠70~85、磷酸三钠70~85、三乙碳酸钠30~35、碳酸钠75~80、硅酸钠90~100、十二烷基硫酸钠2~5、水1000。

产品应用 本品主要用作家用除垢剂。

产品特性 本品除污垢、油垢，洗涤效果好，使用非常方便，不伤手。

铝壶高效除垢剂

原料配比

原　料	配比（质量份）			
	1#	2#	3#	4#
硝酸	20	30	50	—
烷基醇酰胺磷酸酯	3	1	5	4
水	77	69	45	
氨基磺酸	—	—	—	96

制备方法

（1）液体配方的制备：先将水加入反应罐中，再将浓硝酸缓慢加入，边加边搅拌，控制温度不要超过75℃，以免硝酸分解，最后将烷基醇酰胺磷酸酯加入反应罐中，边加边搅拌，直到溶解均匀为止。

（2）固体配方的制备：取氨基磺酸和烷基醇酰胺磷酸酯，进行混配即可。

原料配伍 本品各组分质量份配比范围为：

液体配方：硝酸20～50、缓蚀剂1～5、水45～79。

固体配方：氨基磺酸95～99.75、烷基醇酰胺磷酸酯0.25～5。

所述缓蚀剂选取烷基醇酰胺磷酸酯。

产品应用 本品主要应用于铝壶除垢。

产品特性

（1）除垢效果好，除垢剂加入铝壶后反应剧烈，一般20min左右即可除去水垢。

（2）对铝腐蚀甚微，实验表明，用实施例2#配制的溶液，对铝箔（50cm）进行浸泡 3h，腐蚀量为 0.88mg。

（3）制作容易，成本低。

煤气热水器除垢剂

原料配比 →

原　料	配比(质量份)	
	1#	2#
羧甲基纤维素	5	9
磷酸二氢钠	2	3
二氧化锡	3	1
氟化铵	1	2
苯并三氮唑	0.01	0.02
聚丙烯酸钠	0.9	0.5
水	加至 100	加至 100

制备方法　将原料各组分混合均匀即可。

原料配伍　本品各组分质量份配比范围为：羧甲基纤维素 3～10、磷酸二氢钠 1～3、二氧化锡 1～3、氟化铵 1～3、苯并三氮唑 0.01～0.03、聚丙烯酸钠 0.5～1、水加至 100。

产品应用　本品主要应用于煤气热水器的除垢。

产品特性　本品生产成本低，除垢效果好。

燃气热水器除垢剂

原料配比 →

原　料	配比(质量份)		
	1#	2#	3#
水	70	90	80
2-巯基苯并噻唑	10	20	15

续表

原　料	配比(质量份)		
	1#	2#	3#
盐酸	40	60	50
脂肪醇聚乙烯醚硫酸钠	8	19	15
硅油	1	2	3

制备方法　将各组分原料混合均匀即可。

原料配伍　本品各组分质量份配比范围为：水 70～90，2-巯基苯并噻唑 10～20，盐酸 40～60，脂肪醇聚乙烯醚硫酸钠 8～19，硅油 1～3。

产品应用　本品主要用作燃气热水器除垢剂。用于家用燃气热水器、电热淋浴器、热水瓶、电熨斗等设备清洗除垢。也用于机关单位、宾馆、酒店、招待所广泛使用的电热水器和热水器除垢。

使用方法：将除垢剂溶解于 500～800mL 水中，用清洗液充满加热管，浸泡 0.5～1h 后排去，用清水冲洗 2 遍即可。

产品特性　本产品除垢彻底，迅速溶解热水器加热管内（燃气）和管外（电热）金属表面上结生的水垢，使加热管保持洁净、畅通。清洗安全：有效保护加热管，清洗剂对热水器无腐蚀损伤。不伤皮肤安全可靠：性能温和，不伤皮肤；无毒无害，不影响人体健康。

热水器专用除垢剂

原料配比 →

原　料		配比(质量份)													
		1#	2#	3#	4#	5#	6#	7#	8#	9#	10#	11#	12#	13#	14#
酸类除垢成分	柠檬酸	90	—	—	—	80	—	—	—	—	—	55	—	—	—
	氨基磺酸	—	85	—	—	—	—	—	—	—	40	—	33	—	—
	酒石酸	—	—	90	—	—	93	—	—	—	—	—	50	—

原料		配比(质量份)													
		1#	2#	3#	4#	5#	6#	7#	8#	9#	10#	11#	12#	13#	14#
酸类除垢成分	苹果酸	—	—	—	70	—	—	—	—	—	—	—	—	28	31
	乙二胺四乙酸	—	—	—	—	75	—	—	—	—	50	—	—	—	—
	马来酸	—	—	—	—	—	—	—	85	—	—	40	—	—	—
	三氯乙酸	—	—	—	—	—	—	—	—	87	—	—	40	—	60
黏结剂	偏硅酸钠	5	—	2	—	2	—	—	—	—	2	2	2	—	—
	高分子水溶性胶粉	—	8	—	2	—	2	4	—	—	—	—	2	—	—
	羧甲基纤维素钠	—	—	4	—	2	—	3	—	—	2	—	5	—	—
	黏结性聚乙烯醇	—	—	—	8	3	—	—	2	1	—	—	—	—	2
金属离子螯合剂以及固化剂	焦磷酸钠	4	5	—	10	11	—	3	6	—	5	2	—	4	2
	乙二胺四乙酸二钠盐	—	—	3	10	5	12	—	3	4	—	—	18	10	4
缓蚀剂	十二烷基苯磺酸钠	1	—	0.5	2	2	—	—	4	1	2	—	1	—	1
	乌洛托品	—	2	0.5	—	2	3	1	—	2	—	1	1	4	—

制备方法　将各组分原料混合均匀即可。

原料配伍　本品各组分质量份配比范围为：组分 A 为酸类除垢成分 70～95；组分 B 为黏结剂 2～8；组分 C 为金属离子螯合剂以及固化剂 2～20；组分 D 为缓蚀剂 1～5。

所述组分 A 酸类除垢成分选自柠檬酸、氨基磺酸、苹果酸、酒石酸、马来酸、乙二胺四乙酸、三氯乙酸中的一种或两种。

所述组分 B 为黏结剂选自高分子水溶性胶粉、偏硅酸钠、羧甲基纤维素钠、黏结性聚乙烯醇中的一种或两种。

所述组分 C 金属离子螯合剂选自乙二胺四乙酸二钠盐（即 EDTA 二钠盐）、焦磷酸钠中的一种或两种。

所述组分 D 缓蚀剂选自乌洛托品、十二烷基苯磺酸钠中的一种或两种。

组分 A 酸类除垢成分的纯度为 95%～99.5%；组分 B 黏结剂的纯度为 90%～99%；组分 C 金属离子螯合剂的纯度为 95%～99%。

产品应用　本品主要用作热水器专用除垢剂。

产品特性　本产品具有对金属腐蚀较小，除垢能力较强的优点，另外，本产品除垢剂可做成一定的形状，其尺寸符合热水器排污口的尺寸，通过排污口直接将除垢剂加到热水器里。克服了粉末状或液体难加料的问题，使用起来方便快捷，操作简单。

∴ 清洁用去垢剂

原料配比

原　料	配比（质量份）		
	1#	2#	3#
硝酸	150	500	150
缓蚀剂	10	30	10
食用香精	0.2	2	0.5

制备方法　将硝酸倒入水中，加入缓蚀剂搅拌溶解，而后食用香精香兰素或香豆素用少量 50～90℃热水溶解，有机酸酯类用少量酒精溶解后再倒入硝酸、缓蚀剂混合液中搅拌均匀，装入耐酸容器中即为本品去垢剂。

原料配伍　本品各组分质量份配比范围为：硝酸 150～500、缓蚀剂 10～30、食用香精 0.2～2。

产品应用　本品主要应用于铝制、不锈钢制、铜制、搪瓷陶瓷玻璃制器具，如水壶、锅、杯等形成的水垢、茶垢及烧焦的其他污垢去除。

产品特性　本品制作工艺简单，耗能少，成本低廉，使用该去垢剂，有清洁光亮容器、延长容器使用寿命（如铝壶烧水去垢后不产生烧蚀现象），节省能源，并有预防结石症等功能，去垢速度快，且不腐蚀容器的良好效果。

原料配比

原　料	配比（质量份）	
	1#	2#
水	100	100
三乙醇胺	1	1
变压器油	22.25	22.25
油酸	2.45	2.45
沸石粉	—	1
花露水	—	0.5

制备方法　将水和三乙醇胺全倒入容器中进行搅拌，搅拌均匀后待用，将变压器油和油酸倒入另一容器中进行搅拌，搅拌均匀后将其置于水和三乙醇胺混合溶液中进行搅拌，在混合液中再加入沸石粉、花露水，搅拌均匀后进行分装入库。

原料配伍　本品各组分质量份配比范围为：水 90～120、三乙醇胺 1、有机酸 2～3、变压器油 20～30、沸石粉 0.9～1.1、花露水 0.4～0.6。

本品中，三乙醇胺、有机酸、变压器油或白桂油和水作为主要原料来生产去污除垢上光剂。采用有机酸和变压器油或白桂油作为原料的原因是变压器油或白桂油和有机酸混合后具有去污上光之功效。由于三乙醇胺易溶于水而有机酸易溶于油而微溶于水，因此，根据该特性，本品采取了将水和三乙醇胺按比例倒入容器中进行搅拌，搅拌均匀后待用，将有机酸和变压器油或白桂油按比例倒入另一容器中进行搅拌，搅拌均匀后将其置于水和三乙醇胺的混合溶液中进行搅拌达到混溶的目的。为了增强去污除垢效果而又不损坏物体表面，尤其对清除污垢层较厚的物体表面，本品选用了起研磨作用的沸石粉作为辅助原料。另外，为了能使被清洁的物品具有芳香气味以造成清香幽雅的环境，本品还选用了芳香剂作为辅助原料。因此可根据不同需要在去污除垢上光剂中加适量的沸石粉和/或芳香剂。其有机酸最好是油酸或草酸。其芳香剂最好是花露水。

产品应用　本品主要用作去污除垢上光剂。

产品特性

（1）由于采用了大量的水和少量的三乙醇胺、有机酸和变压器油或白桂油作为原料生产去污除垢上光剂，因此其造价低，工艺简单，而且可使被清洁物品表面产生光亮。

（2）由于在去污除垢上光剂中还添加有沸石粉和芳香剂，不但提高了去垢能力，而且可散发出芳香气味。

❖ 去污除垢洗涤膏

原料配比

原　料	配比（质量份）				
	1#	2#	3#	4#	5#
皂基	35	40	—	—	20
胶基	—	—	35	45	30
N-酰基谷氨酸钠	—	—	—	10	—
十二烷基硫酸钠	—	—	—	10	—
十二烷基苯磺酸钠	10	—	—	—	15
脂肪醇醚硫酸钠	—	10	—	—	—
硫酸盐表面活性剂	—	15	—	—	—
椰子油烷醇酰胺	—	5	—	—	—
脂肪酸聚氧乙烯醚	5	—	15	—	15
硫酸盐	—	—	15	—	—
磷酸钠	—	—	—	20	18
硅酸钠	35	5	5	5	—

原　料	配比(质量份)				
	1#	2#	3#	4#	5#
山梨酸	—	—	—	8	—
碳酸钠	—	20	18	—	—
聚磷酸钠	10	—	—	—	—
氯化钠	—	8	—	—	—
香精	1	1	1	1	1
色素	1	1	1	1	1
水	3	—	—	—	—

制备方法

(1) 制备皂基，在动物油脂类脂肪酸加入浓度为30%～40%氢氧化钠的溶液中进行皂化反应，反应温度为50～60℃，反应时间为3～8h，皂化终结后用饱和无机盐水溶液进行清洗后备用。

(2) 制备胶基，将植物或微生物类的胶体在温度为60～70℃的水溶液中完全溶解后，冷却后凝固成具有形状的胶基备用。

(3) 将所制备皂基或/和胶基中加入表面活性剂，混合搅拌均匀后再加入无机盐以及天然香料和食用色素，充分混合均匀后，冷却后得到去污除垢洗涤膏成品。

原料配伍　本品各组分质量份配比范围为：皂基或/和胶基10～60、表面活性剂15～45、无机盐15～45、天然香料0.5～4、食用色素0.2～3。

上述胶基所使用的植物或微生物类胶体包括黄原胶、槐豆胶、卡拉胶及海藻胶。

上述表面活性剂包括阴离子或阳离子表面活性剂，如硫酸盐类表面活性剂、脂肪酸聚氧乙烯醚类表面活性剂及椰子油烷醇酰胺类表面活性剂。

上述无机盐包括碳酸钠、氯化钠、硅酸钠、聚磷酸钠及磷酸钠。

上述主要组分皂基和胶基可以单独使用，也可以混合使用。

产品应用 本品主要应用于家用除垢洗涤剂。

产品特性 本品中含有动物油脂成分制成的皂基和含有植物或微生物成分的胶基，皂基和胶基都具有很强的去污性能，加入多种阴离子或阳离子的表面活性剂后制成膏状洗涤膏，不同种类的表面活性剂可以分别对去油污、除污垢及发泡去污产生不同的效果，洗涤膏涂在餐具器皿表面就会对餐具器皿表面的各类油污产生化学反应，产生极强的化学去污能力。同时，由于加入了一定量的无机盐，无机盐在膏状体内形成了可溶性固体颗粒，构成了膏状体内的填充物，使得洗涤剂在清洁餐具器皿表面时发生摩擦，形成物理去污，可以方便地去除器皿表面的污垢，无机盐形成的可溶性固体颗粒有自溶特性，随着摩抹而起泡溶解，不会在餐具器皿表面产生损伤，由于膏状体内含水少，其有效去污成分的浓度是液体洗涤的20倍，所以比液体洗涤剂具有更强的去污能力，本洗涤膏的酸碱度为中性，其pH值为7～8，所以对于使用者的皮肤没有任何伤害，使用洗涤膏清洗器皿后，清水冲洗一次即可，不用反复冲洗，大大节约了水资源，降低了清洁成本。由于采用了上述各组分配方组合的化学原理及制备工艺，使得本品省时、省力、省水、安全、环保，使用方便且清洁效果好，不损坏物体表面，不伤害人体皮肤，大大降低物体的清洁成本。

水管道和容器用的缓慢释放型防腐阻垢除垢剂

原料配比

原　料	配比（质量份）
85％食品级磷酸	1000
50％离子膜食品级氢氧化钠	360
82％食品级氢氧化钾	6
含量为98％重质食品级碳酸钙粉	24

制备方法

(1) 磷酸溶液与氢氧化钠溶液在反应器中进行搅拌，反应生成混合液后，再加入碳酸钙溶液进行反应搅拌。

(2) 将步骤 (1) 得到的产物均匀缓慢地流入到温度为 400～500℃的高温聚合炉中，持续升温到 800～1700℃进行熔融处理。

(3) 产物熔融后从炉内流出，浇铸在球形模具中，使其成型。

(4) 使用风冷器进行冷却。

(5) 冷却完毕后，进行脱模具，得到球状的水管道和容器用的缓慢释放型防腐阻垢除垢剂。

(6) 对成型的水管道和容器用的缓慢释放型防腐阻垢除垢剂进行整理、检验、包装、入库。

原料配伍　本品各组分质量份配比范围为：85％食品级磷酸1000，50％离子膜食品级氢氧化钠 360，82％食品级氢氧化钾 6，含量为 98％重质食品级碳酸钙粉 24。

产品应用　本品主要用作水管道和容器用的缓慢释放型防腐阻垢除垢剂。

所述球状的水管道和容器用的缓慢释放型防腐阻垢除垢剂的球体直径为 8～15mm。

产品特性

(1) 本品溶解时间长，溶解速度均匀，在水中可以对水进行连续均匀处理，只要控制好进出水流量与速度便可以方便的操作。具体试验中每粒重 9.5g 的水管道和容器用的缓慢释放型防腐阻垢除垢剂溶解时间在 90 天以上，并可根据要求调整配方改变溶解时间。

(2) 在日常使用时，水管道和容器用的缓慢释放型防腐阻垢除垢剂在水中持续释放能与钙、镁等金属离子产生络合、螯合反应，阻止了钙、镁水垢的形成。

(3) 本品在日常使用时，会在管道内壁形成一层保护膜，有效隔离水中的溶解氧，达到防锈防腐的目的。

(4) 本品一次加入设备中，可使用几个月，并时时刻刻都起到防腐阻垢的作用，达到缓慢释放的效果。

无毒速效除垢剂

原料配比 →

原 料	配比(质量份)		
	1#	2#	3#
羟基亚乙基二膦酸	5	8	15
栲胶	1	1.5	3
三乙醇胺	1	1.5	4
磺化蓖麻油	0.5	1	1.5
水	92.5	88	76.5

制备方法 将羟基亚乙基二膦酸、栲胶、三乙醇胺、磺化蓖麻油和水投入不锈钢容器内拌匀,即得本品无毒速效除垢剂。

原料配伍 本品各组分质量份配比范围为:羟基亚乙基二膦酸 5～15、栲胶 1～3、三乙醇胺 1～4、磺化蓖麻油 0.5～1.5、水 76.5～92.5。

其中,羟基亚乙基二膦酸是除垢剂,其余为缓蚀剂。除垢剂含量过小,除垢效果不佳;含量过大,则成本太高。缓蚀剂含量过小,则可能会腐蚀设备;含量过大,则所需的腐性时间又太长。

产品应用 本品主要应用于一切产生水垢需要除垢的设备,特别对进入千家万户的家庭热水器,除垢更佳。

使用时,将需要除垢设备的水排净,将本品的无毒速效除垢剂放入设备内进行除垢,完成后排出除垢剂,用清水冲洗设备,即可重新使用。排出的除垢剂至未呈现乳白色,即可继续使用。

产品特性 本品无色无毒,无挥发物,对设备基本上不腐蚀,对人体皮肤无伤害,适用于一切产生水垢需要除垢的设备,特别对进入千家万户家庭的热水器,除垢更佳。

洗衣机污垢清洗剂

原料配比

原　料	配比(质量份)				
	1#	2#	3#	4#	5#
辛烷基苯酚聚氧乙烯醚	1	2	3	4	5
十二烷基硫酸钠	1	1.5	2	2.5	3
硫脲	5	4	3	2	1
六亚甲基四胺	1	2	3	4	5
2,3-二羟丁二酸	0.5	1	1.5	1.8	2
磷酸锌	3	2	1	0.8	0.5
戊二醛	0.5	1	1.5	1.8	2
含量36%～38%盐酸	10	15	20	25	30
去离子水	40	42	44	46	50

制备方法　取原料经搅拌均匀，即为成品。

原料配伍　本品各组分质量份配比范围为：辛烷基苯酚聚氧乙烯醚1～5、十二烷基硫酸钠1～3、硫脲1～5、六亚甲基四胺1～5、2,3-二羟丁二酸0.5～2、磷酸锌0.5～3、戊二醛0.5～2、含量36%～38%盐酸10～30、去离子水40～50。

本品选用的原料是经过多次试验筛选的结果，其中辛烷基苯酚聚氧乙烯醚，它是非离子型表面活性剂，代号TX-10、OP-10，它含有10个乙氧基的辛烷基酚聚氧乙烯醚，又称烷基酚聚氧乙烯(10)醚，相对分子质量646，HLB值14.5，具有很好的乳化、清洗和抗静作用；十二烷基硫酸钠，别名发泡剂K12、月桂醇硫酸钠，是阴离子表面活性剂，起助洗渗透作用；硫脲，协助酸洗缓蚀作用，金属防锈蚀剂；六亚甲基四胺也称乌洛托品，是缓蚀剂；2,3-二羟丁二酸，也称酒石酸，是防沉淀稳定剂、络合剂；磷酸锌分子式为$Zn(PO_4)_2 \cdot 2H_2O$，是成膜助剂，用于金属表面除锈保护膜；戊二醛，具有消毒杀菌作用；含量 36%～38% 盐酸为酸性清洗除污垢剂。

产品应用　本品主要应用于清洗洗衣机污垢。

使用方法：使用时将本品按洗衣机的洗衣筒的最高水位容积计算、按容积的 3%～5% 体积计算本品用量，一般全自动洗衣机每次 300～500mL，使用时先将本品加入洗衣筒内，再将清水加至洗衣筒内最高水位，转动洗衣机 10～15min 后排放，再用清水转动冲洗干净即可。洗衣机工作三个月清洗一次。

产品特性　本品是以表面活性剂和助剂和去污除垢的除污垢剂为原料复合而成的液体制剂，用于清除全自动洗衣机筒壁之间带有顽固静电的多种细菌的污垢清洗、消毒、杀菌和除异味等功效。它是无毒无污染的环保产品。

本品具有清洗除垢效果好，特别是对带有顽固静电的多种细菌污垢清洗效果更好，速度快，价格便宜，使用方便、无毒无污染、无三废排放的环保产品的优点及效果。

牙用烟垢清洗剂

原料配比

原　料	配比（质量份）
植酸溶液	30～50
柠檬酸钠	11～25
氢氧化钠	18～28
蒸馏水	15

制备方法　先用洁净的容器，倒入植酸溶液（50%），慢速搅拌，加入柠檬酸钠，慢速搅拌至完全溶解，用碱性溶液调节溶液 pH 值至 4.5～7.5。然后进行灌装。

原料配伍　本品各组分质量份配比范围为：植酸溶液 30～50、柠檬酸钠 11～25、氢氧化钠 18～28、蒸馏水 14～16。

产品应用　本品主要应用于牙用烟垢清洗。

产品特性　本工艺投资少、收率高、生产条件要求低，去除牙齿烟垢效果好，可实现溶剂的工业生产。

∷ 饮水机除垢剂（1） ∷

原料配比 ➡

原料	配比（质量份）				
	1#	2#	3#	4#	5#
草酸	30	50	40	35	45
小苏打	40	20	30	35	25
水	80	60	70	75	65

制备方法　取草酸、小苏打、水，将原料充分混合均匀即可。

原料配伍　本品各组分质量份配比范围为：草酸 30～50、小苏打 20～40、水 50～80。

产品应用　本品主要应用于饮水机除垢。

本品除垢剂的使用方法是：将饮水机电源关闭后取下水桶，将本品除垢剂放入水桶内，待装至 1/3 桶满后，将水桶安装到饮水机上，接通电源加热，将水烧开后打开饮水机排水阀，将所有水排入容器中。重复上述步骤一至两遍后再用清水冲洗饮水机两遍，除垢工作完成。

产品特性

（1）本品清洗率高，可以快速分解饮水机因加热而产生的各种垢质基因，达到迅速溶解各种水垢的目的。而且由于除垢剂全部采用食品级原料，即使有残留也不会对人类健康造成任何影响。

（2）本品在快速分解附着在热胆内壁、发热管上的水垢的同时对饮水机零部件无任何腐蚀，清洗后饮水机可以直接使用。对非金属无腐蚀、无毒、无味，具有溶解水垢速度快、除垢效果好的特点。

（3）本品原料易得，可以家庭简单自制，原料成本低。

∴ 饮水机除垢剂（2）

原料配比 →

原　料	配比（质量份）		
	1#	2#	3#
乙二醇	5	8	6.5
苯甲酸钠	1.5	3.2	2.4
磷酸二氢钠	6	10	8
小苏打	3	7	5
氯化钾	1.2	3	2.5
渗透剂	0.6	1.4	1
三乙醇胺	0.5	1.1	0.8
乙醇	0.4	0.9	0.6
脂肪酸二乙醇胺	1.4	3.2	2.6
水	25	25	25

制备方法　将各组分原料混合均匀即可。

原料配伍　本品各组分质量份配比范围为：乙二醇 5～8，苯甲酸钠 1.5～3.2，磷酸二氢钠 6～10，小苏打 3～7，氯化钾 1.2～3，渗透剂 0.6～1.4，三乙醇胺 0.5～1.1，乙醇 0.4～0.9，脂肪酸二乙醇胺 1.4～3.2，水 25。

产品应用　本品主要用作饮水机用除垢剂。

产品特性　本产品能够对饮水机的锈垢进行快速清洗，清洗效果好，且不会对设备产生腐蚀，不会影响水质。

∴ 饮水机加热腔的清洗除垢剂

原料配比 →

原　料	配比（质量份）			
	1#	2#	3#	4#
水	90	90	80	80
小苏打	20	15	20	10

续表

原　料	配比(质量份)			
	1#	2#	3#	4#
柠檬酸	20	15	10	10
磷酸二氢钠	10	8	10	5
氨基磺酸	10	8	5	5
氯化钾	5	3	5	2

制备方法　将各组分原料混合均匀即可。

原料配伍　本品各组分质量份配比范围为：水 80~100，小苏打 10~20，柠檬酸 10~20，磷酸二氢钠 5~10，氨基磺酸 5~10，氯化钾 2~5。

产品应用　本品主要用作饮水机加热腔的清洗除垢剂。可用于多种金属材质和塑料材质的饮水机、茶炉、电开水器、热水瓶、水壶等设备。

产品特性

(1) 除垢效果好、溶解水垢速度快、洗净率高、性能稳定。

(2) 对饮水机无腐蚀，不损伤零部件，不影响密封性。

(3) 安全，无毒，并具有一定的杀菌作用，原料试剂对人体健康基本无影响。

(4) 操作简单，在常温下即可使用，饮水机清洗后再用清水冲洗一次即可恢复使用。

(5) 适用范围广。

油垢清洗液

原料配比

原　料	配比(质量份)
烷基苯磺酸	8
氢氧化钠	6

续表

原　料	配比(质量份)
氮酮	1
羧甲基纤维素	1
硅酸钠	1
净洗剂 SP－1	1
磷酸三钠	0.2
椰油脂肪酸二乙醇酰胺	0.3
分子筛	1
$C_{11}\sim C_{13}$脂肪醇硫酸酯盐	0.02
异丙醇	1
芳香剂	0.01
色素	0.01
蒸馏水	加足 100

制备方法　将烷基苯磺酸与氢氧化钠混合，搅拌使其充分反应；加入羧甲基纤维素、磷酸三钠、硅酸钠、分子筛混合均匀；将净洗剂 SP－1、椰油脂肪酸二乙醇酰胺、氮酮、$C_{11}\sim C_{13}$脂肪醇硫酸酯盐、芳香剂、色素与异丙醇混溶后加入上述溶液中搅拌均匀；最后加入蒸馏水稀释，静置消泡后装瓶。

原料配伍　本品各组分质量份配比范围为：烷基苯磺酸 6～12、氢氧化钠 4～8、氮酮 0.5～1.5、羧甲基纤维素 0.5～1.5、硅酸钠 1～2、净洗剂 SP－1 1～5、磷酸三钠 0～0.5、椰油脂肪酸二乙醇酰胺 0.1～0.5、分子筛 1～1.5、$C_{11}\sim C_{13}$脂肪醇硫酸酯盐 0.01～0.05、异丙醇 0.5～1、芳香剂适量、色素适量、蒸馏水加至 100。

质量指标 ➡

检验项目	检验结果
pH	8～12
洗油率/%	≥95

续表

检验项目	检验结果	
防锈性/h 相对湿度 90%,40℃±2℃	45#钢	120
	铸铁	48
腐蚀性 温度 90℃±2℃,4h	45#钢	0 级
	LY₁₂铝	0 级
	H₆₂黄铜	变级≤1 级

产品应用　本品主要应用于金属、陶瓷、塑料等表面油垢的清洗。

产品特性

(1) 除油效果好,使用、储运方便,无毒、无腐蚀性并具有防锈功能。

(2) 不易燃,可代替汽油、酒精、四氯化碳等有机溶剂。

(3) 在常温下清洗机油、润滑油、防锈油、乳化油、齿轮油、刹车油、氯化石蜡、动植物油脂、油墨、研磨膏、抛光膏、热处理残液、汗渍等。

(4) 适用于各种机械零件、玻璃、陶瓷制品、工程塑料、厨房墙壁、灶具、油烟机、排气扇、钢木家具等表面油污、油垢类的清洗。尤其对机械部件上的"黄袍"和积炭有特效。

油污重垢速净剂

原料配比

原　料	配比(质量份)				
	1#	2#	3#	4#	5#
草酸	10	—	—	5	9
草酸钾	—	4	—	—	—
草酸钠	—	—	7	—	—
烷基苯磺酸	8	—	—	—	4

原　料	配比（质量份）				
	1#	2#	3#	4#	5#
脂肪醇聚氧乙烯醚硫酸钠	—	11	—	10	—
十二醇磺酸钠	—	—	5	—	—
马来酸酐	5	—	—	—	—
马来酸锌盐	—	—	—	6	—
聚马来酸酐	—	—	7	—	—
水解聚马来酸酐	—	2	—	—	4
盐酸	11	15	7	6	13
乙二胺四乙酸钠	—	—	0.2	—	—
磷酸三钠	—	—	0.3	—	—
溴化钠	—	—	0.1	—	—
乙二胺四亚甲基二膦酸	—	—	0.5	—	—
聚丙烯酸钠	—	—	1	—	—
乙醇	—	—	—	0.2	—
水	加至100	加至100	加至100	加至100	加至100

制备方法　将各组分溶于水，混合均匀即可。

原料配伍　本品各组分质量份配比范围为：乙二酸及其盐3～10、烷基芳基磺酸盐4～12、聚马来酸及其盐1～7、盐酸6～15、溶剂加至100。

本品还可添加乙二胺四乙酸钠、磷酸三钠、溴化钠、乙二胺四亚甲基二膦酸、聚丙烯酸钠，上述各物质的总量占速净剂原料总量的1%～3%。

产品应用　本品主要应用于清洗玻璃油污重垢。

产品特性

(1)本品的原料中将具有强去污能力的无机酸、有机酸混合，再辅以具分散、渗透作用的酸酐及具溶垢洗涤作用的烷基醚表面活性剂，充分发挥各组分的协同作用，从而使本品可在1～2min内快速、高效、彻底地清除长达数年或更长年代的重垢、油污。

（2）本品在原料中还可添加具阻垢助洗作用的磷酸盐、除硅垢作用的卤族化合物、起固化作用的乙二胺四亚甲基二膦酸、起增稠、增黏作用的聚丙烯酸钠和起络合作用的乙二胺四乙酸钠，利用以上各物对本品原料的协同作用，可明显增加本品除污、除垢效果。

重垢地面清洁剂

原料配比

原　料	配比(质量份)
壬基酚聚氧乙烯醚(10EO)	2
LABS酸	1.5
椰油二乙醇酰胺	4
烯基磺酸钠	4
乙二醇丁醚	5
STPP	3
NaOH	2
水	78.5

制备方法　将各组分溶于水，混合均匀即可。

原料配伍　本品各组分质量份配比范围为：壬基酚聚氧乙烯醚（10EO）1～3、LABS酸1.4～1.6、椰油二乙醇酰胺3～5、烯基磺酸钠3～5、乙二醇丁醚4～6、STPP 2～4、NaOH 1～3、水78～79。

产品应用　本品主要应用于各种地面的清洁，如木质地面、石头、砖及水泥塑料地面等。

使用方法：使用时只需按 1∶20 的比例与水进行配比，喷洒在待清洁的地方，用拖布进行处理就可达到清洁的目的。

产品特性 本品与同类产品相比，具有制备更为简单，针对性特别强，具有强力除垢的特点，像屠宰场、鱼店、肉店等比较难清洁的地方是其理想的清洁对象。

2

工业除垢剂

原料配比

原　　料		配比（质量份）
乙酸		12
硼酸		8
氨基磺酸		6
去离子水		40
乙酸乙酯		4
EDTA 二钠		2
十二烷基苯磺酸钠		3
乙醇		12
助剂		2
助剂	羧甲基纤维素钠	2
	二硫化钼	1.5
	去离子水	8
	茶多酚	2
	单宁酸	0.1

制备方法　先将乙酸、硼酸以及氨基磺酸、十二烷基苯磺酸钠投入去离子水，搅拌至完全溶解后，再加入乙酸乙酯、乙醇，继续搅拌分散 1~2h，最后再加入其他剩余成分，继续搅拌分散至溶液

稳定均匀后即可。

原料配伍　本品各组分质量份配比范围为：乙酸 10～12，硼酸 5～8，氨基磺酸 6～8，去离子水 40～50，乙酸乙酯 4～5，EDTA 二钠 1～3，十二烷基苯磺酸钠 2～3，乙醇 10～12，助剂 2～4。

所述的助剂由以下质量份的原料制成：羧甲基纤维素钠 1～3，二硫化钼 1～2，去离子水 5～8，茶多酚 1～2，单宁酸 0.1～0.2。制备方法为：先将茶多酚、单宁酸投入去离子水中，搅拌至其完全溶解后，再加入羧甲基纤维素钠，继续搅拌至其完全分散后，再将二硫化钼投入，继续搅拌分散 30～50min 后，将所得物料加热至 50～60℃，浓缩成膏状，即得。

产品应用　本品是一种 PS 版/CTP 版冲版机用浓缩除垢剂。

产品特性　本产品首先用乙酸、硼酸、氨基磺酸混合溶液取代了传统的稀盐酸溶液，不仅仍具有良好的除垢能力，对设备的腐蚀能力也得到降低，且更为环保安全，溶液中混溶的乙酸乙酯能增进溶液对显影液中卤族化合物结晶以及附着有机溶剂的去除能力；本产品除垢剂在实际使用过程中用量少，见效快，易清洗无残留，更为环保安全。

PS 版/CTP 版冲版机用天然除垢剂

原料配比

原　料	配比(质量份)
柠檬酸	4
硼酸	6
白醋	12
600 目绿茶籽粉	2
十二烷基硫酸钠	2
氨基磺酸铵	0.1
聚天门冬氨酸	2

续表

原　料		配比(质量份)
去离子水		68
助剂		3
助剂	羧甲基纤维素钠	2
	二硫化钼	1.5
	去离子水	8
	茶多酚	2
	单宁酸	0.1

制备方法　先将柠檬酸、硼酸、白醋、十二烷基硫酸钠投入去离子水，搅拌至完全溶解后，再加入绿茶籽粉，继续搅拌分散30～40min，最后再加入其他剩余成分，继续搅拌分散至溶液稳定均匀后即可。

原料配伍　本品各组分质量份配比范围为：柠檬酸3～5、硼酸4～8、白醋10～14、400～600目绿茶籽粉1～3、十二烷基硫酸钠2～3、氨基磺酸铵0.1～0.2、聚天门冬氨酸1～3、去离子水60～80、助剂2～4。

所述的助剂由以下质量份的原料制成：羧甲基纤维素钠1～3、二硫化钼1～2、去离子水5～8、茶多酚1～2、单宁酸0.1～0.2。制备方法为：先将茶多酚、单宁酸投入去离子水中，搅拌至其完全溶解后，再加入羧甲基纤维素钠，继续搅拌至其完全分散后，再将二硫化钼投入，继续搅拌分散30～50min后，将所得物料加热至50～60℃，浓缩成膏状，即得。

产品应用　本品主要用作PS版/CTP版冲版机除垢剂。
使用时用去离子水将该除垢剂稀释至所需pH即可。

产品特性　首先用柠檬酸、硼酸、白醋混合配制酸性溶液，取代了传统的稀盐酸溶液，不仅保留了良好的除垢能力，且更为环保安全，不易腐蚀设备，溶液中混散的绿茶籽粉中含有天然的去污成分，还有一定的杀菌防腐功效，延长除垢剂的储存时间，再结合助剂以及其他成分使得本除垢剂不仅有良好的除垢清洁能力，还能有效地预防冲版机再次结垢，且不伤害版机，不影响印刷效果，环保安全，更耐储存。

安全在线除垢清洗剂

原料配比 →

原料	配比（质量份）					
	1#	2#	3#	4#	5#	6#
羟基亚乙基二磷酸	15	70	67	—	—	9
氨基亚甲基三磷酸	—	—	—	50	—	—
EDTMPS	—	—	—	—	30	—
苯并三氮唑	0.4	0.6	0.6	—	—	1
聚马来酸酐	—	—	14.4	—	—	—
聚丙烯酸	8.6	14.4	—	20	20	25
氢氧化钠	—	—	3	2	—	—
水	76	15	15	28	50	65

制备方法　将原料混合，搅拌均匀即成，产品为淡黄色透明液体，无味。

原料配伍　本品各组分质量份配比范围为：螯合剂 5～90、缓蚀剂 0～1、高分子聚合物 1～30、氢氧化钠 0～20、水 5～80。

其中：所述螯合剂为羟基亚乙基二磷酸、氨基亚甲基三磷酸、EDTMPS（乙二胺四亚甲基磷酸钠）中一种；缓蚀剂为苯并三氮唑类；高分子聚合物为聚丙烯酸或聚马来酸酐，其相对分子质量为 10000～30000。

产品应用　本品主要用作工业除垢剂。

使用方法：将配制好的除垢清洗剂在 40～50℃下对已经积垢的冷却换热器的冷却水管道和换热面进行整体在线清洗，用水泵循环除垢清洗，10h 除垢率达 85% 以上。对设备无任何腐蚀，开车后换热效率大为提高。

产品特性　本品的除垢清洗剂在除垢清洗时螯合剂与垢层中的金属离子发生螯合反应，破坏垢层的晶格，这与传统清洗除垢剂中氢离子与垢层中的碳酸根离子、氧化物及金属基体反应所起作用相似。不同的是传统除垢剂是与垢层中的阴离子反应，而本除垢剂是与阳离子反应，传统清洗剂中氢、硫化氢等气体导致的剥离效果，在本品中是用聚合物对固体颗粒的分散作用来取代的。聚合物本身是无毒的、环保的，而氢气、硫化氢等气体是可燃的、有毒害的。由于本品的特殊的除垢清洗机理，使本品的清洗除垢剂对金属基体的腐蚀性极低，不仅可以进行普通清洗，亦可用于进行精密清洗。并且，实际清洗过程中不会造成管路的堵塞，另外，本品中的清洗剂既可以在常温下使用，又可以在升温条件下使用，使用温度不受限制，清洗除垢率都在 85％以上。而普通酸性除垢清洗剂一般仅适合于常温条件下使用，在温度升至 50℃以后，对金属基体的腐蚀性将急剧上升、无法使用。传统除垢清洗剂中的强酸对金属基体有强腐蚀性，而本品中采用的原料却对钢铁金属有缓蚀作用，具有阻止腐蚀、抑制腐蚀的作用，因而当使用本品的除垢清洗剂进行清洗后，不需要冲洗和中和处理，也不需要进行专项钝化处理，直接投入正常使用即可，使整个清洗过程变得非常简单。使用普通除垢清洗剂进行清洗时，一旦发生泄漏，将会对被接触到的设备物品造成严重破坏。如地板、吊棚、墙壁、水泥地面、油漆等。而使用本品进行清洗过程中如果出现各种情况下的泄漏，则不会对这些物品造成明显危害，因为本品中使用的原料配合物对这些物品的作用几乎与水相同。本品的除垢清洗剂在清洗时以任何方式都可以有很好的效果，特别是可以在线使用。

不锈钢焊缝除垢处理液

原料配比 →

原料	配比(质量份)			
	1#	2#	3#	4#
水	785	740	690	570
JFC 渗透剂	110	130	150	220

原料	配比(质量份)			
	1#	2#	3#	4#
乳化剂 OP-10	5	7	8	10
含量 99.3%柠檬酸	30	33	50	60
含量 99%酒石酸	40	48	51	80
含量 99%无水碳酸钠	5	7	8	10
含量 85%三乙醇胺	10	14	16	20
含量 31%盐酸	10	13	18	20
含量 99%钼酸钠	5	8	9	10

制备方法

(1) 常温下,在搅拌机内加入水。

(2) 边搅拌边投放脂肪醇聚氧乙烯醚、烷基酚聚氧乙烯醚、柠檬酸、酒石酸、无水碳酸钠、三乙醇胺、盐酸、钼酸钠。

(3) 全部加料完毕后再搅拌 20～30min 即为成品。

原料配伍　本品各组分质量份配比范围为：水 570～785,脂肪醇聚氧乙烯醚 110～220,烷基酚聚氧乙烯醚 5～10,柠檬酸 30～60,酒石酸 40～80,无水碳酸钠 5～10,三乙醇胺 10～20,盐酸 10～20,钼酸钠 5～10。

脂肪醇聚氧乙烯醚为 JFC 渗透剂,烷基酚聚氧乙烯醚为乳化剂 OP-10。

产品应用　本品主要用作不锈钢焊缝除垢处理液。

使用时,将不锈钢焊缝除垢工作液倒入干净的槽内,浸泡所需处理的工件,处理时间为 30min 左右,无需加温;当工件浸泡干净出槽后用高压枪冲洗干净,晾干或低温烘干即可。如若发现超过 40min 还不能处理干净,必须添加不锈钢焊缝除垢添加液。

产品特性

(1) 本产品的工作原理为：烷基酚聚氧乙烯醚和无水碳酸钠起到了脱脂作用,清除不锈钢焊缝表面的油脂;脂肪醇聚氧乙烯醚和钼酸钠强化泡松焊缝表面强度较硬的污垢、氧化皮、硬油和烧结物；柠檬酸、酒石酸和盐酸将之前泡松的不良物迅速地处理下来；钼酸钠、三乙醇胺和无水碳酸钠在清洗干净的不锈钢焊缝表面吸附并生成一层钝化膜。

（2）本产品操作简单，除垢效果好，同时不腐蚀不锈钢的表面，保持不锈钢的光泽度；而且不锈钢焊缝除垢处理液能重复使用，对皮肤接触无伤害，低碳环保，节约成本。

❖ 不锈钢焊缝除垢添加液

原料配比 ➡

原料	配比（质量份）
水	47
JFC 渗透剂	22
乳化剂 OP-10	1
含量 99.3％柠檬酸	6
含量 99％酒石酸	8
含量 99％无水碳酸钠	1
含量 85％三乙醇胺	2
含量 31％盐酸	2
含量 99％钼酸钠	1
草酸	10

制备方法

（1）常温下，在搅拌机内加入水。

（2）边搅拌边投放脂肪醇聚氧乙烯醚、烷基酚聚氧乙烯醚、柠檬酸、酒石酸、无水碳酸钠、三乙醇胺、盐酸、钼酸钠、草酸。

（3）全部加料完毕后再搅拌 20～30min 即为成品。

原料配伍 本品各组分质量份配比范围为：脂肪醇聚氧乙烯醚 20～24，烷基酚聚氧乙烯醚 0.8～1.2，柠檬酸 4～8，酒石酸 6～10，无水碳酸钠 0.8～1.2，三乙醇胺 1.8～2.4，盐酸 1.8～2.4，钼酸钠 0.8～1.2，草酸 8～12 和水 37.6～56。

产品应用 本品主要用作不锈钢焊缝除垢添加液。

产品特性

（1）本产品的工作原理为：烷基酚聚氧乙烯醚和无水碳酸钠起到了脱脂作用，清除不锈钢焊缝表面的油脂；脂肪醇聚氧乙烯醚和钼酸钠强化泡松焊缝表面强度较硬的污垢、氧化皮、硬油和烧结物；柠檬酸、酒石酸和盐酸将之前泡松的不良物迅速地处理下来；草酸与溶液中铁离子络合，达到去除的目的；钼酸钠、三乙醇胺和无水碳酸钠在清洗干净的不锈钢焊缝表面吸附并生成一层钝化膜。

（2）本产品操作简单，除垢效果好，同时不腐蚀不锈钢的表面，保持不锈钢的光泽度；而且不锈钢焊缝除垢添加液能重复使用，对皮肤接触无伤害，低碳环保，节约成本。

不锈钢焊丝除垢处理液

原料配比

原料	配比（质量份）	
	1#	2#
水	671	342
含量 99.3% 柠檬酸	35	70
含量 99.6% 草酸	70	140
含量 99% 钼酸钠	20	40
含量 85% 三乙醇胺	10	20
JFC 渗透剂	40	80
乳化剂 OP-10	30	60
含量为 99% 乌洛托品	4	8
含量 40% 硝酸	15	30
酒石酸	50	100
三聚磷酸钠	10	20
乙醇	30	60
含量 90% 氢氟酸	15	30

制备方法

（1）常温下，在搅拌机内加入水。

（2）边搅拌边投放柠檬酸、草酸、钼酸钠、三乙醇胺、脂肪醇聚氧乙烯醚、烷基酚聚氧乙烯醚、六亚甲基四胺、硝酸、酒石酸、三聚磷酸钠、乙醇、氢氟酸。

（3）全部加料完毕后再搅拌 20～30min 即为成品。

原料配伍 本品各组分质量份配比范围为：水 342～671，柠檬酸 35～70，草酸 70～140，钼酸钠 20～40，三乙醇胺 10～20，脂肪醇聚氧乙烯醚 40～80，烷基酚聚氧乙烯醚 30～60，六亚甲基四胺 4～8，硝酸 15～30，酒石酸 50～100，三聚磷酸钠 10～20，乙醇 30～60 和氢氟酸 15～30。

所述硝酸的质量分数为 40％。

所述脂肪醇聚氧乙烯醚为 JFC 渗透剂，所述烷基酚聚氧乙烯醚为乳化剂 OP-10，所述六亚甲基四胺即乌洛托品。

产品应用 本品主要用作不锈钢焊丝除垢处理液。

产品特性 本产品操作简单，无需加温，清洗效果好，同时不腐蚀不锈钢的表面，保持不锈钢的光泽度；而且不锈钢焊丝除垢处理液能重复使用，对皮肤接触无伤害，低碳环保，节约成本。

不锈钢冷拔管除垢清洗液

原料配比 →

原　料	配比（质量份）	
	1#	2#
水	585	170
含量 99.3％柠檬酸	50	100
含量 99.6％草酸	100	200
含量 99％钼酸钠	4	8

原　料	配比（质量份）	
	1#	2#
含量85%三乙醇胺	70	140
JFC渗透剂	110	220
乳化剂OP-10	15	30
含量25%盐酸	15	30
三聚磷酸钠	6	12
乙醇	30	60
含量90%氢氟酸	15	30

制备方法

（1）常温下，在搅拌机内加入水。

（2）边搅拌边投放柠檬酸、草酸、钼酸钠、三乙醇胺、脂肪醇聚氧乙烯醚、烷基酚聚氧乙烯醚、盐酸、三聚磷酸钠、乙醇、氢氟酸。

（3）全部加料完毕后再搅拌20~30min即为成品。

原料配伍　本品各组分质量份配比范围为：水170~585，柠檬酸50~100，草酸100~200，钼酸钠4~8，三乙醇胺70~140，脂肪醇聚氧乙烯醚110~220，烷基酚聚氧乙烯醚15~30，盐酸15~30，三聚磷酸钠6~12，乙醇30~60和氢氟酸15~30。

所述盐酸的质量分数为25%。

所述脂肪醇聚氧乙烯醚为JFC渗透剂，所述烷基酚聚氧乙烯醚为乳化剂OP-10。

产品应用　本品主要用作不锈钢冷拔管除垢清洗液。

产品特性　本产品操作简单，无需加温，清洗效果好，同时不腐蚀不锈钢的表面，保持不锈钢的光泽度；而且不锈钢冷拔管除垢清洗液能重复使用，对皮肤接触无伤害，低碳环保，节约成本。

∴ 不锈钢与铁件复合板除垢剂 ∴

原料配比 ⊛

原 料	配比(质量份)			
	1#	2#	3#	4#
脂肪醇聚氧乙烯醚	19	15.5	20	22
柠檬酸	5	7	5	5
酒石酸	3	4	2	4
缓蚀剂	10	12	9	7
六亚甲基四胺	10	10.5	9	8
金属络合剂	5	7	4	3
盐酸	1	1	1	1
氢氟酸	2	2	2	2
钼酸钠	1	1	1	1
水	44	40	47	44

制备方法　将各组分原料混合均匀即可。

原料配伍　本品各组分质量份配比范围为：脂肪醇聚氧乙烯醚 15.5～25，柠檬酸 5～8，酒石酸 2～4，缓蚀剂 7～12，六亚甲基四胺 8～11，金属络合剂 3～7，盐酸 0.5～1，氢氟酸 1～2，钼酸钠 0.5～1，水 40～50。

所述烷基酚聚氧乙烯醚是乳化剂 OP -10。

所述缓蚀剂是氨基磺酸缓蚀剂、柠檬酸缓蚀剂、硝酸缓蚀剂、盐酸缓蚀剂、硫酸缓蚀剂、Lan-826 多用缓蚀剂中的一种，或者是其中的数种混合物。

所述金属络合剂是氨羟络合剂、巯基络合剂、有机磷酸盐、聚丙烯酸、羟基羧酸盐中的一种，或者是其中的数种混合物。

所述金属络合剂是氨羟络合剂或巯基络合剂，或者是二者的混合物。

产品应用　本品主要用作不锈钢与铁件复合板除垢剂。

在用此除垢剂对不锈钢与铁件复合板进行除垢时，只需将待除垢板材浸入到该除垢剂中，进行清洗，除垢反应达到要求的程度后，取出进行冲洗、干燥即可。

产品特性　本产品对不锈钢和铁件复合板的两面均有良好的除垢效果，能够反复使用反复添加，无刺激性气味，与皮肤接触无伤害，减少排放，绿色环保。

不锈钢制糖罐内壁重垢除垢剂

原料配比

原料	配比（质量份）		
	1#	2#	3#
氢氧化钠	15	25	20
氢氧化钾	5	1	3
葡萄糖酸钠	0.5	1.5	1
木质素磺酸钠	0.5	1.5	1
马来酸酐	1.5	0.5	1
QYL-292 除积炭/炭黑表面活性剂	0.1	0.5	0.3
水	加至 100	加至 100	加至 100

制备方法　将计算称量的水倒入不锈钢反应釜中，开动搅拌器，控制转速 60～80r/min；再将计算称量的氢氧化钠、氢氧化钾、葡萄糖酸钠、木质素磺酸钠、马来酸酐依次徐徐加入到反应釜中，每加完一种原料，连续搅拌 10～20min；最后将 QYL-292 除积炭/炭黑表面活性剂加入到反应釜中，搅拌均匀。

原料配伍　本品各组分质量份配比范围为：氢氧化钠 15～25，氢氧化钾 1～5，葡萄糖酸钠 0.5～1.5，木质素磺酸钠 0.5～1.5，马来酸酐 0.5～1.5，QYL-292 除积炭/炭黑表面活性剂 0.1～0.5 及水加至 100。

产品应用　本品主要用作不锈钢制糖罐内壁重垢除垢剂。

使用时，将本产品在常温下直接加入到蔗糖反应罐中，泵循16～24h即可将重垢彻底清除掉，对罐体无腐蚀且不污染环境。本产品连续使用，当把第一个反应罐内壁的重垢除掉后，可将除垢工作液导入第二个反应罐内并补充少许本除垢工作液，即可满足第二个反应罐除重垢的工艺要求。

产品特性　本产品多种成分相互配合发生作用，只需在常温条件下泵循16～24h即可除去反应罐内壁的重垢层，不会对不锈钢罐体造成腐蚀，缩短了清洗工期，降低了生产成本，提高了企业的生产效率。

不锈钢热交换设备水垢除垢剂

原料配比 ➷

原　料	配比
乌洛托品	7g
动物胶	10g
糊精	10g
尿素	3g
糠醛	15g
水	加至1L

制备方法　将各组分溶于水混合均匀即可。

原料配伍　本品各组分配比范围为：乌洛托品6～8g、动物胶9～11g、糊精9～11g、尿素2～4g、糠醛14～16g，水加至1L。

产品应用　本品主要用作不锈钢热交换设备水垢除垢剂。

产品特性　本品采用硝酸铝除垢剂清除以钙、镁碳酸盐为主要组分的水垢。其除垢速度随温度的升高和硝酸铝浓度的增加而增加，对于消除河水水垢的速度大于消除自来水水垢的速度，这是因为在河水水垢中除含有钙、镁碳酸盐之外，还含有被吸附的有机物质及夹杂的泥沙，因其较疏松而容易去除。

∴ 不锈钢水垢清洗液

原料配比 →

原料	配比（质量份）														
	1#	2#	3#	4#	5#	6#	7#	8#	9#	10#	11#	12#	13#	14#	15#
氨基磺酸	2	1	3	4	5	6	7	8	9	10	2	8	3	5	5
冰醋酸	4	1.9	5	3	3	6	5.3	2	1	7	8	4	2	4	3
缓蚀剂	1	0.1	0.3	0.2	0.4	0.6	0.7	0.7	0.5	1	1	1	1	1	0.4
水	93	97	91.7	92.8	91.6	87.4	87	89.3	89.5	82	89	87	94	90	91

　　制备方法　将各组分溶于水，混合均匀即可。

　　原料配伍　本品各组分质量份配比范围为：氨基磺酸 1～10、冰醋酸 1～8、缓蚀剂 0.1～1、水 82～97。

　　所述氨基磺酸为有机强酸，会与水垢产生强烈反应，在清洗过程中主要是与粘接在金属表面的水垢进行反应，同时依靠机械冲刷作用将水垢从金属表面剥离，形成碎片。冰醋酸为弱酸，将配合氨基磺酸与水垢反应。添加冰醋酸的作用就是尽量降低氨基磺酸的使用量，减少对金属的腐蚀。

　　所述冰醋酸的作用主要是辅助氨基磺酸进行清洗，因为冰醋酸为有机弱酸，只和水垢起反应，而不会对单晶炉体产生腐蚀。使用冰醋酸可以减少氨基磺酸的使用量，减少对炉体的腐蚀。

　　所述缓蚀剂在整个清洗过程中在材料表面形成一层极薄的保护膜，防止金属腐蚀。经过实验证实如果缓蚀剂的浓度大于 1%，则由于浓度过高不仅不能起到缓蚀作用反而增加金属腐蚀量。如果缓蚀剂的浓度低于 0.3% 则不能在金属表面形成保护膜，造成点蚀坑，导致坑内腐蚀加速，严重时造成穿孔。

　　产品应用　本品主要应用于清洗不锈钢机械上所形成的水垢，主要是单晶硅炉、板式散热器等精密机械的水垢清洗。

清洗方法：实际清洗中，如结垢厚度小于 1mm，氨基磺酸水溶液的浓度采用 3％浓度，超过 1mm 采用 5％浓度，超过 2mm 采用 7％浓度；冰醋酸浓度范围为 2％～5％，水垢厚度小于 1mm 采用 5％浓度，超过 1mm，采用 3％～4％浓度，超过 2mm 采用 2％浓度。缓蚀剂水溶液的浓度范围为 0.3％～1％，根据使用的氨基磺酸水溶液的浓度确定缓蚀剂浓度；经过实验验证，当氨基磺酸水溶液的浓度为 3％时，缓蚀剂浓度为 0.3％，酸浓度为 5％时缓蚀剂浓度为 0.4％，酸浓度为 7％时缓蚀剂浓度为 0.7％；清洗时清洗液的温度控制在 50℃以下。根据结垢情况具体确定温度。如结垢小于 1mm，温度控制在 30℃，大于 1mm 控制在 40℃，大于 2mm 控制在 45℃。

产品特性　采用本品用于清洗不锈钢机械上水垢的清洗液，可以快速清洗掉不锈钢机械上的水垢，也可以清洗掉不锈钢机械内部多种不同的材质上形成的水垢且不造成腐蚀和损害；同时，还可以在不锈钢机械内部表面形成保护膜，防止在使用过程中不锈钢机械腐蚀。

常温快速除垢清洗剂

原料配比 ➡

原　料	配比(质量份)
水	16
六亚甲基四胺	0.6～3.9
硫氰酸钠	0.7～3.9
若丁	0.5～3.7
乌洛托品	0.4～3.7
苯胺	0.4～4
酸	64.8～81

制备方法　按配方比例将定量的六亚甲基四胺在常温下加入定量水中搅拌溶解后，顺次加入配伍定量硫氰酸钠、若丁、乌洛托

品、苯胺搅拌溶解后再加入定量酸，即可得到除垢清洗剂。

原料配伍   本品各组分质量份配比范围为：水 15～17、六亚甲基四胺 0.6～3.9、硫氰酸钠 0.7～3.9、若丁 0.5～3.7、乌洛托品 0.4～3.7、苯胺 0.4～4、酸 64.8～81。

产品应用   本品主要应用于清洗金属构件表面积垢。

使用方法：常温快速除垢清洗剂只需注入冷凝器、压缩机套管、蒸发管里浸泡冲洗循环使用多次即可除净积垢、注入锅炉加温即可锅炉除垢。

产品特性   本品能清除各种水垢、速度快、耗资低、常温操作安全，对金属构件表面无腐蚀。

❖ 常温油溶性原油油垢清洗剂

原料配比 →

原　料	配比（质量份）			
	1#	2#	3#	4#
汽油馏分	72	—	77	—
120℃以下的石油溶剂	—	80	—	—
柴油馏分	—	—	—	75
丙酮	25	15	15	18
乙醚	3	5	8	7

制备方法   将各组分混合均匀即可。

原料配伍   本品各组分质量份配比范围为：350℃以下的石油馏分 70～80、丙酮 15～25、乙醚 3～8。

所述 350℃以下的石油馏分为 120℃以下的石油溶剂、汽油馏分或柴油馏分。

产品应用   本品主要应用于清洗旧管道。

产品特性   由于本品不含对金属有腐蚀作用的物质，并且易挥发，因此不会对管道产生腐蚀，也不会对管道输送的介质产生影响，特别适用于清洗旧管道；还由于清洗剂中组成物均为沸点较低的有机物，可通过简单的蒸馏方法将其分馏回收，既降低成本又避免污染环境。

⁝ 冲版机专用除垢剂 ⁝

原料配比 →

原　料		配比（质量份）
柠檬酸		18
草酸		12
牛脂胺聚氧乙烯醚		2
妥儿油酸		12
扩散剂 MF		1
太古油		0.1～0.2
薄荷精油		0.1～0.2
复合助剂		5～6
水		30～40
复合助剂	十二烷基硫酸钠	3.5
	聚氧乙烯醚	3
	磺基琥珀酸二钠	3.5
	咪唑啉	1.5
	尼泊金酯	2.5
	卡松	1.5
	石榴皮提取液	2
	烷基多糖苷	1.5
	硬脂酸	0.2
	吐温-60	1
	柠檬草油	0.4
	抗氧剂 1010	1
	硅油	2

续表

原　料		配比（质量份）
复合助剂	正己烷	10
	乙酸乙酯	8
	羧甲基纤维素	6
	水	12

制备方法

（1）按配方比例将柠檬酸溶于水中，得到柠檬酸水溶液 A。

（2）将草酸、妥儿油酸和牛脂胺聚氧乙烯醚混合，加热到 50～60℃，再将水加入其中，充分搅拌 30～40min，得到溶液 B。

（3）将 A 和 B 混合在温度 60～65℃下搅拌 30～40min 后，将配方中的其余组分全部加入，在相同温度下再搅拌 1～2h，即可。

原料配伍　本品各组分质量份配比范围为：柠檬酸 10～20，草酸 10～15，牛脂胺聚氧乙烯醚 1～2，妥儿油酸 10～15，扩散剂 MF 1～2，太古油 0.1～0.2，薄荷精油 0.1～0.2，复合助剂 5～6，水 30～40。

所述复合助剂由下列质量份的原料制成：十二烷基硫酸钠 3～4，聚氧乙烯醚 2～4，磺基琥珀酸二钠 3～4，咪唑啉 1～2，尼泊金酯 2～3，卡松 1～2，石榴皮提取液 1～2，烷基多糖苷 1～2，硬脂酸 0.2～0.3，吐温-60 1～2，柠檬草油 0.2～0.4，抗氧剂 1010 1～2，硅油 1～2，正己烷 8～10，乙酸乙酯 8～10，羧甲基纤维素 5～6，水 10～15。制备方法是：首先将正己烷与乙酸乙酯混合，然后再与尼泊金酯、石榴皮提取液、柠檬草油、抗氧剂 1010 混合，加热至 50～60℃，搅拌 20～30min 后，再加入其他剩余成分，升温至 70～80℃，高速搅拌 20～300min，即得。

产品应用　本品主要用作冲版机专用除垢剂。

产品特性　本产品能有效去除冲版机在使用过程中所产生的钙质、水箱中的污垢、铜绿、管道中的堵塞物，用量少，见效快。

除垢防垢剂

原料配比 →

表 1　除垢剂

原　料	配比（质量份）
碳酸钠	10～12
液态苛性钠	10～12
磷酸三钠	10～16
腐植酸钠	1～7
过氧化氢	1～8
聚丙烯酸	1～6
辛基磺酸钠	1～8
橡椀栲胶	4～16
芒硝	26～50

表 2　防垢剂

原　料	配比（质量份）
磷酸三钠	8～12
氢氧化钠	8～12
腐植酸钠	3～8
过氧化氢	3～8
聚丙烯酸	4～9
辛基磺酸钠	6～12
白矾	4～8
芒硝	31～64

制备方法

（1）除垢剂的制备：将碳酸钠、芒硝充分混合后依次加入磷酸三钠、腐植酸钠，制得一次结块混合物，并将其粉碎至 80 目以上，再将其粉末与液态苛性钠搅拌，并在搅拌时加入过氧化氢，制得二次块状混合物，分筛粉碎二次块状混合物至 80 目后，再将聚丙烯酸与二次块状混合物的粉碎料混合堆制密封 5～8h，最后将上述混合料与橡椀栲胶粉均拌制得除垢剂。

(2) 防垢剂的制备：用芒硝、磷酸三钠、腐植酸钠、辛基磺酸钠、聚丙烯酸、过氧化氢、白矾、液态氢氧化钠依次混合搅拌得块状混合物，粉碎过筛 80 目堆封 5～8h 后得防垢剂。

原料配伍　本品各组分质量份配比范围如下。

除垢剂配方：碳酸钠 10～12、液态苛性钠 10～12、磷酸三钠 10～16、腐植酸钠 1～7、过氧化氢 1～8、聚丙烯酸 1～6、辛基磺酸钠 1～8、橡椀栲胶 4～16、芒硝 26～50。

防垢剂配方：磷酸三钠 8～12、氢氧化钠 8～12、腐植酸钠 3～8、过氧化氢 3～8、聚丙烯酸 4～9、辛基磺酸钠 6～12、白矾 4～8、芒硝 31～64。

产品应用　本品主要应用于工厂、矿山、机关及锅炉使用单位。

使用方法：除垢剂的用量是每吨锅炉用量 100kg，注入煮沸冲洗，时间 1～3 天左右即可除净。

防垢剂的使用量是锅炉耗水量的 10% 左右，每月 1～3 次。

产品特性　本品清除金属表面水垢速度快、效果好，省人力物力，可除去各种成分水垢，特别是硅质水垢。防垢时可取代软水系统、省力省时。

除垢剂（1）

原料配比

原　料	配比(质量份)	
	1#	2#
30%的工业盐酸	50	120
硫脲	4	8
焦磷酸钠	4	8
S135	4	8
水	加至 1000	加至 1000

制备方法 取工业盐酸、硫脲、焦磷酸钠、S135，而后加水到 1000mL，搅拌，混合均匀，即得产品，配制时各组分的加入可不分先后。

原料配伍 本品各组分质量份配比范围为：盐酸 50～150、硫脲 4～10、焦磷酸钠 4～10、S135 4～10、水加至 1000。

产品应用 本品主要应用于各种锅炉、空调、水箱、管道、散热器等设施。

使用方法：使用本品清洗锅炉时，不用停炉，把炉火用煤炭盖住，把锅炉的水放净，加满本品，2h 后放净，用清水冲洗 2～3 次即可使用。

产品特性 本品以盐酸为主要成分，其与水垢、岩石等中的各种钙、镁盐或氢氧化物反应，溶解清除，与同类产品相比，其含量低，对器壁的腐蚀作用低，并且另外加入了硫脲、焦磷酸钠和具有催化引发作用的 S135，其中硫脲起缓蚀剂的作用，能减少或消除本除垢剂对金属器壁的腐蚀，延长清洗对象的使用寿命，焦磷酸钠起专效作用，大大增强了清洗除垢效果，S135 起消味、防蚀等作用，本品溶剂配制简单、使用方便、除垢效果显著，无毒无味，对皮肤、金属、塑料、橡胶、陶瓷等均无腐蚀和污染，成本低，是一种理想的除垢剂。

除垢剂 (2)

原料配比

表1 结晶处理合成材料

原　料	配比（质量份）
橡椀子粉	45
皂角粉	55
水	200

表2　酸化处理合成材料

原　料	配比(质量份)
稀硝酸	17
腐植酸粉	50

表3　除垢剂

原　料	配比(质量份)
结晶处理合成材料	40
酸化处理合成材料	35
乙二胺四乙酸二钠	6
柠檬酸	12
增单宁粉	6
添加剂	1

制备方法

(1) 结晶处理：橡椀子粉与皂角粉混合均匀后加水浸泡，取母液加温到100℃得结晶处理合成材料。

(2) 酸化处理：取稀硝酸与腐植酸粉反应，使浸取液相对密度为35～40，再和该浸取液质量的2倍的工业硝酸铵合成结晶得酸化处理合成材料。

(3) 合成：按配比取结晶处理合成材料、酸化处理合成材料、乙二胺四乙酸二钠、柠檬酸、增单宁粉、添加剂充分混合均匀后封装。使用时打开袋子，将本品与水混合后可用于金属除垢。

原料配伍　本品各组分质量份配比范围为：结晶处理合成材料32～43、酸化处理合成材料32～38、乙二胺四乙酸二钠5～7、柠檬酸11～13、增单宁粉5～8、添加剂1～2。

所述结晶处理合成材料由以下组分组成：橡椀子粉40～50、皂角粉50～60、水200。

所述酸化处理合成材料由以下组分组成：稀硝酸15～20、腐植酸粉40～60。

产品应用　本品主要应用于金属管道和压力容器。

产品特性　本品运输储存方便，清洗锅炉、管道和压力容器对金属腐蚀小，除垢力强，使用安全，环境污染小。

除垢剂（3）

原料配比

原　料	配比（质量份）	
	1#	2#
磷酸三钠	15	20
碳酸钠	9	6
聚丙烯酸	9	5
过氧化氢	7	2
橡椀栲胶	6	13
芒硝	加至 100	加至 100

制备方法　将原料各组分混合均匀即可。

原料配伍　本品各组分质量份配比范围为：磷酸三钠 5～25、碳酸钠 5～10、聚丙烯酸 5～10、过氧化氢 1～8、橡椀栲胶 5～15、芒硝加至 100。

产品应用　本品主要用作除垢剂。

产品特性　本品生产成本低，除垢效果好。

除垢剂（4）

原料配比

原　料	配比（质量份）				
	1#	2#	3#	4#	5#
电气石球粒径为 10mm	6	—	—	—	—
电气石球粒径为 30mm	—	5	—	—	—
电气石球粒径为 20mm	—	—	5	—	—

续表

原　料	配比(质量份)				
	1#	2#	3#	4#	5#
电气石球粒径为 0.5~1mm	—	—	—	5	—
电气石球粒径为 50 mm	—	—	—	—	3
负离子球粒径为 10mm	6	—	—	—	—
负离子球粒径为 30mm	—	5	—	—	—
负离子球粒径为 20mm	—	—	5	—	—
负离子球粒径为 0.5~1mm	—	—	—	3	—
负离子球粒径为 50mm	—	—	—	—	1
远红外球粒径为 10mm	6	—	—	—	—
远红外球粒径为 30mm	—	5	—	—	—
远红外球粒径为 20mm	—	—	5	—	—
远红外球粒径为 0.5~1mm	—	—	—	3	—
远红外球粒径为 50mm	—	—	—	—	1

制备方法　将各组分原料混合均匀即可。

原料配伍　本品各组分质量份配比范围为：电气石 1~10 和负离子材料 1~10 及远红外材料 1~10。

所述电气石、远红外材料、负离子材料按质量比，其比例为 3~5：1~5：1~5。

所述电气石、负离子材料及远红外材料均为粉料或均为粒料。

所述电气石、负离子材料及远红外材料均为粒料，其直径为 3~50mm。

所述电气石、远红外材料及负离子材料均为粉状，粒径为 0.5~1mm。

电气石是一种硼硅酸盐矿物，化学通式为 $NaR_3Al_6[Si_6O_{18}][BO_3]_3$ $(OH, F)_4$，英文名称 tourmaline，是一种以含硼为特征的铝、铁、钠、镁、锂的环状结构硅酸盐矿物，摩氏硬度 7~7.5，相对密度 2.98 ~ 3.20。电气石的化学成分为 $SiO_2TiO_2CaOK_2OLiO$-

$Al_2O_3B_2O_3\text{-}MgONa_2OFe_2O_3FeOMnOP_2O_5$。即除硅氧骨干外，还有（$BO_3$）络阴离子团。其中 Na^+ 可局部被 K^+ 和 Ca^{2+} 代替，OH^- 可被 F^- 代替，但没有 Al^{3+} 代替 Si^{4-} 现象。

负离子材料是采用含锗量较高的天然黄土，通过特殊工艺团球，经高温煅烧而成，耐磨度强，具有远红外、无辐射等特点。产品含有硒、锰、锌、铁、镁、磷、钙、钾、锶、镱等 30 多种微量元素。负离子材料可以放射负离子；放射远红外线；具抗菌防腐功能：防止霉菌和对人体有害的各种菌类的栖息，减少对人体的伤害。负离子材料存在着正极和负极，它一经接触水，瞬间就能在水中释放电流，这种电流是最适合人体的 0.06mA 的电流。当水与上述微弱电流接触时，周围的水分子中的氢离子和氢氧根离子就分离。一方面氢离子与电子结合成氢气，氢氧根离子与周围的水分子结合成界面活性物质并能产生 300 倍以上的负离子。通过超声波测出此时氢气为 $1.32\mu L/L$，这说明水的还原性电位很好，在这种环境下水将变成有碱离子水。同时，由于水呈弱碱性，藻类将不会再繁殖下去。

电气石在常温下能发射波长 $4\sim14\mu m$，发射率在 0.92 以上的远红外线。电气石的这种特性与其电学性质有关。电气石同时具有压电性与热释电性，即使在常温下，一旦轻微的摩擦、环境压力或温度发生微弱变化，或有其他静电场的作用，其内部分子振动就增强，偶极矩发生变化，即热运动使极性分子激发到更高的能级，当它向下跃迁时，就把多余的能量以发射电磁波的方式释放。因此，电气石向外界发射远红外线的动力来自于外界环境温度与压力等的变化，该过程的本质是电气石与环境之间发生了能量交换。

远红外材料，如远红外球，是新型陶瓷的一个分支，与传统陶瓷采用氧化硅、氧化铝等高岭土成分组成的普通陶瓷不同，远红外陶瓷是以 20 余种无机化合物及微量金属或特定的天然矿石分别以不同的比例配合，再经 $1200\sim1600℃$ 高温煅烧而成，远红外陶瓷以能够辐射出比正常物体更多的远红外线（红外辐射率更高）为主要特征，功能稀土氧化物包括氧化铈、氧化锆、氧化钇、铈锆复合氧化物、打火石粉、萤石粉等。

远红外材料由于发出的远红外线比电气石更强，除了可以使大分子水变成小分子水外，还可以和电气石相互作用，加强电气石内部分子振动，使电气石红外线和负离子的释放量加强，起到比单独使用电气石更好的处理效果。

产品应用　本品主要用作除垢剂。

使用方法：将除垢剂以 1∶5～40 的比例加入水中至少 30min 后，以该水洗涤污垢。

产品特性　本产品将电气石和负离子材料及远红外材料组合使用，协同发挥三者功效。负离子材料自身可使水离子化，且这种作用比电气石强；远红外材料本身可释放远红外线，使大分子的水变成 5～6 个水分子组成的小分子水；该红外线还可以激发和加强负离子材料和电气石内部分子振动释放，使负离子材料和电气石的水离子化效果加强，并使电气石和负离子材料发出比单独存在时更强的远红外线，从而也使水小分子化效果加强。这种小分子水的吸收作用非常好，溶解渗透能力强，能迅速流到污垢的每个角落，使污垢松动易洗，或不易生成污垢。由于水呈弱碱性，藻类将不会再繁殖下去，因而可以去除藻类。

∴ 除垢剂（5）

原料配比

原　料	配比（质量份）
乙酸	10～20
磺酸	15～35
柠檬酸	5～25
氯化钠	0.5～4.0
硝酸钠	4.0～15
缓蚀剂	0.05～2.0
水	加至 100

制备方法　常温常压下在容器内加入水、乙酸、氯化钠、缓蚀剂，搅拌全部互溶后，再加入磺酸、柠檬酸和硝酸钠，搅拌全溶后，停止搅拌，调节 pH 值小于 4，进入包装程序。

原料配伍　本品各组分质量份配比范围为：乙酸 10～20，磺酸 15～35，柠檬酸 5～25，氯化钠 0.5～4.0，硝酸钠 4.0～15，缓蚀剂 0.05～2.0 及水加至 100。

质量指标 →

项 目	设定技术标准	检测结果
外观	透明均相液	无色无分相液体
密度/(g/mL)	1.10～1.16	1.13
pH 值	1～2	1.3
腐蚀性能/[mg/(m² · h)]	<10	<2.8

产品应用　本品主要用于锅炉、热交换器等采暖设备进行除垢。

产品特性　本产品是通过科学的配方，精细加工而制成的除垢剂，是一种成本低廉、对金属无腐蚀、无毒、无味、快速彻底除垢的除垢剂。

∷ 除垢剂（6） ⟫

原料配比 →

原 料	配比（质量份）		
	1#	2#	3#
乙酸	5	1	3
柠檬酸	0.5	6	4
反丁烯二酸	0.6	0.1	0.4
氨基磺酸	5	10	7
盐酸	40	5	35

原　料		配比(质量份)		
		1#	2#	3#
乳酸		2	10	8
马来酸		20	1	15
十二烷基苯磺酸钠		1	3	2
金属缓蚀剂	葡萄糖、淀粉、果胶、葡萄糖酸钠中四种的组合	3	—	—
	葡萄糖、淀粉、维生素 C 中三种的组合	—	1	—
	葡萄糖酸钠	—	—	2
防锈剂	三乙醇胺和亚钠两种的组合	5	—	—
	亚钠	—	8	—
	三乙醇胺	—	—	3
辅料	食品级香精	4	—	—
	食品级香精或食品级色料中两种的组合	—	2	—
	食品级香精或食品级色料中的一种或两种的组合	—	—	3
水		加至 100	加至 100	加至 100

制备方法

(1) 将固体物料柠檬酸、氨基磺酸、反丁烯二酸、马来酸、十二烷基苯磺酸钠依次加入化料反应器中，然后加入水并均匀搅拌使固体物料溶解；搅拌时的搅拌速率为 500～900r/min。

(2) 将液体物料乙酸、盐酸、乳酸、缓蚀剂加入化料反应器中均匀搅拌，使其充分溶解；搅拌时的搅拌速率为 1200r/min。

(3) 将混合均匀的物料过滤，制得除垢剂。过滤时采用不锈钢筛网。所述不锈钢筛网的筛网目数为 100～250 目。

原料配伍　本品各组分质量份配比范围为：乙酸 1～5，柠檬酸 0.5～6，反丁烯二酸 0.1～0.6，氨基磺酸 5～10，盐酸 5～40，乳酸 2～10，马来酸 1～20，十二烷基苯磺酸钠 1～3，金属缓蚀剂 1～3，防锈剂 5～8，辅料 2～4，水加至 100。

所述金属缓蚀剂为葡萄糖、淀粉、果胶、葡萄糖酸钠、维生素

C 中一种或几种的组合。

所述辅料为食品级香精或食品级色料中的一种或两种的组合。

所述防锈剂为三乙醇胺或亚钠中的一种或两种的组合。

产品应用　本品主要用作除垢剂。

产品特性　本产品对人体无毒无害、对设备腐蚀性小，能够快速溶解水垢，节约能源，不伤皮肤，安全可靠，性能温和，不影响人体健康。除垢彻底，能够清除设备表面以及内部的污垢，清洗效果好，并且在表面形成一个保护层，能够延缓污垢的再次形成，使用寿命长。采用了新型的缓蚀剂，无毒无害、绿色环保。除垢后的残液能快速在自然界中分解，对环境不会造成二次污染和危害。

∷ 除垢剂 (7)

原料配比

原　料	配比（质量份）
草酸	0.8～2.5
十二烷基苯磺酸钠	12～25
氢氧化钠	8～15
柠檬酸	4～25
缓蚀剂	10～20
渗透剂 JFC	0.5～2.0
氯化钠	10～15
水	加至 100

制备方法　常温常压下在容器内加入水、草酸、氯化钠、缓蚀剂，搅拌全部互溶后，再加入十二烷基苯磺酸钠、柠檬酸和渗透剂JFC，搅拌至全溶后，停止搅拌，加入氢氧化钠调节 pH 值小于4.2，进入包装程序。

原料配伍　本品各组分质量份配比范围为：草酸 0.8～2.5，

十二烷基苯磺酸钠 12~25，氢氧化钠 8~15，柠檬酸 4~25，缓蚀剂 10~20，渗透剂 JFC 0.5~2.0，氯化钠 10~15，水加至 100。

质量指标 →

项　目	设定技术标准	检测结果
外观	透明均相液	无色无分相液体
密度/(g/mL)	1.10~1.16	1.10
pH 值	2~4.2	3.6
腐蚀性能/[mg/(m² · h)]	<8.5	<7.0

产品应用　本品主要用作锅炉、热交换器等采暖设备进行除垢的一种成本低廉、对金属无腐蚀、无毒、无味、快速彻底除垢的新型除垢剂。

产品特性　本产品是通过科学的配方，精细加工而制成的除垢剂，是一种成本低廉、对金属无腐蚀、无毒、无味、快速彻底除垢的新型除垢剂。

除垢剂（8）

原料配比 →

原　料	配比（质量份）
含量为 20% 的废盐酸	25
六亚甲基四胺	10

制备方法　取含量为 20% 的废盐酸 10~25 份、六亚甲基四胺 5~10 份，常温下混合、搅拌，溶解后即得。

原料配伍　本品各组分质量份配比范围为：废盐酸 10~25，六亚甲基四胺 5~10。

产品应用　本品主要用于管道、冷凝器等设备除垢。

产品特性　本产品对铁锈结垢、水垢有很好的除垢效果。这种除垢剂不仅除垢效果好，生产除垢剂使用废弃料，而且生产除垢剂工艺简单，生产中无三废排放。本产品的特点是所用原料少，制备方法简单，显著优点是除垢效果好，不损坏已有设备。

除垢洗涤剂

原料配比

原　料	配比（质量份）		
	1#	2#	3#
2-二甲酚	7.4	6.2～8.4	6.2～8.4
三氯杀螨醇	6.7	5.2～8.7	5.2～8.7
1-硫杂-2,4-环戊二烯	6.5	5.5～7.5	5.5～7.5
缓蚀剂	3.5	2.8～4.5	2.8～4.5
氧化硅	4.7	4.2～5.3	4.2～5.3
无磷水软化剂	4.9	4.5～5.6	4.5～5.6
咪唑啉酮	1.7	1.3	2.5
还原剂	2.5	1.8～4.5	1.8～4.5

制备方法　将各组分原料混合均匀即可。

原料配伍　本品各组分质量份配比范围为：2-二甲酚 6.2～8.4，三氯杀螨醇 5.2～8.7，1-硫杂-2,4-环戊二烯 5.5～7.5，缓蚀剂 2.8～4.5，氧化硅 4.2～5.3，无磷水软化剂 4.5～5.6，咪唑啉酮 1.3～2.5，还原剂 1.8～4.5。

产品应用　本品是一种除垢的洗涤剂，主要用于金属零件的洗涤。

产品特性　本产品的金属零件用清洗剂具有强力渗透能力，能渗透到清洗物底层，能迅速溶解清除附着于金属零配件表面的各种污垢和杂质，清洗时无再沉积现象，清洗过程对金属表面无腐蚀、无损伤，清洗速度快，清洗后金属表面洁净、光亮，金属表面质量好，能有效保障金属的加工精度。

除垢清污清油清蜡剂

原料配比 →

原料	配比（质量份）		
	1#	2#	3#
甲苯	30	35	20
氯仿	30	20	35
聚醚	10	15	5
碳酸氢钠	10	15	15
水	20	15	25

制备方法 将各组分原料混合均匀即可。

原料配伍 本品各组分质量份配比范围为：甲苯 20～35，氯仿 20～35，聚醚 5～15，碳酸氢钠 5～15，水 15～25。

产品应用 本品主要用作除垢清污清油清蜡剂。

产品特性 本品密度大，溶蜡速率高，制作简便，成本低廉，易于推广。

除灰水系统除垢防垢剂

原料配比 →

表 1　除垢防垢剂

原料	配比（质量份）	
	1#	2#
衣康酸-苯乙烯磺酸-丙烯酸共聚物	32	30
多元醇磷酸酯	33	30
羟基乙酸	22	20
纯水	19	20

表2 衣康酸-苯乙烯磺酸-丙烯酸共聚物

原 料	配比(质量份)
衣康酸	12
苯乙烯磺酸	6
异丙醇	4
纯水	34
丙烯酸	24
过硫酸铵溶液	2

制备方法

(1) 衣康酸-苯乙烯磺酸-丙烯酸共聚物的制备，取衣康酸、苯乙烯磺酸、异丙醇、纯水，投入反应釜中搅拌，加热至95℃，同时滴加丙烯酸24份和过硫酸铵溶液2份（先用18份纯水稀释），控制30min内滴加完毕，保温反应120min，降至室温出料，得浅黄色透明液体即为衣康酸-苯乙烯磺酸-丙烯酸共聚物。

(2) 将纯水投入反应釜，开动搅拌装置，然后依次加入自制衣康酸-苯乙烯磺酸-丙烯酸共聚物、多元醇磷酸酯、羟基乙酸，搅拌45min，控温30℃；均匀搅拌即得除灰水系统除垢防垢剂。

原料配伍 本品各组分质量份配比范围为：衣康酸-苯乙烯磺酸-丙烯酸共聚物28～35、多元醇磷酸酯27～36、羟基乙酸16～23、纯水19～25。

其中衣康酸-苯乙烯磺酸-丙烯酸共聚物由以下组分质量份配比合成：衣康酸10～14、苯乙烯磺酸5～7、异丙醇3～5、纯水30～38、丙烯酸22～25、过硫酸铵溶液2份（先稀释）。

其中，过硫酸铵溶液的稀释质量比为2：18；纯水为18份。

本品选用的多元醇磷酸酯由于引入了多个聚氧乙基，与国内目前生产的磷酸酯水质稳定剂相比，不仅提高了缓蚀性能，也提高了灰垢的分散性能，消除了磷酸酯由于磷氧链易水解的缺点，其稳定性远高于一般有机磷酸酯。

本品自制的衣康酸-苯乙烯磺酸-丙烯酸共聚物，利用衣康酸、苯乙烯磺酸和丙烯酸为原料，合成了三元共聚物阻垢剂，分子内引入了苯磺酸基团，增加了其耐温、抗盐能力，适用于高碱高钙的电厂除灰水系统；而且所采用的衣康酸单体属于环境友好型产品，在一定程度上满足了环境保护的要求。

本品选用的羟基乙酸能与除灰水系统管道与设备中的锈垢、钙、镁盐等充分反应而达到除垢目的。因为是有机酸，所以对材质的腐蚀性很低，且除垢清洗时不会产生有机酸铁的沉淀；由于无氯离子，还适合于奥氏体钢材质的除垢清洗。

产品应用　本品主要应用于电厂除灰水的防垢除垢，油田回注水的防垢剂，投加量为 5～10mg/L。

产品特性　本品满足了生产需求，对电厂除灰水系统防止结垢有特殊的作用，为绿色化工产品。

传感器镀锌外壳用除垢除锈剂

原料配比 →

原料		配比（质量份）				
		1#	2#	3#	4#	5#
聚氧乙烯醚		3	5	6	8	9
C_{10}脂肪醇乙氧基化合物		6	8	10	12	13.5
酒石酸		8	10	12	13	15
高级脂肪醇聚氧乙烯醚		0.25	0.4	0.6	0.8	1.05
长链烷基磺酸钠		0.08	0.1	0.15	0.2	0.25
添加剂		4	6	8	10	13
铝胺盐		0.6	0.7	0.8	0.9	1.0
盐酸		5	8	12	14	15
去离子水		加至100	加至100	加至100	加至100	加至100
添加剂	聚氧乙烯醚类表面活性物质	2	4	6	7	8
	活性阴离子	10	14	18	22	25
	柠檬酸钠	4	5	6	6	10
	水	加至100	加至100	加至100	加至100	加至100

制备方法 先将添加剂的各个组分按照配比进行混合。然后，将混合后的添加剂与其他各个组分一起溶解在水中，再加入盐酸，混合均匀，即得本品。

原料配伍 本品各组分质量份配比范围为：聚氧乙烯醚 3～9，C_{10}脂肪醇乙氧基化合物 6～13.5，酒石酸 8～15，高级脂肪醇聚氧乙烯醚 0.25～1.05，长链烷基磺酸钠 0.08～0.25，添加剂 4～13，铝胺盐 0.6～1.0，盐酸 5～15，去离子水加至 100。

所述添加剂各组分的质量份为：聚氧乙烯醚类表面活性物质 2～8、活性阴离子 10～25、柠檬酸钠 4～10 和水加至 100。

质量指标 →

例	除锈情况	抑雾率/%	提高清洗速度/%	缓蚀情况/%
实施例 1	洁净光亮	80	27	84
实施例 2	洁净光亮	82	30	86
实施例 3	洁净光亮	84	32	88
实施例 4	洁净光亮	86	28	87
实施例 5	洁净光亮	81	29	81

产品应用 本品主要用作传感器镀锌外壳除垢除锈剂。

产品特性

(1) 聚氧乙烯醚、C_{10}脂肪醇乙氧基化合物的混合物能强力去除金属表面的油脂、污渍等，而且对镀锌金属表面无腐蚀。

(2) 主要由聚氧乙烯醚类表面活性物质、活性阴离子、柠檬酸钠组成的添加剂，能与聚氧乙烯醚、C_{10}脂肪醇乙氧基化合物实现很好的协同作用，加快清洗的速度，使清洗时间大大缩短，同时能在金属表面形成吸附层，便于后续镀锌层的吸附，而且还能实现酸洗过程中的缓蚀及后续防锈。另外，还能抑制酸雾的形成和有毒有害气体的产生，防止金属表面过腐蚀。

(3) 酒石酸及铝酸盐也能与聚氧乙烯醚、C_{10}脂肪醇乙氧基化合物发生协同作用，能在金属表面形成一层保护膜，防止氧化与生锈。

船体金属快速清洗除垢剂

原料配比 →

原 料	配比（质量份）			
	1#	2#	3#	4#
二氯甲烷	52	38	45	39
草酸	1.2	2.5	2.1	1.3
甲酸乙酯	10	15	12	11
柠檬酸	10	12	12	11
松香胺聚氧乙烯醚	21	28	25	22
丙醇	18	25	20	19
缓蚀剂若丁	25	35	30	29
脱氢枞胺邻香草醛席夫碱	5	8	6	5
表面活性剂	12	15	14	13
EDTA	3	7	5	4

制备方法

（1）按照上述的组分质量份称取原料组分。

（2）将上述原料放在反应釜中加热混配均匀，加热至58℃高速搅拌20～40min即可。

原料配伍　本品各组分质量份配比范围为：二氯甲烷38～52，草酸1.2～2.5，甲酸乙酯10～15，柠檬酸10～12，松香胺聚氧乙烯醚21～28，丙醇18～25，若丁25～35，脱氢枞胺邻香草醛席夫碱5～8，表面活性剂12～15，EDTA 3～7。

所述表面活性剂包括十二烷基甜菜碱、烷基多糖苷醚中的一种或者两种。

产品应用　本品主要用作船体金属快速清洗除垢剂。

产品特性　本产品除垢率达99.5%以上，且清洗剂不易挥发，对人体无害，消除静电，能够修复船舶金属表面防护层。

电厂锅炉除垢酸洗液

原料配比 ➡

原　料	配比（质量份）	
	1#	2#
柠檬酸	22	25
缓蚀剂 SH-405	3	2
氨水	3	2
乙醇	2	3

制备方法　将各组分原料混合均匀即可。

原料配伍　本品各组分质量份配比范围为：柠檬酸 20～30，缓蚀剂 SH-405 1～5，氨水 1～5，乙醇 1～3。

产品应用　本品主要用作电厂锅炉除垢酸洗液。

产品特性　本产品配方合理，使用效果好，生产成本低。

多功能除垢清洗剂

原料配比 ➡

原　料		配比（质量份）
母液	缓蚀剂	3
	31°的盐酸	100
水		65
母液		103

制备方法　按比例将缓蚀剂加入盐酸中充分搅拌 20～30min，搅拌后的溶液称为母液，母液加入水配成溶液，加上颜色即为产品。

原料配伍　本品各组分质量份配比范围为：多功能除垢清洗剂由 1 号药和 2 号药相辅相成。1 号药为酸性，进行酸性除垢，由盐酸、缓蚀剂、水和颜料配制而成，盐酸为主料，29°～32°，作用是与水垢发生剧烈化学反应，并溶解水垢；缓蚀剂为配料，用量为盐酸的 2%～6%，防止盐酸腐蚀；辅料为水，调节产品浓度；颜料为中性，少许。2 号药为纯碱，进行碱性清洗，用量占所洗设备容水量的 0.3%～0.5%。

产品应用　本品主要用于清除锅炉、开水炉、换热器、冷凝器、水箱、水壶、管道、浴池、便池、地板等设备产生的水垢。

使用时，根据设备容水量和水垢厚度及软硬程度来决定 1 号药用药量，用药量占容水量的 20%～50%，水垢厚 6mm 以下时需要兑水若干倍，清洗 7mm 以上而且较硬的水垢时不需要兑水，或少量兑水，常温下浸泡 5h 水垢溶解，打开排污阀排放，然后往设备加水，同时加入容水量 0.3%～0.5%的 2 号药纯碱，加热沸腾 1h，使设备钝化形成保护膜，放掉碱液并用清水冲洗 2 遍即可。清除厚 20mm 以上的水垢则需要配制 25°左右的产品。家庭一般用 3°～5°的产品，用擦洗的方法药到垢除。

产品特性　本产品多功能除垢清洗剂的工艺简单，价格低廉，清除各种设备的各种水垢、氧化锈和污垢快速彻底，安全高效，无毒无腐蚀，有利于清洁环境，节约能源，功能多效果好。

∴ 多功能锅炉除垢剂 ∴

原料配比

原　料	配比(质量份)				
	1#	2#	3#	4#	5#
十二烷基二甲基氧化胺	13	6	20	8	16
三乙醇胺	6	12	3	10	5
六偏磷酸钠	5	10	1	7	2
丙酸	3	5	0.5	3	1.5
丁酸	9	10	2	8	4
聚丙烯酸	25	30	20	25	21
甲酸	0.3	0.5	0.1	0.4	0.2
水	90	100	80	95	85

制备方法　将各原料混合均匀即可。

原料配伍　本品各组分质量份配比范围为：十二烷基二甲基氧化胺6～20，三乙醇胺3～12，六偏磷酸钠1～10，丙酸0.5～5，丁酸2～10，聚丙烯酸20～30，甲酸0.1～0.5，水80～100。

产品应用　本品主要用作多功能锅炉除垢剂。

产品特性

(1) 废液无污染。本产品无毒无害，清洗废液对动、植物无损伤，直接排放不污染环境。

(2) 除垢率高。本产品对各种类型的水垢均能有效溶解，即使是最顽固的硫酸盐难溶垢，也能彻底洗净。

(3) 安全无腐蚀。清洗过程金属腐蚀率极低，对锅炉几乎无任何腐蚀损伤。

(4) 本品对水的溶解性能力很强，兼有除垢和除锈的双重功能。

∷ 单装型水垢清洗剂

原料配比 ➥

原　料	配比（质量份）	
	1#	2#
盐酸（工业）	8～15	—
氨基磺酸	—	2～8
柠檬酸铵	—	1～7
氟化铵	1～6	—
聚氧乙烯脂肪醇醚	0.1～2	0.1～2
L826	0.1～0.5	0.1～0.5

制备方法　将各原料加入搪瓷或塑料容器中，常温、常压下搅拌反应15～80min，即得成品。

原料配伍　本品各组分质量份配比范围为：盐酸8～15、氨基磺酸 2～8、柠檬酸铵 1～7、氟化铵 1～6、聚氧乙烯脂肪醇醚 0.1～2、L826 0.1～0.5。

产品应用　本品主要应用于金属材料除垢。

产品特性

(1) 对各种金属（如钢、铁、铜、铝、不锈钢）的缓蚀率都在 99.5%以上。

(2) 使用方便，为单装型。传统方法要将各种金属分开，使用前一一加入并分别加入缓蚀剂，进行清洗。

(3) 可清洗除去各种成分的水垢，如钙、镁的硅酸盐、碳酸盐、硫酸盐、氧化物、氧化铁、油脂等。

(4) 不需送修理厂和专业人员操作，只要按比例加水就可使用，进行清洗。

(5) 费用只是传统方法的 1/10 左右。

(6) 时间短，一般只需 2～8h。

二氧化硅胶体诱垢剂

原料配比

原料	配比（质量份）					
	1#	2#	3#	4#	5#	6#
K₂O·4SiO₂	10.34	—	43.6	—	—	—
Li₂O·SiO₂	—	36.12	—	—	—	—
ZnO·SiO₂	—	—	—	0.233	—	—
Na₂O·SiO₂·9H₂O	—	—	—	—	21.38	—
Al₂O₃·SiO₂	—	—	—	—	—	34.16
丙酮	10	—	8	8	8	8
乙醇	4	5	5	5	—	5
苯	—	—	—	—	5	6
甲苯	—	5	5	4	5	5
四氯化碳	—	—	—	6	6	10

原　料	配比(质量份)					
	1#	2#	3#	4#	5#	6#
去离子水	200	200	200	200	200	200
表面活性剂	1	1	1	1	1	1
二氧化硅胶体	5	20	200	5	21	200

制备方法　二氧化硅胶体的制备：①Li、B、K、Na、Zn、Al 的硅酸盐中的一种或任意组合溶解在水与有机溶剂组成的混合溶剂中，配制成浓度为 0.1%～20% 的硅酸盐溶液；②将步骤①所得硅酸盐溶液先后经阳离子交换树脂、阴离子交换树脂处理，再除去不溶性杂质后得到二氧化硅胶体母液，所述母液进行增粒反应后即得二氧化硅胶体。

所述的阳离子交换树脂为均孔型，使用前的 pH 值为 4～5，经阳离子交换后交换液的 pH 值控制在 1～6。

所述的阴离子交换树脂为强碱型，使用前的 pH 值为 7～8，经阴离子交换后交换液的 pH 值控制在 2～6。

所述增粒反应的操作方法为：从所述母液中取 1 份作为基液，5～20 份作为滴加液；用所述的硅酸盐溶液将基液 pH 值调节到 7.5～10 后，缓慢加热至 40～120℃；将滴加液逐滴加入到基液中反应 1～10h，反应中体系的 pH 值用所述硅酸盐溶液控制在 7.5～10。

制备二氧化硅胶体时，增粒反应产物还需要在 40～90℃ 的温度条件下陈化 1～20h。

将制备好的二氧化硅胶体浓缩至固含量为 5%～50%，加入表面活性剂对其进行改性；改性方法为：将表面活性剂与二氧化硅胶体混合，反应 1～10h，反应温度为室温～90℃，反应后用氨水将体系的 pH 值调至 8～13。

所述表面活性剂与二氧化硅胶体的质量比为 1∶(5～200)，得到负电性的二氧化硅胶体诱垢剂。

使制备好的二氧化硅胶体经过均孔型阳离子交换树脂,交换液的 pH 值控制在 1~6;然后将所得的交换液浓缩至固含量为 5%~50% 的二氧化硅胶体,加入表面活性剂对其进行改性;改性方法为:将表面活性剂与浓缩后的二氧化硅胶体混合,反应 1~10h,反应温度为室温~90℃,反应后用盐酸将体系的 pH 值调节至 2~6;所述表面活性剂与二氧化硅胶体的质量比为 1:(5~200),得到正电性的二氧化硅胶体诱垢剂。

原料配伍   本品各组分质量份配比范围为:Li、B、K、Na、Zn、Al 的硅酸盐 0.233~43.6、有机溶剂 10~40、去离子水 200。

所述有机溶剂为乙醇、丙酮、苯、甲苯、四氯化碳中的一种或任意组合。

产品应用   本品主要应用于工业除垢。

产品特性   根据本品的方法制备出的二氧化硅胶体诱垢剂,实际上是一种复杂的多相液态分散体系:二氧化硅以胶体形式存在,其微粒直径在 2~60nm;非极性有机溶剂与水则形成了粒径较大的小液滴,也即是以乳液形式存在。对成品二氧化硅胶体诱垢剂进行一年的静置留样观察,未出现沉淀、分层或凝胶现象。这是由于硅烷偶联剂的加入促进了整个体系的稳定性;同时,硅烷偶联剂也促使诱垢剂能够均匀地分散到水溶液、油溶液以及油水界面液中。制得的改性二氧化硅胶体用作诱垢剂,能够有效地吸附成垢离子结垢,无论是对难处理的硫酸盐垢(如硫酸钡、硫酸银等)还是对易清除的碳酸盐垢(如碳酸钙、氢氧化镁等),均具有很好的诱导-防垢效果。配制模拟水样,用动态模拟法测定本品诱垢剂的防垢率可达 40%~80%。动态模拟实验结束后用 EDTA 滴定法测模拟水样中成垢阳离子的剩余含量,通过比较实验前后水样中成垢阳离子的含量,从而可以计算得到成垢离子的沉淀量,对比诱垢剂添加前后成垢离子沉淀量的大小,计算得到本品的诱垢剂对成垢离子的诱导沉淀率可达 20%~50%。采用普通的工业级原料即可实现本品,制备过程可操作性强,易于工业化推广。

⸭ 二元复配除垢剂　⸭

原料配比 →

原 料	配比（质量份）		
	1#	2#	3#
烷基酚聚氧乙烯醚乙酸钠	35	40	45
EDTA 二钠盐	65	60	55

制备方法　将各组分原料混合均匀即可。

原料配伍　本品各组分质量份配比范围为：烷基酚聚氧乙烯醚乙酸钠 30～50，EDTA 二钠盐 50～70。

产品应用　本品是一种烷基酚聚氧乙烯醚乙酸钠二元复配除垢剂。

产品特性　本产品具有良好的除垢性能，且合成成本低，合成步骤简单。

⸭ 发动机水垢高效清洗剂　⸭

原料配比 →

原 料	配比（质量份）		
	1#	2#	3#
草酸	41.5	53.7	64.3
含氯离子金属盐	57.3	46.1	34.35
乌洛托品	1.2	0.2	1.35

制备方法　将各组分混合均匀即可。

原料配伍　本品各组分质量份配比范围为：草酸 37.1～65.2、含氯离子金属盐 34.2～62.5、乌洛托品 0.25～1.37。

所述含氯离子金属盐分别是氯化钠、氯化钙和氯化钡中的一种。

产品应用　本品主要应用于发动机水垢清洗，也可用于清洗锅炉、水壶中的水垢。

使用方法：将配制好的除垢剂和水按质量比（1∶5）～（1∶10）比例稀释后倒入发动机水箱内，静置5～8h，也可使发动机照常运行5～8h后，将清洗液放出，净水冲洗2～3遍，即达到清洗的目的。

产品特性

（1）高效。以本品的水溶液加入发动机水冷却系统，静置或者运行5～8h，然后放出水洗，除垢效果高达95%以上。

（2）安全。因本品配方经过反复筛选，实验证明本配方对各类金属有良好的保护和防蚀作用，经上百次实验（包括钢铁、铸件及有色金属类浸片实验），对金属类是安全的。

（3）方便储运使用。因本品采用固体配方，原料无毒，无腐蚀，不易燃，所以在储存、运输、使用当中十分安全。使用简便，只按比例溶水，即可使用，利于推广使用。

（4）成本低廉。使用维修成本低，大大降低了维修费用。

（5）汽车可在不停运状态下进行维修，这将大大提高车辆的使用率，为国家创造良好的经济效益，也为集体和个体营运增加收益。

（6）制作工艺简单，不需要大量投资，即可生产，符合我国国情。

（7）基本上对环境无污染。因本配方无毒配制，使用后的废水基本无毒，符合国家标准。

综上所述，本品综合国内外化学除垢技术的优点，去其缺点。集安全、高效于一体，方便使用，成本低廉，无毒无害，易于推广，本品还可用于清洗锅炉、水壶中的水垢。

发动机叶片水垢清洗剂

原料配比

原　料	配比（质量份）	
	1#	2#
乙酸	5	6

续表

原　料	配比（质量份）	
	1#	2#
乙二酸	3	4
抗坏血酸	10	6
水	加至 100	加至 100

制备方法

（1）乙酸、乙二酸、抗坏血酸、水混合，制成清洗液，其 pH 值为 5.5～6。

（2）浸泡：将上述清洗液加温 80～100℃，发动机叶片放在其中浸泡 2～3h 后取出。

（3）冲洗：用清水清洗至叶片表面用 pH 试纸测定 pH 值为 7.0～7.5 为止。

（4）干燥：用烘箱 80℃±10℃烘干 30min。

（5）过滤与回收：用过的清洗液用微孔陶瓷板过滤，回收再利用。

原料配伍　本品各组分质量份配比范围为：乙酸 5～10、乙二酸 3～5、抗坏血酸 5～10、水加至 100。

产品应用　本品主要应用于发动机叶片水垢清洗。

产品特性　本品的优点是成本低廉，清洗液可以过滤后调节酸度反复使用，每千克清洗液进行 20 次清洗后过滤仍可以使用，其清洗液成本不到 50 元。方法简捷、清除水垢效果好，对操作人员无毒害，环境污染小，对发动机叶片无损害。

防垢除垢剂

原料配比

原　料	配比（质量份）
五亚甲基二乙烯三胺	20

原　料	配比（质量份）
氨基三亚甲基膦酸	10
二己烯三胺五亚甲基膦酸钠	30
片碱	20
防锈剂	10
杀菌剂	10

制备方法　所述防垢除垢剂各组分在温度为 30℃±1℃、pH 值为 11.0±0.5 的条件下进行搅拌混合而成。

原料配伍　本品各组分质量份配比范围为：五亚甲基二乙烯三胺 20、氨基三亚甲基膦酸 10、二己烯三胺五亚甲基膦酸钠 30、片碱 20、防锈剂 10、杀菌剂 10。

所述防锈剂主要由三乙醇胺、亚钠组成。

高分子聚合物：五亚甲基二乙烯三胺，分子式为 $C_9H_{23}O_{15}N_3P_5Na_5$，无毒，易溶于酸性溶液中，阻垢缓蚀效果俱佳且耐温性好，可抑制碳酸盐、硫酸盐垢的生成，在碱性环境和高温下（210℃ 以上）阻垢缓蚀性能较其他有机膦好。相对分子质量为 683.2。

高分子聚合物助剂：氨基三亚甲基膦酸，分子式为 $N(CH_2PO_3H_2)_3C$，相对分子质量为 299.05，良好的螯合、低限抑制及品格畸变作用。可阻止水中成垢盐类形成水垢，特别是碳酸钙垢的形成。在水中化学性质稳定，不易水解。在水中浓度较高时，有良好的缓蚀效果。

高分子螯合物：二己烯三胺五亚甲基膦酸钠，分子式为 $C_{17}H_{44-x}O_{10}N_3P_5Na_x$，相对分子质量约为 731，是高效的螯合型阻垢剂，对碳酸盐垢和硫酸盐垢具有良好的阻垢效果。在较宽的 pH 范围和 120℃ 高温下有极佳的水溶性和热稳定性，对钙离子容忍度高。

片碱：氢氧化钠溶液，是化学反应的溶液。

防锈剂：三乙醇胺、亚钠，在部件表面上形成并储存一层润滑膜，可以抑制水及许多其他化学成分造成的腐蚀。

杀菌剂：季铵盐与异噻唑啉酮复合成的杀菌灭藻剂，具有高效、广谱、低毒、药效快而持久、渗透力强、使用方便、适宜的温度和 pH 范围较宽等优点，长期使用不会使菌藻产生抗药性。

产品应用　本品是一种锅炉水循环系统炉内处理的药剂。

产品特性　本产品在锅炉不停炉的情况下，清除锅炉水系统的水垢，同时防止新垢的生成。

∵ 纺织印染设备除垢剂

原料配比 ➡

原　料	配比（质量份）
HCl	8～28
乙醇	0.5～15
六亚甲基四胺	0.02～5
丁醇	0.5～10
苯并三氮唑	0.02～1
表面活性剂 OP	0.1～2
山丹油	0.05～4.5
表面活性剂咪唑啉	0.1～2
三聚磷酸钠	0.1～2
水	加至 100

制备方法　按配比先在搪瓷缸或塑料缸中加入配方水，启动搅拌，然后加入丁醇、苯并三氮唑，再加入六亚甲基四胺，待以上原料溶解好后，再加入山丹油、HCl，当温度在 60℃左右时加入表面活性剂咪唑啉、OP、三聚磷酸钠，最后加入乙醇，搅拌片刻至溶

液清亮即制作完毕。

原料配伍　本品各组分质量份配比范围为：HCl 8～28、乙醇 0.5～15、六亚甲基四胺 0.02～5、丁醇 0.5～10、苯并三氮唑 0.02～1、表面活性剂 OP 0.1～2、山丹油 0.05～4.5、表面活性剂咪唑啉 0.1～2、三聚磷酸钠 0.1～2、水加至 100。

质量指标 →

检验项目		检验结果
外观		橙色透明液体,无刺激性气味
pH 值		3.0～3.5
腐蚀速度(40℃)	铜片	≤0.4g/(m² · h)
	不锈钢	≤0.5g/(m² · h)
	45#钢	≤3.5g/(m² · h)
溶垢率		≥99%
稳定性		—3～—10℃下放置48h不冻结,不分层,无沉淀

产品应用　本品主要应用于工业上纺织印染设备的除垢,又适合家庭日用品如厕所、痰盂、茶壶、茶杯等制品的除垢。

本品的使用方法如下：

（1）清洗烘筒时,只要用拖把或抹布蘸上本品擦洗,便能立即溶垢,很快清除干净,然后用自来水冲洗即可。

（2）清洗丝光机、氧漂机上的水垢时,对较厚的老垢可采用浸泡片刻或淋洗,新垢可用拖把擦洗,用自来水冲洗即可。

（3）清洗胶辊上的染料、浆料污垢则可采用烘筒清洗方法。

（4）清洗化工冷却设备、管道、锅炉水垢,可视容积定量,按 1：（5～10）倍的比例稀释,先将除垢剂打入设备内,然后将水打进去如此循环 1～2h,放掉污水,用自来水冲洗几次即可。

（5）清洗厕所、痰盂、茶壶污垢时,将适量除垢剂倒入盆内擦洗或浸泡片刻,洗净后用水冲洗即可。

产品特性　本品无刺激性气味,溶垢速度快、缓蚀效果好、适应面广，既适合工业上纺织印染设备的除垢，又适合家庭日用品如厕所、痰盂、茶壶、茶杯等制品的除垢。

粉状除垢剂

原料配比 →

原　料	配比（质量份）		
	1#	2#	3#
氨基磺酸	93	87	90
硼酸钠	3	5	5
钨酸钠	0.7	2.7	1.7
乌洛托品	1	3	1
重铬酸钠	0.1	1.1	1.1
氟化氢铵	2.1	0.1	0.1
巯基苯并噻唑	0.1	0.1	1.1

制备方法　将各组分混合均匀即可。

原料配伍　本品各组分质量份配比范围为：氨基磺酸 85～95、硼酸钠 3～5、钨酸钠 0.7～2.7、乌洛托品 1～3、重铬酸钠 0.1～1.1、氟化氢铵 0.1～2.1、巯基苯并噻唑 0.1～1.1。

常温下，对钢、铁、铜、铝的腐蚀均小于 1 级，或无腐蚀，对黄铜无脱锌现象，对铝在 60℃，3h 腐蚀小于 5mg。

产品应用　本品 1# 产品主要适用于锅炉及采暖系统等的清洗。2# 产品主要适用于车、船水箱等的清洗。3# 产品适用于清洗用水的家用电器，如水壶、淋浴器、蒸汽熨斗等。

产品特性　本品把酸洗、钝化、缓蚀等过程有机地结合在一起，简化了清洗程序，使之不仅能适用于工业清洗，还适用于家庭金属用品除垢清洗。本品在清洗过程中，可视清洗情况，随时增添剂量。

∷ 复合型酸式除垢剂 ∷

原料配比 →

原　料	配比（质量份）			
	1#	2#	3#	4#
氯化铵	—	—	1	5
硫酸铵	—	—	2	5
丙酸	1	1	2	5
乙酸	—	10	20	20
柠檬酸	2	2	1	4
氨基磺酸	2	2	1	2
盐酸	30	40	50	—
磷酸	10	30	10	10
水	55	15	13	49

制备方法　以丙酸、柠檬酸、氨基磺酸、盐酸、磷酸和水为原料，制备步骤如下：

（1）将固体物料柠檬酸、氨基磺酸依次加入化料釜中，然后加入水并搅拌使固体物料溶解；

（2）将液体物料丙酸加入化料釜中并进行搅拌，使其溶解；

（3）用耐酸泵将浓度为30%的盐酸和浓度为85%的磷酸依次打入化料釜中，并将所有物料搅拌均匀；

（4）将混合均匀的物料经200目涤纶筛网过滤，得到配制好的复合型酸式除垢剂。

以氯化铵、硫酸铵、丙酸、乙酸、柠檬酸、氨基磺酸、磷酸和水为原料，制备步骤如下：

（1）将固体物料氯化铵、硫酸铵、柠檬酸、氨基磺酸依次加入化料釜中，然后加入水并搅拌使固体物料溶解；

（2）将液体物料丙酸、乙酸依次加入化料釜中并进行搅拌，使其溶解；

（3）用耐酸泵将浓度为 85％ 的磷酸打入化料釜中，并将所有物料搅拌均匀；

（4）将混合均匀的物料经 200 目涤纶筛网过滤，得到配制好的复合型酸式除垢剂。

原料配伍 以丙酸、柠檬酸、氨基磺酸、盐酸、磷酸和水为原料，各组分质量份配比范围为：丙酸 0.1～5、柠檬酸 0.1～5、氨基磺酸 0.1～10、盐酸 0.1～50、磷酸 0.1～50、水 10～60。

以氯化铵、硫酸铵、丙酸、乙酸、柠檬酸、氨基磺酸、磷酸和水为原料，各组分质量份配比范围为：氯化铵 1～5、硫酸铵 1～5、丙酸 1～5、乙酸 10～20、柠檬酸 1～5、氨基磺酸 1～2、磷酸 10～30、水 10～50。

在上述原料成分中，丙酸具有除垢、杀菌作用；柠檬酸、氨基磺酸既有较强的去垢能力，又对用水设备无腐蚀，成本较低，除此以外氨基磺酸还有除锈、防锈作用；而盐酸成本低，使用方便，不用进行加热即可迅速、快捷的除垢；磷酸既能除垢，还能生成钝化层起到缓蚀作用。

质量指标 →

检验项目	检验结果			
	1#	2#	3#	4#
总酸度/(mmol/g)	≥9.0	≥9.0	≥9.0	≥4.5
气味	无异味	无异味	无异味	无异味
外观	呈淡黄色、透明状均匀的液体	呈淡黄色、透明状均匀的液体	呈淡黄色、透明状均匀的液体	呈淡黄色、透明状均匀的液体
去垢力(以碳酸钙计)	25g/100mL	60g/100mL	70g/100mL	30g/100mL
腐蚀性	1 级	1 级	1 级	0 级

产品应用 本品主要应用于锅炉、茶炉、饮水机、电开水器、热水瓶、水壶等用水设备水垢的除垢。

产品特性 本品是将有机酸和无机酸复合为一体的复合型酸式

除垢剂，在常温下即可方便去除各种水垢，具有一定的杀菌作用，同时对用水设备无腐蚀。本品的复合型酸式除垢剂的去垢力根据不同需要可以达到 25～70g/100mL（以碳酸钙计），腐蚀性为 0～1 级（QB2117 通用水基清洗剂），是较佳的去除锅炉、茶炉、饮水机、电开水器、热水瓶、水壶等用水设备水垢的除垢剂。

复合酸金属表面清洗除垢剂

原料配比

原料	配比（质量份）									
	1#	2#	3#	4#	5#	6#	7#	8#	9#	10#
氨基磺酸	89	98	70	89	98	70	89	98	70	89
羟基乙酸	9	0.05	28	—	—	—	—	—	—	—
羟基乙酸钠	—	—	—	9	9	28	—	—	—	—
酒石酸	—	—	—	—	—	—	9	0.05	28	—
酒石酸钠	—	—	—	—	—	—	—	—	—	9
烷基苯磺酸钠	—	—	—	0.2	0.45	0.3	—	—	—	—
十二醇硫酸钠	—	—	—	—	—	—	—	—	—	0.2
烷基酚聚氧乙烯醚	0.2	0.45	0.35	—	—	—	—	—	—	—
脂肪醇聚氧乙烯醚	—	—	—	—	—	—	0.2	0.45	0.3	—
市售氨基磺酸缓蚀剂	1.8	1.5	1.65	1.8	1.5	1.7	1.8	1.5	1.7	1.8

原料	配比（质量份）											
	11#	12#	13#	14#	15#	16#	17#	18#	19#	20#	21#	22#
氨基磺酸	98	70	90	68	68	98	70	90	98	70	68	68
酒石酸钠	0.05	28	—	—	—	—	—	4	0.05	14	28	2
葡萄糖酸	—	—	4	2	28	0.05	14	—	—	—	—	—
葡萄糖酸钠	—	—	—	—	—	—	—	4	0.05	14.05	2	28

续表

原　料	配比(质量份)											
	11#	12#	13#	14#	15#	16#	17#	18#	19#	20#	21#	22#
十二醇硫酸钠	0.45	0.3	—	—	—	—	—	—	—	—	—	—
羟基乙酸钠	—	—	4	28	2	0.05	14.05	—	—	—	—	—
烷基苯磺酸钠	—	—	—	—	—	—	—	0.2	0.3	0.45	0.45	0.45
烷基酚聚氧乙烯醚	—	—	0.2	0.2	0.2	0.3	0.45	—	—	—	—	—
市售氨基磺酸缓蚀剂	1.5	1.7	1.8	1.8	1.8	1.6	1.5	1.8	1.6	1.5	1.55	1.55

制备方法　将各组分混合均匀即可。

原料配伍　本品各组分质量份配比范围为：氨基磺酸 70～98，羟基乙酸 0.05～28，酒石酸 0.05～28，乳酸 0.05～28，葡萄糖酸 0.05～28，水杨酸 0.05～28，氨基磺酸缓蚀剂 1.5～1.8。

所述的复合酸金属表面清洗除垢剂还包括脂肪醇聚氧乙烯醚、烷基酚聚氧乙烯醚、烷基苯磺酸钠及十二醇硫酸钠非离子或离子型表面活性剂 0.2～0.45。

所述的羟基乙酸可用羟基乙酸碱金属盐代替；所述的酒石酸可用酒石酸钠盐来代替；乳酸可用乳酸碱金属盐来代替；葡萄糖酸可用葡萄糖酸碱金属盐代替；水杨酸可以用水杨酸碱金属盐代替。

所述的羟基乙酸碱金属盐为钠盐；所述的酒石酸钠盐为单钠盐或二钠盐；所述的乳酸碱金属盐为钠盐；所述的葡萄糖酸碱金属盐为钠盐；所述的水杨酸碱金属盐为钠盐。

氨基磺酸是一种前景非常好的化学清洗药剂，它要求的清洗温度是 50～60℃，清洗材质广泛，没有产生晶界腐蚀的氯离子，可用于大型锅炉、过热器等的化学清洗。另外其废液处理简单，只需加入碱液中和即可，弱点就是对于铁垢的溶解较慢。

产品应用　本品主要用作金属表面清洗除垢剂。可广泛应用于各种大型锅炉和换热器的化学清洗。将本品溶于水中，配制成

6%～10%的水溶液，升温至30～60℃，循环流动清洗4～10h。

产品特性

（1）利用了氨基磺酸作为主洗酸洗药剂，物料状态为固体，运输方便，成本较低。

（2）酸洗温度较低，利于实施，这对于容量较大的锅炉是非常有利的。比如用柠檬酸酸洗，外来汽源在0.8MPa，温度在200℃左右，升温至90℃以上，至少需6h，而采用氨基磺酸只需2h一般就能达到，省时节能。还有另外一个优点是在酸洗后水冲洗时，热源能力不充足的情况下，大大减少水冷壁所承受的温差变化，对于水冷壁的保护是有益处的，本品较常温的温差为25℃，而柠檬酸的温差要达到70℃。

（3）氨基磺酸废液只需加入氢氧化钠中和达标就可以排放，处理简单方便。

（4）充分利用了氨基磺酸溶解钙镁垢的优势，与少量有机酸复合构成复合成分发挥协同效应，不但对钙镁垢溶解性好，也大大提高了铁垢的溶解能力。

（5）本产品适用材质广泛。因不含对不锈钢和合金钢敏感的氯离子成分，可用于碳钢、不锈钢和合金钢等各种金属材质表面的化学清洗。

❖ 改进的设备除垢剂 ❖

原料配比 →

原　料	配比（质量份）	
	1#	2#
四亚甲基乙二胺四亚甲基膦酸	6	10
聚环氧琥珀酸钠	3	7
葡萄糖酸钠	2	6
过硼酸钠	4	7
三聚磷酸钠	2	5

续表

原　料	配比（质量份）	
	1#	2#
亚硝酸钠	1	5
苯甲酸钠	2	6
羟基膦酸酰基乙酸	4	9
乙烯基双硬脂酰胺	5	9

制备方法　将各组分原料混合均匀即可。

原料配伍　本品各组分质量份配比范围为：四亚甲基乙二胺四亚甲基膦酸 6～10，聚环氧琥珀酸钠 3～7，葡萄糖酸钠 2～6，过硼酸钠 4～7，三聚磷酸钠 2～5，亚硝酸钠 1～5，苯甲酸钠 2～6，羟基膦酸酰基乙酸 4～9，乙烯基双硬脂酰胺 5～9。

产品应用　本品是一种改进的设备除垢剂。

产品特性　本产品能够有效地对设备表面、内部的锈垢进行很好的清除，同时作用时间长，能够长时间保护设备。

⋮ 钙芒硝管道垢除垢剂 ⋮

原料配比 ➡

原　料	配比（质量份）										
	1#	2#	3#	4#	5#	6#	7#	8#	9#	10#	11#
NaOH	20	10	25	25	25	25	25	25	25	25	25
$Na_2S_2O_3 \cdot 5H_2O$	12	5	15	15	15	15	15	15	15	15	15
聚丙烯酸钠	—	—	—	0.05	0.5	0.25	0.05	0.05	0.05	0.05	0.05
EDTA	—	—	—	—	—	—	0.01	0.2	0.01	0.01	0.01
聚丙烯酰胺	—	—	—	—	—	—	—	—	0.05	0.1	0.08
H_2O	69	85	60	59.95	59.5	59.75	59.94	59.75	59.89	59.84	59.86

制备方法　将所述组分精确称量后直接溶解于所述的水中即得。

原料配伍　本品各组分质量份配比范围为：NaOH 10～25，$Na_2S_2O_3 \cdot 5H_2O$ 5～15，聚丙烯酸钠 0.05～0.5。

还包括 0.01%～0.2% 的 EDTA。适量的 EDTA 的加入能进一步络合 $Ca(OH)_2$ 的 Ca^{2+}，防止新的沉淀生成，并促进溶解反应的发生。

还包括 0.05%～0.1% 的聚丙烯酰胺。适量的聚丙烯酰胺的加入能更好地防止新的沉淀生成，促进溶解反应的发生。

NaOH 为主剂的除垢剂，其除垢机理为：$CaSO_4 + 2NaOH = Ca(OH)_2 + Na_2SO_4$。即通过反应（其实质为溶解反应），将不溶的 $CaSO_4$ 转化为可溶的 $Ca(OH)_2$ 和 Na_2SO_4，另外，为了防止新的沉淀的产生，并出于 $Ca(OH)_2$ 电解平衡的考虑，加入 $Na_2S_2O_3 \cdot 5H_2O$ 作为络合剂，并通过大量实验确定了一个较为合适的加入量，让其与 $Ca(OH)_2$ 的 Ca^{2+} 进行络合，形成更为稳定的络合物，防止新的沉淀生成，并促进溶解反应的发生；但是，经过研究发现，在这种情况下，部分细小的 Ca^{2+} 粉末仍然会重新团聚形成新的垢层，于是，本产品还加入了 0.05%～0.5% 的聚丙烯酸钠（即PAAS），因为适量的聚丙烯酸钠对沉淀具有分散作用，可以防止细小 Ca^{2+} 粉末重新团聚形成垢层。

产品应用　本品主要用作钙芒硝管道垢除垢剂。

在应用于钙芒硝管道垢除垢时，所使用的除垢剂与垢层的质量比为 10～50∶1。本除垢剂尤其适用于组成为硫酸钙质量分数≥60%，且硫酸钠质量分数≥10% 的钙芒硝管道垢。

产品特性　本产品能将不溶的 $CaSO_4$ 转化为可溶的 $Ca(OH)_2$ 和 Na_2SO_4，同时加入适量的 $Na_2S_2O_3 \cdot 5H_2O$ 作为络合剂，让其与 $Ca(OH)_2$ 中的 Ca^{2+} 进行络合，形成更为稳定的络合物，防止新的沉淀生成，并促进溶解反应的发生；适量 EDTA 与聚丙烯酰胺的加入，使得阻垢效果更加明显；同时，由于本阻垢剂的组成成分中不含有酸，除垢过程中也没有生成酸，所以对制盐管道的腐蚀影响很小，同时对制盐管道的力学性能影响也很小。除垢后的残液经过简单的沉渣处理后，可以回到卤水预处理系统利用其中的碱液，另外，几乎没有污水排放，环境友好。

∴ 高渗透性除垢剂 ∴

原料配比 →

原　料	配比（质量份）		
	1#	2#	3#
氧化镁	2	4	3
硬脂酸盐	3	5	4
乙烯基双硬脂酰胺	1.2	5	3.4
羟乙基纤维素	2.3	4.8	3.7
木质素磺酸钙	2.4	5.9	4.2
烷基醚磺酸镁	1.5	4	2.9
环氧蚕蛹油酸丁酯	1.3	4.9	3.5
乙酸氯己啶	3.4	5.7	4.6
硅氧烷	3	6	4.5
阴离子表面活性剂	2.2	6	4.2

制备方法　将各组分原料混合均匀即可。

原料配伍　本品各组分质量份配比范围为：氧化镁 2～4，硬脂酸盐 3～5，乙烯基双硬脂酰胺 1.2～5，羟乙基纤维素 2.3～4.8，木质素磺酸钙 2.4～5.9，烷基醚磺酸镁 1.5～4，环氧蚕蛹油酸丁酯 1.3～4.9，乙酸氯己啶 3.4～5.7，硅氧烷 3～6，阴离子表面活性剂 2.2～6。

产品应用　本品是一种高渗透性除垢剂。

产品特性　本产品除垢效果良好，防腐蚀，形成一层致密的保护膜，延缓水垢、污垢的再次形成。

高效除垢剂（1）

原料配比

原料		配比（质量份）
母液	自来水	加至100
	46％的工业硝酸	39～41
	甲醇	0.05～0.1
	尿素	0.05～0.1
	乌洛托品	0.02～0.05
缓蚀剂	硫脲	6～8
	乌洛托品	29～32
	尿素	36～39
	硫氰酸胺	6～8
	乙酰胺	6～8
	十二烷基硫酸钠	5～7
除垢液	自来水	787
	缓蚀剂	13
	母液	200

制备方法

（1）配制母液：将自来水倒入耐酸槽内，然后将46％工业硝酸倒入自来水中，再加入甲醇、尿素、乌洛托品，搅拌溶解。放置12h后，观察无烟、无味时，即可装入玻璃瓶或聚乙烯塑料瓶内。

（2）配制缓蚀剂：将硫脲、乌洛托品、尿素、硫氰酸胺、乙酰胺、十二烷基硫酸钠分别倒入拌料槽内，经充分搅拌后，用塑料袋包装。

（3）配制除垢液：将自来水倒入配制除垢液槽内，再加入配制好的缓蚀剂，搅拌均匀，使缓蚀剂充分溶解；最后将母液缓慢倒入，搅拌均匀。

原料配伍　本品各组分质量份配比范围如下。母液配方：自来水加至100、46％的工业硝酸39～41、甲醇0.05～0.1、尿素0.05～0.1、乌洛托品0.02～0.05；缓蚀剂配方：硫脲6～8、乌洛托品29～32、尿素36～39、硫氰酸胺6～8、乙酰胺6～8、十二烷基硫酸钠5～7；除垢液配方：自来水786～788、缓蚀剂13～15、母液200。

产品应用　本品主要应用于钢铁、铜、焊锡等多种金属零件组成的容器和设备的除垢清洗。

使用方法：将母液稀释成6％～15％再加入其溶液质量的1％～1.8％的缓蚀剂。可用于钢铁、铜、焊锡等多种金属零件组成的容器和设备的除垢清洗。

产品特性　本品缓蚀剂的缓蚀率高，使用安全，母液可直接用于家庭铝壶等铝制容器的除垢。

高效除垢剂（2）

原料配比

表1　ABA防腐蚀剂

原　料	配比（质量份）
氢氧化钠	5
丙二醇	10
水	加至100

表2　高效除垢剂

原　料	配比（质量份）
稀硝酸或稀盐酸	5～15
ABA防腐蚀剂	3～5
水	加至100

制备方法　先在稀硝酸或稀盐酸中加ABA防腐蚀剂，当pH值下降到0.5～1时为准，其余为水。

原料配伍　本品各组分质量份配比范围为：稀硝酸或稀盐酸

5～15、ABA 防腐蚀剂 3～5、水加至 100。

产品应用　本品主要应用于各种金属、非金属等材料制品的去除水垢和污垢处理。如清洗各种内燃机散热管路（汽车、拖拉机、矿山机械、农用机械等水箱），太阳能集热器循环管路、锅炉、水壶、电热水器中的水垢及卫生间、浴缸、地板瓷砖的锈迹尿垢等。

产品特性　本除垢去污剂为一种安全可靠、方便快捷、无腐蚀性、无毒害的产品，对任何金属及非金属没有腐蚀作用。

∷ 高效除垢剂（3）

原料配比 →

原　料	配比（质量份）
磷酸	8～18
乌洛托品	20～30
柠檬酸	5～25
缓蚀剂	1～4
硝酸钠	4～15
渗透剂	0.5～2
水	加至 100

制备方法　常温常压下在容器内加入水、磷酸、硝酸钠、缓蚀剂，搅拌全部互溶后，再加入乌洛托品、柠檬酸和渗透剂，搅拌全溶后，停止搅拌，进入包装程序。

原料配伍　本品各组分质量份配比范围为：磷酸 8～18，乌洛托品 20～30，柠檬酸 5～25，缓蚀剂 1～4，硝酸钠 4～15，渗透剂 0.5～2 和水加至 100。

质量指标 →

项　目	设定技术标准	检测结果
外观	透明均相液	无色无分相液体
密度	1.10～1.25	1.17

项　目	设定技术标准	检测结果
pH 值	1.3～3	1.8
腐蚀性能/[mg/(m² · h)]	<11	<5.6

产品应用　本品主要用作锅炉、热交换器等采暖设备的高效除垢剂。

产品特性　本产品是通过科学的配方，精细加工而制成的除垢剂，是一种成本低廉、对金属无腐蚀，无毒、无味、快速彻底除垢的高效除垢剂。

高效除垢剂（4）

原料配比

原　料		配比（质量份）		
		1#	2#	3#
母液	摩尔分数为 46% 的工业硝酸	800	900	1000
	甲醇	1	1.2	1.5
	尿素	1	1.2	1.5
	乌洛托品	0.5	0.6	0.8
	水	120	130	150
缓蚀剂	硫脲	6	7	8
	乌洛托品	25	30	32
	硫氰酸胺	6	7	8
	乙酰胺	6	7	8
	十二烷基硫酸钠	5	6	7

制备方法

（1）母液的制备：将水倒入耐酸槽内，然后将工业硝酸倒入水中，再加入甲醇、尿素、乌洛托品，搅拌溶解，放置12h后，观察无烟、无味时，即可装入玻璃瓶或聚乙烯塑料瓶内。

（2）缓蚀剂的制备：将硫脲、乌洛托品、尿素、硫氰酸胺、乙酰胺和十二烷基硫酸钠分别倒入拌料槽内，经充分搅拌后，用塑料袋包装。

原料配伍　本品各组分质量份配比范围如下。母液由如下质量份材料构成：摩尔分数为 46％的工业硝酸 800～1000，甲醇 1～2，尿素 1～2，乌洛托品 0.5～1，水 120～150；所述缓蚀剂由如下质量份材料构成：硫脲 6～8，乌洛托品 25～35，硫氰酸胺 6～8，乙酰胺 6～8，十二烷基硫酸钠 5～8。

产品应用　本品主要用于由钢铁、铝、铜、锡焊等制成的多种金属设备的除垢清洗。

使用时：将母液稀释为 6％～12％的溶液，再加入稀释为 1％～2％的缓蚀剂，就可广泛用于由钢铁、铝、铜、锡焊等制成的多种金属设备的除垢清洗，母液还可直接用于铝制容器的除垢。

产品特性　本产品原料易得，配比科学，工艺简单，产品无毒、无烟、无味，缓蚀率高，安全可靠，除垢效果好，适用于锅炉、茶炉、热交换器、家用水壶、汽车和拖拉机水冷系统等的除垢清洗。

高效多功能除垢剂

原料配比 →

原　料	配比（质量份）	
	1#	2#
氟化氢	1	2
重铬酸钠	0.3	0.4
甲醇	3	2
尿素	2	3
46％工业硝酸	加至 100	加至 100

制备方法　将原料各组分混合均匀即可。

原料配伍　本品各组分质量份配比范围为：氟化氢 1～3、重铬酸钠 0.1～0.5、甲醇 1～3、尿素 1～3、46％工业硝酸加至 100。

产品应用　本品主要用作除垢剂。

产品特性　本品生产成本低，除垢效果好。

∷ **高效垢涤净** ∷

原料配比 ➔

原　料	配比（质量份）
壬基苯基聚氧乙烯醚(乳化剂 ON-10)非离子表面活性剂	1
十二烷基硫酸钠阴离子表面活性剂	5
明胶稳定剂	2
月桂基苯磺酸钠扩散剂	5
聚乙二醇水溶性高分子化合物	1
珍珠岩软磨料	15
水	加至 100

制备方法

（1）取壬基苯基聚氧乙烯醚（乳化剂 ON-10）非离子表面活性剂放入容器中，再加入十二烷基硫酸钠阴离子表面活性剂，并加入适量的水让它们充分搅拌混合并加热到 50～70℃，使之溶解。

（2）在另一容器中加入明胶稳定剂，并加适量水使其溶解，将该溶解的稳定剂与上述溶解的非离子、阴离子表面活性剂混合，得到第一组分。

（3）取月桂基苯磺酸钠扩散剂和适量的水混合，使之溶解，加入聚乙二醇水溶性高分子化合物调制的溶液，然后再与珍珠岩软磨料混合，得到第二组分，将前面得到的第一组分加第二组分混合就得到本品的垢涤净，最后分筛、称重、包装即可。

原料配伍　本品各组分质量份配比范围为：非离子表面活性剂 1～3、阴离子表面活性剂 2～5、稳定剂 0.5～2、扩散剂 2～5、水溶性高分子化合物 0.5～1、硅铝盐软磨料 10～20、水加至 100。

本品中，非离子表面活性剂还可选用聚醚聚硫醚（乳化剂 5）、聚氧乙烯山梨糖醇酐单月桂酸酯（吐温-40）、聚氧乙烯山梨糖醇酐单棕榈酸酯（吐温-40）以及吐温-60、吐温-80，山梨糖醇酐单月桂酸酯（司盘-20）以及司盘-40、司盘-60、司盘-80，烷基聚氧乙烯醚（JFC）等。

阴离子表面活性剂可选用：羧酸盐型包括月桂酸钠、硬脂酸钠、土耳其红油等；磺酸盐型，包括二异丙基萘磺酸钠、二丁基萘磺酸钠等；硫酸酯盐型，包括十二烷基硫酸钠、十六烷基硫酸钠、油酰硫酸钠、烷基苯基聚氧乙烯醚硫酸钠等。

稳定剂还可选用与上述阴离子表面活性剂相同的硫酸酯盐、磺酸盐、羧酸盐以及酪朊、环氧乙烷与脂肪醇缩合物（平平加 O）等。稳定剂的加入是用来增强表面活性剂的活性物的稳定性，本品中由于将阴离子表面活性剂与非离子表面活性剂进行复配，故对乳化油性污染物质的污垢具有良好的清除作用，使用时会使皮肤的油性感变得柔和，不粘，富于爽快感，若不进们复配，只单用任一种表面活性剂，则去污力明显下降。

扩散剂还可选用亚甲基二萘硫酸钠（NF）、亚甲基二异内基萘磺酸钠（达萨达钠盐）或钾（钾盐）、焦磷酸钠（钾）、聚乙烯醇、单月桂酸聚乙二醇 400 酯等，扩散剂的使用使制品在外来的振动作用下，呈疏松状，避免形成紧密的粒子。

水溶性高分子化合物还可选用聚乙烯醇、羧甲基纤维素、聚丙烯酰胺（相对分子质量为 100000～1000000）等，它用来作为本品的增稠剂和分散剂，增强产品的柔软性和洗涤效果。

硅铝盐软磨料还可选用高岭土、滑石粉等，最佳为珍珠岩。

本品的第二组分混合工序中最好加入助剂作为缓冲剂和调湿剂，其加入量为原料总质量的 15%～20%，助剂可选用碳酸钠、硅酸钠、甘油、乙二醇、多聚磷酸钠、沸石等。

在产品混合制成后，最好加入适量的香料、染料、防腐剂等，以增加产品的感观性，延长其保存期。

　　本品去除重污垢就是通过微孔珍珠岩软磨料与人体皮肤或硬质物体表面接触后相互摩擦，将微孔磨料中吸附的表面活性剂渗透到污垢内，同时又将污垢吸附到微孔磨料中，达到洁肤、洁具的目的。

　　产品应用　本品可广泛用于机械、石油、化工、矿山、汽车驾驶等人员的手部洗涤，亦可用于厨房用具、机械表面、地板等硬表面的清洗。

　　产品特性

　　(1)本品中硅铝盐软磨料的使用是一个最大的优点。这种软磨料是一种不溶性的物质，莫氏硬度低于4，在皮肤上的铺展和使用时的触感都达到了最佳状态，软磨料的使用提高了本品对重型污垢的去除能力，又可清除老化的角质细胞，增进皮肤生理功能，促进血液循环使皮肤舒活柔软，达到保健功能。

　　(2)本品去污力特强，极易去除肥皂难以去除的污垢。

　　(3)本品无碱性、无毒，其酸碱度与人体皮肤相当，对皮肤绝对无刺激。

　　(4)在储存中不会变质。

高效软垢清洗剂

原料配比 ➡

原　　料	配比(质量份)					
	1#	2#	3#	4#	5#	6#
过氧化氢	60	90	10	40	1	0.1
四羟甲基硫酸磷	1	0.5	1	1	0.5	0.2
蓖麻油硫酸钠	2	0.5	0.5	0.5	0.3	1
水	37	9	88.5	58.5	98.2	98.7

　　制备方法　常温下，将原料搅拌混合均匀即可。

　　原料配伍　本品各组分质量份配比范围为：过氧化氢0.1～

90、四羟甲基硫酸磷 0.2～1.5、蓖麻油硫酸钠 0.2～5.5、水 9～99。

本品的软垢清洗剂为淡黄色液体。

产品应用　本品主要应用于清洗各类水系统（热网系统、中央空调水系统、工业及民用循环水系统）管路设备中存在的泥沙、生物黏泥等。

产品特性　本品采用特定的化合物组合物：过氧化氢、四羟甲基硫酸磷及蓖麻油硫酸钠实现对软垢的清洗，这组化合物会在清洗过程中不断释放出氧气、氢气等气体，将软垢悬浮在水中随水流出系统；组合物中所含有的表面活性剂在特定条件下具有较强的渗透和剥离功能，从而为软垢的悬浮提供了前提条件。另外，选定的表面活性剂带有电荷，离子之间的电荷效应对悬浮效果起至关重要的作用。

本品多次在实际清洗中运用，效果非常好。尤其是复杂管路和细小管路，更能显示其卓越的对泥沙和生物黏泥等污物的洗净功能。

高效油水垢清洗剂

原料配比

原　料	配比（质量份）	
	1#	2#
盐酸	13	13
水基表面活性剂	2.7	2
缓蚀剂	1.3	1
水	83	84

制备方法　将表面活性剂、缓蚀剂、盐酸分别按配方浓度的 2 倍配成等体积的水溶液，然后等体积混合均匀即可。

原料配伍　本品各组分质量份配比范围为：盐酸 8～30、水基表面活性剂 1～2.7、缓蚀剂 0.3～1.3、水 70～92。

所述盐酸为浓度 30％的工业盐酸。

所述水基表面活性剂为有机胺盐、聚氧化乙烯烷基酸、十二烷基磺酸钠等活性剂或其混合物，三者分别占总质量的 0.2％、0.5％和 2％（合计占 2.7％）。

所述缓蚀剂为丁炔二醇和碘化钠的混合物，二者分别占总质量的 1％和 0.3％（合计占 1.3％）。

产品应用　本品可用于清洗输油管道、加热炉、压力容器表面的结垢，还可用于油井解堵增产。

产品特性　本品配制的油水垢清洗剂可用于清洗输油管道、加热炉、压力容器表面的结垢，其清洗效果好，应用范围广，可疏管畅流，提高热效率，降低输油压力，且腐蚀性低。此种清洗剂还具有配制工艺简单、使用方便安全、经济实用等优点。此外，该清洗剂还可用于油井解堵增产，并可取得良好效果。

░ 高压锅炉防除垢剂 ░

原料配比

原　料	配比（质量份）	
	1#	2#
聚马来酸酐（含量 50％）	10	15
乙二胺四亚甲基膦酸钠	10	10
水	加至 100	加至 100

制备方法　将各组分混合均匀即可。

原料配伍　本品各组分质量份配比范围为：聚马来酸酐（含量 50％）10～20、乙二胺四亚甲基膦酸钠 8～10、水加至 100。

防垢：锅炉水 pH 值 8～10。

除垢：锅炉水 pH 值 10～12。

产品应用　本品主要应用于高压锅炉防除垢。

产品特性　本品用聚马来酸酐和乙二胺四亚甲基磷酸钠碱性防垢剂进行防除垢，此种药剂集防垢、防腐为一体；在炉体内部形成一种光滑的保护膜，阻碍了氢氧分子对金属的腐蚀。经测试传统方法防垢率为79%，本品药剂防垢率达90%以上。本品药剂与其他药剂相比，可省去基建投资、检验设备、化验仪器及操作人员，使用方法简单，只需把药量与水按比例配制，检测时只需pH值试纸。使用本药剂带压运行30~45天，老垢可全部酥松脱落，而且不像酸洗那样造成锅炉腐蚀，污染环境。

❖ 高效锅炉除垢剂（1）

原料配比 →

原　料	配比（质量份）		
	1#	2#	3#
乙酸	15	25	20
硫脲	5	11	8
四氯乙烯	3	9	6
D60溶剂油	4.5	8	5.8
橘皮油	2.3	6	4.2
十八胺	1.2	3	2.3
80%乙醇	3.4	6.7	4.8
葡萄糖酸钠	3.6	5.9	4.2
乳酸	2	4	3
甘油	3	7	5

制备方法　将各组分原料混合均匀即可。

原料配伍　本品各组分质量份配比范围为：乙酸15~25，硫脲5~11，四氯乙烯3~9，D60溶剂油4.5~8，橘皮油2.3~6，十八胺1.2~3，80%乙醇3.4~6.7，葡萄糖酸钠3.6~5.9，乳酸2~4，甘油3~7。

产品应用 本品主要用作高效锅炉除垢剂。

产品特性 本产品能够有效清除锅炉内的水垢、锈垢及污垢，同时能够延缓二次形成时间，且对设备的腐蚀性较小、安全方便。

∴ 高效锅炉除垢剂（2）

原料配比 →

原 料	配比（质量份）		
	1#	2#	3#
氨基磺酸	35	45	40
聚丙烯酸钠	6	7	6
二烷基苯磺酸盐	15	25	20
聚乙二醇	40	50	45
去离子水	91	99	95

制备方法 将各组分原料混合均匀即可。

原料配伍 本品各组分质量份配比范围为：氨基磺酸 35～45，聚丙烯酸钠 6～7，二烷基苯磺酸盐 15～25，去离子水 91～99，聚乙二醇 40～50。

所使用的氨基磺酸无毒，对设备的腐蚀比其他无机酸小，能有效去除金属表面的氧化层，有效地溶解硬水垢，并形成极易溶于水的化合物，以达到除垢效果。

聚丙烯酸钠作为水垢分散剂，使污垢中的金属离子不再形成沉淀。所述除垢剂组合物中的聚乙二醇对设备具有防护作用，所述聚乙二醇可以润滑设备降低设备表面的阻力，从而降低其他物质在设备上的黏附，也便于黏附在设备上的水垢的洗脱。优选所述聚乙二醇能够与水互溶，聚乙二醇可优选重均分子量为 190～2200g/mol 的聚乙二醇，更优选为 200～630g/mol 的聚乙二醇，更进一步优选为 210～600g/mol 的聚乙二醇。在该范围内的聚乙二醇的市售品如 PEG-200、PEG-300、PEG-400、PEG-500、PEG-600、PEG-700、PEG-800 等。

产品应用　本品是一种高效锅炉除垢剂。

产品特性　本产品的优点是能快速清除水垢、防止炉体腐蚀，同时还可以预防污垢的形成，减少人工清理锅炉的次数，降低能源消耗，节约成本。

高压锅炉专用除垢剂

原料配比

原　　料	配比（质量份）		
	1#	2#	3#
水解聚马来酸酐	25	35	45
氨基磺酸	5	8	10
聚马来酸	3	4	5
蒸馏水	60	70	70

制备方法　将水解聚马来酸酐、氨基磺酸、聚马来酸充分溶解于蒸馏水并混合均匀后即得产品。

原料配伍　本品各组分质量份配比范围为：水解聚马来酸酐25～45，氨基磺酸5～10，聚马来酸3～5，蒸馏水60～80。

产品应用　本品主要用作高压锅炉专用除垢剂。

产品特性

（1）本产品中所使用的水解聚马来酸酐稳定性及耐温性较高，在循环冷却水 pH 值为 8.0 时也有明显的溶限效应，能与水中的钙、镁离子螯合并有晶格畸变能力，提高淤渣的流动性，以达到除垢效果。

（2）本产品中所使用的聚马来酸在循环水中易发生电离，离解出的聚合物负离子能与水中的金属离子钙、镁、铁等离子形成稳定的络合物，从而阻止结垢，在300℃高温条件下仍具有良好的阻垢效果。

（3）本产品中所使用的氨基磺酸无毒，对设备的腐蚀比其他无机酸小，能有效去除金属表面的氧化层，有效地溶解硬水垢，并形成极易溶于水的化合物，以达到除垢效果。

（4）本产品具有抑制水垢生成和剥离老垢作用。

工业冷却循环水系统表面清洗用除垢剂

原料配比 →

原　料	配比（质量份）
磺酰胺	50
甲酸	25
草酸	25

制备方法　本品原料无需溶解于水，可直接按照一定的投加量往设备中添加。

原料配伍　本品各组分质量份配比范围为：磺酰胺 40～60、甲酸 20～30、草酸 15～32。

质量指标 →

检验项目	检验结果
外观	白色或淡黄色粉末或晶体
磷酸（以 PO_4^{3-} 计）含量	大于 18%
pH 值（1% 水溶液）	小于 3.0

产品应用　本品主要应用于工业冷却循环水系统表面清洗除垢，还可用于船舶、淡水器、复水器等水冷设备的除垢、除锈。

使用方法：本品按系统保有水量计，一次投加量 500～1000mg/L，pH 值控制在 4～5，清洗时间为 24～48h。

产品特性　本品的除垢剂的使用和存放都十分方便安全。配方中以磺酰胺为主剂，其对金属的腐蚀性比一般无机酸均小。草酸与其他有机酸相比对于氧化铁也有很强的溶解能力，其可以用于较低的温度下，然而用于清洗时，由于生成的盐如草酸铁和草酸钙等的溶解度低而可以生成沉积物。甲酸也有很强的氧化金属溶解能力，而且可针对多种氧化金属发挥作用，并且腐蚀性小，效果好。以上三种组分经复合配制后，可以互相补足，发挥最大的作用。

工业水处理防垢除垢剂

原料配比

原　料	配比（质量份）		
	1#	2#	3#
腐植酸钠	200	180	300
碳酸钠	735	750	650
淀粉	50	50	38
六偏磷酸钠	15	20	12

制备方法　将原料混合粉碎，过滤包装后即为成品。

原料配伍　本品各组分质量份配比范围为：腐植酸钠 150～300、碳酸钠 650～750、淀粉 20～100、六偏磷酸钠 12～20。

产品应用　本品主要应用于电石炉、硅铁炉、硅钙炉、变压器及化肥厂炭化设备的冷却水循环和锅炉水的防垢除垢。

产品特性

（1）防垢除垢剂中的腐植酸钠和碳酸钠可使碳酸盐垢和非碳酸盐垢疏松沉淀并使结在工业设备中的老垢逐渐脱落。由于脱落时间较长（一般在 2～4 个月），不易形成管道堵塞现象。腐植酸钠还能在炉壁上附着一层胶体形态的腐植酸铁络合物，这可有效地防止二次水垢形成，也可起到防腐作用。

（2）防垢除垢剂中加淀粉和六偏磷酸钠使水的流动性和分散性都好。四种组分混合后进一步促进了水的流动性和分散性，便于将水渣排出工业设备的炉体外。

本防垢除垢剂的四种组分均不会产生任何污染，属于环保产品，其沉渣清出后还是一种有机肥料。本防垢除垢剂还具有耐高温、杀菌灭藻的作用并在有关工业设备不停产运行中有缓慢除垢的特点。

⫶ 工业设备除垢剂

原料配比 ➡

原　料	配比（质量份）		
	1#	2#	3#
马来酸-丙烯酸共聚物	55	50	59
羟基亚乙基二膦酸四钠盐	35	30	39
亚甲基琥珀酸	1.5	1	1.9
水	7	5	9

制备方法　将各组分原料混合均匀即可。

原料配伍　本品各组分质量份配比范围为：马来酸-丙烯酸共聚物50~60，羟基亚乙基二膦酸四钠盐30~40，亚甲基琥珀酸1~2，水5~10。

质量指标 ➡

项目	酸洗除垢	本品除垢
金属腐蚀性	酸洗对锅炉中央空调等热交换设备不可避免地会产生腐蚀损伤，尤其是渗氢损伤，会使金属晶体组织受到破坏，严重时导致氢脆和氢致裂纹，对热交换设备的安全运行造成潜在的危险	清除水垢是在中性或弱碱性条件下完成的,实验室和数百台热交换设备实际清洗过程中测的金属腐蚀率都小于0.1g/(m²·h),仅为金属在水中腐蚀率的1/3,是酸洗时金属腐蚀率的1%,清洗过程中金属无渗氢损伤,实现无腐蚀清洗
清洗效果	酸洗只对碳酸盐水垢有效,而硫酸盐、硅酸盐、硝酸盐等难溶垢及藻类生物黏泥是酸洗技术无法解决的难题	可以100%清除设备中的各种水垢,即使难溶水垢和藻类生物黏泥也能彻底清洗
清洗方法	酸洗除垢设备需停机操作,这给使用这些设备的用户带来较大停产损失,尤其是生产紧张而无法停产时	在设备正常运行中清洗除垢,清洗过程不改变运行参数,克服酸洗停机弊端,这对使用热交换设备行业具有实用意义

续表

项目	酸洗除垢	本品除垢
环境影响	酸性废液因其分解造成的毒和低 pH 值对生物危害大，属高污染清洗	清洗过程中水的 pH 值、COD，BOD 等指标无变化，是绿色环保型清洗除垢剂

产品应用　本品主要用作工业设备除垢剂。

使用过程中，在补充设备冷却水时加入本产品最终成型物，1000kg 水中加入本产品 8～20g。

使用条件和说明：

（1）使用条件：本产品最终成型物适用于锅炉、中央空调等热交换设备在正常运行条件下清洗各种类型的水垢和藻类生物黏泥，除垢周期根据水垢厚薄，一般需要 20～40d，除垢期间设备可正常使用，不影响其运行工况和水质指标，清洗过程不需要任何辅助设施和分析化验。

（2）使用说明：本产品最终成型物的使用条件范围较宽，对运行参数及水质的变化适应性强，不需分析监测水中的物质含量，也不必进行水质化验。

产品特性　中性不停机清洗，不影响生产，使用量少，节能降耗，性能稳定，运行水温度 200℃不影响除垢功能，而且，清洗过程中不需要任何辅助设备和分析试验，同时，清洗排放废液无毒害，不污染环境，属绿色环保产品；成本低廉，较之现有除垢方法可节约成本 50％以上。

工业用品上的消垢除垢剂

原料配比

原　料	配比（质量份）	
	1#	2#
亚硝酸钠	24～26	25
氢氧化钠	22～23	20

续表

原　料	配比(质量份)	
	1#	2#
五水四硼酸钠	16~19	16
水	37~40	39

制备方法　将各组分原料混合均匀即可。

原料配伍　本品各组分质量份配比范围为：亚硝酸钠 20~30，氢氧化钠 15~25，五水四硼酸钠 15~20，水 28~50。

产品应用　本品主要用作工业用品上的消垢除垢剂。

产品特性　利用本产品提供的防腐阻垢剂可有效防治铁和黄铜表面的腐蚀和结垢，对抑制结垢和沉积物的分散都有很好的效果，本产品可应用于各种硬度和碱度的补充水，应用范围广；本产品在清洗工业用品上可以简化操作，提高系统效率，是一种超浓度、可稀释的产品。本产品可以延长设备寿命，提高效率。

固体防垢除垢剂

原料配比 →

原　料	配比(质量份)				
	1#	2#	3#	4#	5#
羟基亚乙基二膦酸	35	40	45	50	55
丙烯酸	25	30	35	40	50
马来酸酐	12	15	20	25	35
苯磺酸钠	12	15	20	20	25
磺酸钠	13	16	20	25	30
六偏磷酸钠	10	12	15	20	26
磷酸三钠	8	10	14	17	20
引发剂	2	4	6	9	12
双蒸水	35	40	45	50	65
聚丙烯树脂胶结剂	3	5	5	8	15

制备方法

（1）在反应釜中加入羟基亚乙基二膦酸、丙烯酸、马来酸酐和双蒸水，升温至62～97℃，搅拌反应1.2～2.8h。

（2）向步骤（1）的溶液中加入苯磺酸钠、磺酸钠、六偏磷酸钠和磷酸三钠，反应釜中温度升至102～126℃，继续反应1.5～3h。

（3）向步骤（2）所获溶液中添加引发剂和聚丙烯树脂胶结剂，并使用氢氧化钠中和pH值为4.3～5.6，析出沉淀。

（4）离心处理、获得固体，在105～164℃条件下烘干即可获得固体防垢除垢剂。

原料配伍　本品各组分质量份配比范围为：羟基亚乙基二膦酸35～55，丙烯酸25～50，马来酸酐12～35，苯磺酸钠12～25，磺酸钠13～30，六偏磷酸钠10～26，磷酸三钠8～20，引发剂2～12，双蒸水35～65，聚丙烯树脂胶结剂3～15。

产品应用　本品是一种固体防垢除垢剂。

产品特性

（1）阻垢率明显提高。

（2）药效释放周期长，总用量少，降低生产成本。

固体中性环保型化学清洗除垢剂

原料配比 ➡

原　料	配比（质量份）			
	1#	2#	3#	4#
乌洛托品	5	10	20	6
水杨酸钠	10	2	7	8
琥珀酸钠	18	5	8	16
羟基乙酸钠	6	14	10	11
脂肪酸胺	—	20	6	9
甘草素钠	—	15	5	10

制备方法　将原料中各组分按质量份称重，充分搅拌混合均匀，即得成品。

原料配伍　本品各组分质量份配比范围为：乌洛托品 5～20、水杨酸钠 2～10、琥珀酸钠 5～20、羟基乙酸钠 5～15。

为进一步增强溶垢能力，在上述配方的基础上增加脂肪酸胺 5～20份、甘草素钠 5～15份。

产品应用　本品可广泛应用于石油、化工、冶金、电力、采矿、造纸、制药、食品、船舶、机车、宾馆等用水设备和各种生产系统装置中的水垢、锈垢的化学清洗，也适用于各种热交换器、冷却器、蒸发器、冷却塔、热泵、压缩机、电力锅炉、工业锅炉、民用锅炉和供暖管道系统等的水垢、锈垢化学清洗，尤其擅长于新建生产装置开车前的化学清洗。

产品特性　本品为固体中性环保型化学清洗除垢剂，其配方中所选用原料均为无毒、无味、无腐蚀、无污染的化学药品，不含强酸强碱，对人体无伤害性，对环境无污染。对各类装置在运行中生成的水垢和锈垢，清洗效果优于现有常用清洗剂，且添加量减少。腐蚀率明显降低，据《化工设备化学清洗质量标准》规定：化学清洗剂对设备的腐蚀率应小于 $6g/(m^2 \cdot h)$，本品中性除垢剂小于 $0.5g/(m^2 \cdot h)$。综上所述，本品固体中性环保型化学清洗除垢剂比酸洗更安全、环保、经济和实用。

❖ 管道除垢剂 ❖

原料配比

原　料	配比（质量份）		
	1#	2#	3#
乙二胺四亚甲基膦酸	6	10	8
苯并三氮唑	3	5	4
亚硫酸钠	2	6	4

续表

原　料	配比(质量份)		
	1#	2#	3#
氯化钾	2.5	7	4.8
二氯甲烷	4	8	6
水杨酸苯酯	1.3	4	2.9
碳纤维	2.5	4	3.2
二溴甲烷	1.3	3.8	2.7
渗透剂	5	9	7

制备方法　将各组分原料混合均匀即可。

原料配伍　本品各组分质量份配比范围为：乙二胺四亚甲基膦酸 6～10，苯并三氮唑 3～5，亚硫酸钠 2～6，氯化钾 2.5～7，二氯甲烷 4～8，水杨酸苯酯 1.3～4，碳纤维 2.5～4，二溴甲烷 1.3～3.8，渗透剂 5～9。

所述渗透剂为磺基琥珀酸二异辛酯钠。

产品应用　本品主要用作管道除垢剂。

产品特性　本产品能够快速清洗掉管道内的水垢以及污垢，延缓污垢的二次形成，延长管道使用寿命，确保管路畅通。

锅炉除垢防腐剂

 原料配比

原　料	配比(质量份)	
	1#	2#
磷酸三钠	15	20
氢氧化钠	10	15
碳酸钠	10	15

续表

原　料	配比（质量份）	
	1#	2#
腐植酸钠	5	10
橡椀栲胶	20	25

制备方法　将所述原料予以混合、搅拌、包装即为成品。

原料配伍　本品各组分质量份配比范围为：磷酸三钠 15～20，氢氧化钠 10～15，碳酸钠 10～15，腐植酸钠 5～10，橡椀栲胶 20～25。

产品应用　本品主要用作锅炉除垢防腐剂。

产品特性　使用本产品能有效清除锅炉内的水垢，控制溶解氧，达到综合治理，实现除垢防腐的目的。

锅炉除垢防垢剂（1）

原料配比

原　料	配比（质量份）	
	1#	2#
丙酸	8	22
抗坏血酸	2	4
五倍子	18	13
贯仲	8	7
甲醛	2	0.9
盐酸	6	9
水	加至 100	加至 100

制备方法　将原料各组分混合均匀即可。

原料配伍　本品各组分质量份配比范围为：丙酸 5～25、抗坏血酸 1～5、五倍子 10～20、贯仲 5～10、甲醛 0.5～2、盐酸 5～10、水加至 100。

产品应用 本品主要应用于锅炉除垢。
产品特性 本品生产成本低，除垢效果好。

锅炉除垢防垢剂（2）

原料配比

原　料	配比（质量份）				
	1#	2#	3#	4#	5#
柠檬酸	25	30	35	40	60
盐酸	15	20	25	30	35
氯化钠	12	15	20	25	40
六偏磷酸钠	12	15	20	25	35
焦磷酸钠	8	10	12	16	25
丙烯酸	13	16	19	22	25
硝酸铵	8	11	14	18	22
氨基磺酸	8	11	13	16	19
引发剂	3	5	7	9	14
聚丙烯树脂胶结剂	4	6	9	11	16
去离子水	35	40	45	50	60

制备方法

（1）在反应釜中加入柠檬酸、盐酸、氯化钠和去离子水，反应釜内温度为35~56℃，搅拌混合1.2~2.3h。

（2）向步骤（1）的溶液中加入六偏磷酸钠、焦磷酸钠、丙烯酸、硝酸铵和氨基磺酸，反应釜中温度升至63~78℃，继续反应1.1~2.8h。

（3）向步骤（2）所获溶液中添加引发剂和聚丙烯树脂胶结剂，析出沉淀。

（4）离心处理、获得固体，在102~123℃条件下烘干即可获得除垢防垢剂。

原料配伍　本品各组分质量份配比范围为：柠檬酸 25～60，盐酸 15～35，氯化钠 12～40，六偏磷酸钠 12～35，焦磷酸钠 8～25，丙烯酸 13～25，硝酸铵 8～22，氨基磺酸 8～19，引发剂 3～14，聚丙烯树脂胶结剂 4～16，去离子水 35～60。

产品应用　本品主要用作锅炉除垢防垢剂。

产品特性

(1) 阻垢效率高为 99.9%。

(2) 药效释放周期长达 1.6 年。

(3) 无毒无蚀、安全可靠、操作简便。

锅炉除垢剂（1）

原料配比

原　料	配比（质量份）		
	1#	2#	3#
水	80	100	90
苯并三氮唑	20	10	15
乙酸	30	60	40
十二烷基硫酸钠	5	10	8
硫脲	4	15	7
氟化铵	3	8	3～8
香料	0.2	0.5	0.4

制备方法　将各组分原料混合均匀即可。

原料配伍　本品各组分质量份配比范围为：水 80～100，苯并三氮唑 10～20，乙酸 30～60，十二烷基硫酸钠 5～10，硫脲 4～15，氟化铵 3～8，香料 0.2～0.5。

产品应用　本品主要用作锅炉除垢剂。

产品特性

(1) 使用本品简化和方便了清洗现场的安装和操作。

(2) 缓蚀效率高，清洗速度快等，清洗废液处理简单方便，有利于清洗后的预膜。

(3) 能有效抑制铜管在酸洗过程中铜合金-碳钢复合件的电偶腐蚀；抗 Fe^{3+}、Cu^{2+} 加速腐蚀的能力强。

(4) 对设备安全，除垢彻底、腐蚀率低；对操作人员基本没有腐蚀性、毒性，操作简单、安全可靠；同时，本品不含有毒有害物质，经简单的中和处理后就可以排放，安全环保。产品采用固体组分，使用安全简便，对人体无损害、对设备无腐蚀、对环境无影响。

(5) 减轻劳动强度，有利于用户的直接使用和对锅炉的定期清洗保养，节约设备维护开支。

(6) 锅炉除垢剂能快速、彻底地清除各类饮水锅炉、工业锅炉内结的各种污垢，最终使锅炉内清洁干净，同时节省大量燃煤，减少环境污染，延长锅炉的使用寿命。适用材质为：钢铁、不锈钢、铜、铝和钛材等各金属材料和各种塑料、橡胶、水泥、陶瓷等非金属材料。

锅炉除垢剂（2）

原料配比

原　料	配比（质量份）		
	1#	2#	3#
椰油脂乙氧基化物	5	7	9
十二烷基苯磺酸钠	15	18	20
椰油二乙醇酰胺	2	3.5	5
乙二胺四乙酸钠	1	2	3
三乙醇胺	3	5.5	8
十二烷基磷酸酯盐	1	2	3
水	60	65	70

制备方法　将所述各原料按预先设定的配比关系，于水中搅匀，加热至 60～80℃溶解，然后冷却至室温即可。

原料配伍　本品各组分质量份配比范围为：椰油脂乙氧基化物 5～9，十二烷基苯磺酸钠 15～20，椰油二乙醇酰胺 2～5，乙二胺四乙酸钠 1～3，三乙醇胺 3～8，十二烷基磷酸酯盐 1～3，水 60～70。

所述的十二烷基磷酸酯盐为十二烷基磷酸酯钾盐或者钠盐。

产品应用　本品主要用作锅炉除垢剂。

使用时将本品加水稀释 100～1000 倍，加入锅炉中，浸泡 20～40min，加热至 40～50℃浸泡效果更好，然后搅拌 5～10min，污垢即会从锅炉壁上脱落，然后加清水清洗一遍即可，除垢快，整个过程不超过 1h。

产品特性　本产品选用温和的表面活性剂作为主要除垢成分，产品最终 pH 值在 7.5～8，不会对锅炉造成腐蚀，而且使用时不伤害人体皮肤，提高了操作的安全性。此外本产品中添加的椰油二乙醇酰胺和椰油脂乙氧基化物对锅炉污垢具有高效溶解能力，去污快。

∷ 锅炉除垢剂（3）

原料配比

原料	配比（质量份）		
	1#	2#	3#
表面活性剂	2	4	3
渗透剂	5	9	7
缓蚀剂	3	8	5.5
氧化铜	1	3	2
三硬脂酸甘油酯	1	5	3
聚丙烯酰胺-乙二醛树脂	1.5	4	2.8
五水硅酸钠	3	7	5

续表

原　料	配比(质量份)		
	1#	2#	3#
癸二酸	1.5	2.8	2.1
溶剂油	2.5	6	4.2
十二烷基苯磺酸钠	3.2	6	4.8

制备方法　将各组分原料混合均匀即可。

原料配伍　本品各组分质量份配比范围为：表面活性剂2～4，渗透剂5～9，缓蚀剂3～8，氧化铜1～3，三硬脂酸甘油酯1～5，聚丙烯酰胺-乙二醛树脂1.5～4，五水硅酸钠3～7，癸二酸1.5～2.8，溶剂油2.5～6，十二烷基苯磺酸钠3.2～6。

所述缓蚀剂为无机聚磷酸盐。

产品应用　本品主要用作锅炉除垢剂。

产品特性　本产品快速将水垢清除，延长锅炉使用寿命，同时避免因锅炉结垢而产生的腐蚀、变形、泄漏等安全隐患。

锅炉除垢剂（4）

原料配比

原　料	配比(质量份)	
	1#	2#
苯甲酸	5	8
甲醇	3	2
丁酸	18	7
柠檬酸	6	7
甲酸	10	13
草酸	3	5
水	加至100	加至100

制备方法　将原料各组分混合均匀即可。

原料配伍　本品各组分质量份配比范围为：苯甲酸 3～10、甲醇 1～3、丁酸 5～20、柠檬酸 5～10、甲酸 5～20、草酸 2～5、水加至 100。

产品应用　本品主要应用于锅炉除垢。

产品特性　本品生产成本低，除垢效果好。

∴ 锅炉除垢剂（5）

原料配比 ➡

原　料	配比（质量份）		
	1#	2#	3#
氨基磺酸	30	50	40
聚丙烯酸钠	3	5	4
二烷基苯磺酸盐	10	30	20
去离子水	90	100	95

制备方法　将氨基磺酸、聚丙烯酸钠、二烷基苯磺酸盐加入到去离子水中，搅拌混合即得本品锅炉除垢剂。

原料配伍　本品各组分质量份配比范围为：氨基磺酸 30～50、聚丙烯酸钠 3～5、二烷基苯磺酸盐 10～30、去离子水 90～100。

其中，氨基磺酸可以作为清洗剂，因为其水溶液具有与盐酸、硫酸同等的强酸性，不吸湿，对人身毒性极小；聚丙烯酸钠作为水垢分散剂；二烷基苯磺酸盐作为防腐蚀剂。

产品应用　本品主要应用于锅炉除垢。

产品特性　与现有技术相比，本品的优点是能快速清除水垢、防止炉体腐蚀，从而能解除锅炉因水垢而引起的爆炸以及给人们健康带来的危害。

锅炉除垢酸洗液

原料配比 →

原　料	配比(质量份)	
	1#	2#
盐酸	18	15
缓蚀剂 SH-406	0.2	0.5
乙醇	2	1

制备方法　将各组分原料混合均匀即可。

原料配伍　本品各组分质量份配比范围为：盐酸 10～20，缓蚀剂 SH-406 0.1～0.5，乙醇 1～3。

产品应用　本品主要用作锅炉除垢酸洗液。

产品特性　本产品配方合理，使用效果好，生产成本低。

锅炉除垢药剂

原料配比 →

原　料	配比(质量份)
NaOH	2～3
Na_3PO_4	2～3

制备方法　将各组分原料混合均匀即可。

原料配伍　本品各组分质量份配比范围为：NaOH 2～3，Na_3PO_4 2～3；

产品应用　本品主要用作锅炉除垢药剂。

在锅炉煮锅时，将除垢剂加入已经排出所存水的锅炉系统中，配成 20% 溶液，将原有的脱盐水置换，置换达到要求后，按照煮锅方案执行操作进行煮锅。

或在不排出所存水的锅炉系统中，加入除垢剂，使锅炉内溶液浓度达到配方比例，其中溶液也配成 20％溶液，再按照普通煮锅方案执行煮锅除垢操作。

产品特性　本产品价格便宜，配制方便。使用此配方煮锅的锅炉热效率平稳，设备运行安全，煮锅后的溶液容易处理，对环境造成的污染小。煮锅完成后，将锅炉中所加入的溶液排干，用脱盐水将锅炉内清洗干净，重新装入脱盐水进行生产。

⁖ 锅炉管道除垢剂 ⁖

原料配比 ➡

原　料	配比（质量份）											
	1#	2#	3#	4#	5#	6#	7#	8#	9#	10#	11#	12#
氨基磺酸	12	14	15	12	13	15	14	15	12	15	14	12
氢氟酸	3	5	6	6	4	3	4	3	6	4	6	3
Lan-826	3	—	—	—	4	—	4	—	4	—	—	—
Lan-9001	—	4	—	—	3	—	—	3	—	—	—	3
乌洛托品	—	—	5	5	—	5	—	—	—	—	5	—
SF	—	—	—	0.1	—	0.3	—	0.3	—	0.3	—	0.1
AES	—	—	—	—	0.2	—	0.1	—	0.2	—	0.2	—
OP-7	—	—	—	—	—	—	0.2	—	—	—	—	—
OP-8	—	—	—	—	—	—	—	0.5	—	—	—	—
OP-9	—	—	—	—	—	—	—	—	0.4	—	—	—
OP-10	—	—	—	—	—	—	—	—	—	0.5	—	0.2
OP-11	—	—	—	—	—	—	—	—	—	—	0.3	—
硫酸锌	—	—	—	—	—	—	—	—	—	0.6	0.3	0.4
水	加至100	加至100	加至100	加至100	加至100	加至100	加至100	加至100	加至100	加至100	加至100	加至100

制备方法

(1) 取部分水，加入氨基磺酸及氢氟酸，加完后搅拌均匀（8～10min）。

(2) 在 (1) 中，加入酸洗缓蚀剂，加完后再搅拌均匀（8～10min）；加入质量分数 0.2%～0.5% 的硫酸锌。加入质量分数 0.1%～0.3% 的脂肪醇聚氧烷基醚或乙氧基化烷基硫酸钠，充分搅拌直至固体颗粒物溶完为止。再加入质量分数 0.2%～0.5% 的辛基酚聚氧乙烯醚，充分搅拌直至固体颗粒物溶完为止。

(3) 在 (2) 中，补加水满足 100% 要求，搅拌均匀（8～10min），即得成品。

原料配伍　本品各组分质量份配比范围为：氨基磺酸 12～15，氢氟酸 3～6，酸洗缓蚀剂 3～5，水加至 100。

氨基磺酸、氢氟酸，主要起除垢、除污的作用，而且对金属铁及相应合金的腐蚀性极小；加入酸洗缓蚀剂，在高效除垢、除污的同时，能有效地防止金属碳钢的腐蚀。酸洗缓蚀剂可在本领域技术人员公知常用的酸洗缓蚀剂中进行选择，比如可以为乌洛托品（六亚甲基四胺）、Lan-826、Lan-9001 等。

本产品锅炉管道除垢剂还可以包含有 0.1%～0.3% 的脂肪醇聚氧烷基醚（SF）或乙氧基化烷基硫酸钠（AES）。SF 或 AES，由于具有良好的渗透、乳化和净洗性能，而且泡沫低，可以增加除垢、去油污的速度。

本产品锅炉管道除垢剂还可以包含有 0.2%～0.5% 的辛基酚聚氧乙烯醚（OP）。辛基酚聚氧乙烯醚在具有润湿、扩散作用的辛基酚聚氧乙烯醚规格系列中（比如 OP-7、OP-8、OP-9，OP-10、OP-11）进行选择，本产品优选 OP-10，以便增加除垢、去油污的均匀性。

本产品锅炉管道除垢剂还可以包含有 0.2%～0.5% 的硫酸锌。硫酸锌可以对清洗后的金属表面形成保护膜。

项目	质量指标
外观	无色或淡褐色液体
pH 值	本产品除垢剂的 1 : 9(体积比)水稀释液,其 pH 值≤1.0
性能	污垢洗净率≥97%,对金属碳钢腐蚀率≤0.3g/(m² · h)(1 : 9 体积比水稀释液)
存放	成品用聚乙烯塑料容器包装,存放期半年

产品应用 本品主要用于清洗各类锅炉或循环水管道内的污垢。清洗的污垢主要为锅炉或循环水管道内部的水垢、油垢及其他污物。

产品特性

(1) 高效:除垢、除油污彻底,除污后金属表面可覆盖一层防二次锈蚀的锌盐保护膜。

(2) 快速:清洗时间短,一般常温循环清洗只需 8~10h,若在 60℃时只需 4~5h 即可。

(3) 安全:对金属碳钢腐蚀性较小,该产品无毒、无味、不易燃、不易爆。

(4) 有强力渗透和扩散作用,能快速清除锅炉或循环水管道内部的污垢。

锅炉快速除垢剂

原料配比 ➡

原料	配比(质量份)					
	1#	2#	3#	4#	5#	6#
聚丙烯酸钠	5	6	7	8	10	10
三乙醇胺磺酸钠	20	22	25	26	28	30
三乙醇胺	5	6	7	9	9	10
冰醋酸	1	2	3	4	4	5

续表

原　料	配比（质量份）					
	1#	2#	3#	4#	5#	6#
磷酸三钠	3	5	6	7	4	8
六偏磷酸钠	5	7	8	9	7	10
苯胺	0.5	0.8	1.2	1.5	1.8	2
N-烷基磺酸氨基乙酸	8	9	12	13	13	15
乙二胺四乙酸四钠	5	6	7	8	9	10
十二烯基丁二酸	1	2	3	4	5	5
盐酸	5	6	7	8	7	10
去离子水	70	73	76	78	80	80

制备方法

（1）按照质量份称取各组分。

（2）将去离子水加热至 60～65℃，加入聚丙烯酸钠、冰醋酸、磷酸三钠、乙二胺四乙酸四钠和盐酸，搅拌混合均匀，然后温度降至 45～50℃，加入其他组分，搅拌混合均匀。

（3）将步骤（2）得到的混合溶液在真空度 0.03～0.05MPa，温度为 60～65℃条件下保持 45～60min，然后自然冷却降至室温，得到锅炉快速除垢剂。

原料配伍　本品各组分质量份配比范围为：聚丙烯酸钠 5～10，三乙醇胺磺酸钠 20～30，三乙醇胺 5～10，冰醋酸 1～5，磷酸三钠 3～8，六偏磷酸钠 5～10，苯胺 0.5～2，N-烷基磺酸氨基乙酸 8～15，乙二胺四乙酸四钠 5～10，十二烯基丁二酸 1～5，盐酸 5～10，去离子水 70～80。

质量指标 ➔

项目	除垢时间/min	除垢后阻垢时间/天
实施例 1	55	170
实施例 2	46	172

项目	除垢时间/min	除垢后阻垢时间/天
实施例3	30	196
实施例4	42	185
实施例5	51	175
实施例6	57	166

锅炉快速除垢剂进行锅炉除垢试验,锅炉中结垢厚度为3～4mm,使用温度为50～60℃,加入锅炉中后进行循环除垢,使用量为得到的锅炉快速除垢剂与水的体积比为1:5配成溶液,加入到锅炉中进行循环,循环流速0.5m/s,试验结果如上。

产品应用　本品主要用作锅炉快速除垢剂。

产品特性　本产品可以快速去除锅炉中的污垢,其中最快达到30min就可以将锅炉中的污垢清除干净,同时能够长时间起到阻垢作用,最长可以达到196天的阻垢效果,可以大大提高锅炉的利用效率。

锅炉水处理设备除垢剂

原料配比

原 料	配比(质量份)	
	1#	2#
盐酸	6	8
苯胺	0.9	0.6
乙酸	0.7	0.3
乌洛托品	0.7	0.6
水	99	92

制备方法　将各组分原料混合均匀即可。

原料配伍　本品各组分质量份配比范围为:盐酸5～10,苯胺0.5～1,乙酸0.2～1,乌洛托品0.5～0.8,水90～100。

产品应用　本品主要用作锅炉水处理设备除垢剂。

产品特性　本产品配方合理，使用效果好，生产成本低。

锅炉防除垢剂

原料配比 →

表1　干粉

原　料	配比（质量份）		
	1#	2#	3#
碳酸钠	85	78	45
腐植酸钠	加至100	15	15
磷酸三钠	—	—	33
六偏磷酸钠		加至100	加至100

表2　水剂

原　料	配比（质量份）				
	1#	2#	3#	4#	5#
碳酸钠	20	20	15	—	—
聚马来酸酐	—	—	—	8	16
乙二胺四亚甲基膦酸钠	—	—	—	6	12
腐植酸钠	8	8	8	—	—
磷酸三钠	—	—	10		
六偏磷酸钠	—	1.5	1.5	—	—
水	加至100	加至100	加至100	加至100	加至100

制备方法　将粉剂各组分混合均匀即可。水剂制备时将各组分溶于水，混合均匀即可。

原料配伍　本品各组分质量份配比范围如下。

干粉配方：碳酸钠45～85、腐植酸钠14～16、磷酸三钠0～33、六偏磷酸钠加至100。

水剂配方：碳酸钠15～20、腐植酸钠7～9、磷酸三钠9～11、六偏磷酸钠1.4～1.6、水加至100。

防垢：锅炉水 pH 值 8～10。

除垢：锅炉水 pH 值 10～12。

本防除垢剂分为干粉和水剂两种，干粉中的三个组分和水剂中的前三个组分主要用于中低压锅炉，水剂中的第四个组分主要用于高压锅炉。

产品应用　本品主要应用于中低压锅炉及高压锅炉的防除垢。

产品特性

（1）本品集防垢、防腐为一体，同时在炉体内部形成一种光滑的保护膜，阻碍了氢氧分子对金属的腐蚀。传统的方法防垢率为79％，本品防垢率达 90％以上。

（2）该药剂加水配制后，具有药分子表面活性分散性能和吸附作用，药剂分子被吸附在碳酸钙表面上，能阻碍和分散水垢晶体的扩大，使水垢成为无定形沉淀（即水渣），易于排出，本药剂是种多基配位体，分子中不止一个基团，通常是羟基与酚羟基，能与钙镁多种阳离子形成络合物或螯合物，由于络合（螯合）作用，使水中钙镁的沉淀不致达到其溶解而吸出沉淀，随锅炉排污时一起排出。

（3）该药剂具有很好的渗透性，通过渗透作用与垢盐内部分子接触，同时与钙镁发生络合作用或部分置换作用，这两种作用均能侵蚀垢盐使水垢变得酥松易于脱落。该药剂可在金属表面形成保护膜，隔断金属与碱氧的直接接触，起到了防腐的作用，束缚了氧分子，削弱了它在腐蚀中的作用。

（4）无毒、无腐蚀、无污染。

锅炉防垢、防腐除垢剂

原料配比

原　料	配比（质量份）						
	1#	2#	3#	4#	5#	6#	7#
单宁	1	1	1	1	3	3	3
六偏磷酸钠	1	3	1	3	1	1	3

原　料	配比（质量份）						
	1#	2#	3#	4#	5#	6#	7#
焦磷酸钠	1	1	3	3	1	3	1
水	适量	适量	适量	适量	适量	适量	适量

制备方法　用沸水浸泡含单宁的植物（如茶叶）一段时间后，在 70~80℃下过滤除渣，然后按设定的成分比加入偏磷酸钠盐类物质，待完全溶解后再按设定的成分比加入焦磷酸钠，待溶解并混合均匀后过滤，即制得锅炉防垢、防腐除垢剂。

锅炉防垢、防腐除垢剂酸碱度的调节可通过三种物质的成分比例来完成，也可通过加入适量的 NaOH 来调节。

原料配伍　本品各组分质量份配比范围为：单宁 1~3、焦磷酸钠 1~3、六偏磷酸钠 1~3，水适量。

这里，将三种物质混合后制成水剂，以方便调节酸碱度。

本品利用偏磷酸钠盐与钙镁等金属离子生成络合物及焦磷酸钠与钙镁等金属离子生成螯合物来清除水中的钙镁等金属离子，防止其与 HCO_3^- 一起在高温下分解成钙镁水垢，同时，利用焦磷酸钠分散、除垢的作用以及单宁渗透性能将水垢逐步从锅炉内壁上分离并清除，然后利用单宁及偏磷酸钠盐的除锈性能将锅炉内表面的铁锈清除，同时利用单宁的吸氧性以及在钢铁表面所形成的单宁酸铁保护膜来保护锅炉内部的钢铁表面免受水中的氧化腐蚀，防止水中可能因高温由 $Ca(HCO_3)_2$ 分解而产生的 $CaCO_3$ 黏附在锅炉内壁上形成水垢。

产品应用　本品主要应用于锅炉防垢、防腐除垢。

使用方法：使用时，每吨锅炉用水加入本药剂 15~30mL。

产品特性　本品与已有技术相比，由于利用偏磷酸钠盐、焦磷酸钠来清除水中的钙镁离子，这样，即使水中含有 HCO_3^-，也不会产生水垢，同时，利用单宁的渗透性能及焦磷酸钠的除垢性能逐步地将锅炉内的水垢清除，然后，利用偏磷酸钠盐及单宁的除锈防锈以及与铁离子生成的保护膜保护锅炉内壁免受氧化锈蚀及水垢的破坏，因此，本品具有供锅炉长时间运行使用、能使锅炉不结水垢、防止水中溶解氧对碳钢的氧化腐蚀，达到有垢除垢、无垢防垢、防腐作用，储存使用方便的优点。

锅炉烟垢清除助燃剂

原料配比

原　料	配比（质量份）		
	1#	2#	3#
碳酸钠	30	40	35
硝酸钠	30	33	32
镁矿粉	5	6	5.5
硅石粉	5	6	5.5
锌粉	3	5	4
氧化铁红	1	2	1.5
氯化钠	26	8	16.5

制备方法　将原料干燥，粉碎，筛选（40目以上），配比，混合，即为成品。

原料配伍　本品各组分质量份配比范围为：碳酸钠 30～40、硝酸钠 30～33、镁矿粉 5～6、硅石粉 5～6、锌粉 3～5、氧化铁红 1～2、氯化钠加至 100。

产品应用　本品主要应用于锅炉除垢。

本品的使用方法是：投药前应使炉内呈微正压。去掉成品塑料袋，然后将其倒在铁锹或其他工具上扬进炉膛中的高温燃烧区，链条炉从观火孔投药，手烧炉从添煤炉口投药。烟垢较严重的日投剂量约为日燃烧时的万分之三；烟垢大部分松脱后转入正常期投药，日投剂量约为日燃烧量的万分之一；烟垢清除后，转入维持期投药，日投剂量为日燃烧量的万分之零点五至万分之一。以上均为每班（8h）投药一次。

产品特性 本锅炉烟垢清除助燃剂投入炉膛燃烧区后，其中的硝酸盐作为强氧化剂，可使硬焦烟垢充分氧化烧掉；其中的碱性物质作为熔融剂，可与烟垢微粒发生化学反应生成低熔点珠状液易脱落产物，遗下的空穴使烟垢变酥松，粉化后随烟气排走；其中的钠盐燃烧时产生的固体微粒高速冲击烟垢，可使其松动落下。由于上述作用，可使烟道中受热面保持清洁，提高燃料燃烧效果。经燃煤锅炉试验证明，热效率平均提高 3％～5％，节煤 4％～7％。

本品使用操作方法简单，司炉工清垢劳动强度大大减轻，不需停炉即可清垢，可维持连续生产。

锅炉烟垢清洗剂（1）

原料配比

原　料	配比(质量份)
十二醇硫酸钠	50
磷酸三钠	30
硅酸钠	24
自来水	600

制备方法 将十二醇硫酸钠加入水中，再加入硅酸钠、磷酸三钠搅拌混合，搅拌均匀即得本品。

原料配伍 本品各组分质量份配比范围为：十二醇硫酸钠 49～51、磷酸三钠 29～31、硅酸钠 23～25、自来水 600。

产品应用 本品主要应用于锅炉烟垢清洗，也可用于铝制品和钢制品的除污。

产品特性 本品采用十二醇硫酸钠作为表面活性剂，该活性剂去污力强，不损伤金属表面，添加硅酸钠等碱性物质，以提高清洗剂的分散渗透能力。硅酸钠、磷酸三钠具有胶体性质，对稳定清洗的 pH、耐硬水性等也比较好。

锅炉烟垢清洗剂（2）

原料配比

原　料	配比（质量份）
氯化十二烷基三甲基铵	20
氯化-1,3-二烷基吡啶	3
甲基丙烯酰氧乙基氯化铵	20
硅酸钠	10
水	600

制备方法　把原料在反应釜中加热到60℃并搅拌，使之反应3～5h，冷却后出料，静置3～5h即可用于清洗锅炉内的烟垢。

原料配伍　本品各组分质量份配比范围为：氯化十二烷基三甲基铵19～21、氯化-1,3-二烷基吡啶2～4、甲基丙烯酰氧乙基氯化铵19～21、硅酸钠9～11、水600。

产品应用　本品主要应用于电厂、热电厂的锅炉清洗。

产品特性　本品是一种复配剂，清洗剂中有复配离子，浸湿到烟垢表面上能够使烟垢产生龟裂，然后自行脱落，并可溶解部分硫酸盐烟垢，而且渗透能力非常强。本品主要用于清除锅炉内厚度1～50mm的烟垢。烟垢清除率均达到95%以上，清洗后的锅炉基本达到出厂时的热效率。

锅炉烟垢清洗剂（3）

原料配比

原　料	配比（质量份）
十二醇硫酸钠	50
磷酸三钠	30
硅酸钠	24
自来水	600

制备方法　将十二醇硫酸钠加入水中，再加入硅酸钠、磷酸三钠搅拌混合，搅拌均匀即得。

原料配伍　本品各组分质量份配比范围为：十二醇硫酸钠49～51、磷酸三钠29～31、硅酸钠23～25、自来水600。

产品应用　本品主要应用于清洗金属表面的油污、烟垢，也可用于铝制品和钢制品的除污。

产品特性　本品采用十二醇硫酸钠作为表面活性剂，该活性剂去污力强，不损伤金属表面，添加硅酸钠等碱性物质，以提高清洗剂的分散渗透能力。硅酸钠、磷酸三钠具有胶体性质，对稳定清洗剂的 pH 值、耐硬水性等也比较好。

❖ 黑色金属除垢剂

原料配比

原　料	配比（质量份）		
	1#	2#	3#
焦磷酸盐	1.05	5.51	5.6
乙二胺四乙酸钠	3	8	6.5
对甲苯磺酸钠	7	0.55	2.3
尿素	0.5	2.32	0.6
脂肪醇聚氧乙烯醚盐	5	1.64	7.5
脂肪醇聚氧乙烯醚琥珀酸酯磺酸盐	1	8.4	5
脂肪醇聚氧乙烯醚磺酸盐	3	0.5	1
脂肪醇聚氧乙烯醚	1	1.65	6.35
脂肪酸二乙醇胺盐	1	6.35	2.5
壬基酚聚氧乙烯醚	3	10.15	6.5
辛基酚聚氧乙烯醚	0.2	3.55	2
二乙二醇单乙醚	0.7	1.05	4.5
苯并三氮唑	0.1	5.2	3

续表

原　料	配比(质量份)		
	1#	2#	3#
正丁醇	5.4	6.5	0.5
消泡剂	6	0.1	0.8
氢氧化钾	1	0.5	0.01
水	61.15	38.03	45.34

制备方法　在反应器内加入适量水,依次加入焦磷酸盐、乙二胺四乙酸钠、对甲苯磺酸钠、尿素、脂肪醇聚氧乙醚盐、脂肪醇聚氧乙烯醚琥珀酸酯磺酸盐在微热下搅拌均匀成溶液。依次加入脂肪醇聚氧乙烯醚磺酸盐、脂肪醇聚氧乙烯醚、脂肪酸二乙醇胺盐、壬基酚聚氧乙烯醚、辛基酚聚氧乙烯醚、二乙二醇单乙醚、苯并三氮唑、正丁醇。每加一种物料搅拌0.5h,将消泡剂和水混合后加入釜内搅拌1h,加入氢氧化钾,用10%氢氧化钾溶液调溶液pH值为10±1,补加余量水,放出物料精细过滤即得本品。

原料配伍　本品各组分质量份配比范围为:焦磷酸盐1～45、乙二胺四乙酸钠0～20、对甲苯磺酸钠3～52、尿素0～15、脂肪醇聚氧乙烯醚盐2～17、脂肪醇聚氧乙烯醚琥珀酸酯磺酸盐1～30、脂肪醇聚氧乙烯醚磺酸盐4～32、脂肪醇聚氧乙烯醚1～30、脂肪酸二乙醇胺盐0～20、壬基酚聚氧乙烯醚0～61、辛基酚聚氧乙烯醚1～34、二乙二醇单乙醚0～50、苯并三氮唑0～10、正丁醇0～15、消泡剂0～9、氢氧化钾0～16、水加至100。

本品运用具有强力洗涤脱脂作用的表面活性剂为主要成分,选用活性剂有非离子型、阴离子型、两性型等,主要有脂肪醇聚氧乙烯醚盐、脂肪醇聚氧乙烯醚琥珀酸酯磺酸盐、脂肪醇聚氧乙烯醚磺酸盐、脂肪酸二乙醇胺盐、壬基酚聚氧乙烯醚、辛基酚聚氧乙烯醚。考虑金属材料表面的特殊性,在配方设计时添加了缓蚀剂、渗透剂、螯合剂、便于漂洗的水溶助长剂以及抗再沉积剂等,在使用中发现各组分的比例对除垢效果有显著影响。

质量指标 ➙

检验项目	检验结果
外观	无色或黄色透明或微乳状液体
密度/(g/mL)	1.07~1.09
pH 值(1:10 水溶液,25℃)	9~11
高温稳定性(80℃±2℃,12h)	均匀不分层
低温稳定性(−5℃±2℃,24h)	均匀不分层,无沉淀
腐蚀率(80℃±2℃,2h)/%	≤0.002

产品应用 本品主要应用于黑色金属等精密器械的清洗除垢。

产品特性 本品黑色金属除垢剂,其清洗性能超过三氯乙烯,为弱碱性,对人体无毒无害。不腐蚀金属,经简单处理即可达标排放,易生化降解,完全可以替代三氯乙烯。

硅、铁、钙镁污垢复合清洗剂 (1)

原料配比 ➙

原料	配比(质量份)		
	1#	2#	3#
氟化铵	33.3	20	14.3
柠檬酸	66.7	80	85.7

制备方法 将原料各组分混合均匀即可。

原料配伍 本品各组分质量份配比范围为:氟化铵 14.3~33.3、柠檬酸 66.7~85.7。

产品应用 本品主要应用于清洗水处理膜系统中硅垢、铁的氧化物垢、钙盐垢以及镁盐垢污染。

产品特性 通过多重作用去除氧化铁对膜系统的污染,可获得良好的除污效果;可同时解决无机盐、金属氧化物、硅等多类污染物对膜系统的损害,药效范围广;可代替多种药剂共同使用,操作简便。

❖ 硅、铁、钙镁污垢复合清洗剂 (2) ❖

原料配比 →

原　料	配比(质量份)		
	1#	2#	3#
氟化铵	10	10.5	9.8
柠檬酸	20	20.5	19.8
草酸(乙二酸)	30	29.5	30.8
去离子水	40	39.5	40.8

制备方法　将原料于常温下混合搅拌均匀即可。

原料配伍　本品各组分质量份配比范围为：氟化铵 9.8～10.5、柠檬酸 19.8～20.5、草酸 29.5～30.8、去离子水 39.5～40.8。

产品应用　本品主要应用于清除水处理膜系统中硅垢、铁的氧化物垢、钙盐垢以及镁盐垢污染。

产品特性　本品通过多重作用去除氧化铁对膜系统的污染，可达到良好的除污效果；可同时解决无机盐、金属氧化物、硅等多类污染物对膜系统的损害，药效范围广，可代替多种药剂共同使用，操作简便。

❖ 环保安全除垢除蜡剂 ❖

原料配比

原　料	配比(质量份)		
	1#	2#	3#
甘油	10	20	15
尿素	2	1	1.5
椰子油酸二乙醇酰胺	10	15	12.5
乙醇胺	3	2.5	2.75
过氧化氢	20	10	15

续表

原　料	配比（质量份）		
	1#	2#	3#
盐酸	5	10	7.5
硅酸钠	9	2	5.5
去离子水	加至 100	加至 100	加至 100

制备方法　将上述原料加入去离子水中充分搅拌即为成品。

原料配伍　本品各组分质量份配比范围为：甘油 10～20，尿素 1～2，椰子油酸二乙醇酰胺 10～15，乙醇胺 2.5～3，过氧化氢 10～20，盐酸 5～10，硅酸钠 2～9，去离子水加至 100。

产品应用　本品是一种环保安全除垢除蜡剂。

产品特性　本产品的优点是渗透力强、除垢除蜡功能好，使用安全，对皮肤无刺激，对人体无毒性，水适应性强。

环保型锅炉除垢剂

原料配比

原　料	配比（质量份）				
	1#	2#	3#	4#	5#
植酸	10	50	30	40	50
柠檬酸	10	5	8	6	10
葡萄糖	3	5	4	4.5	5
水	加至 100	加至 100	加至 100	加至 100	加至 100

制备方法　按配比准备原料，将植酸倒入搪瓷反应釜中，搅拌并开始升温，升温同时，加入柠檬酸，继续升温搅拌，待柠檬酸完全溶解后将葡萄糖缓慢加入，直至完全溶解，升温至 60℃，停止搅拌，放出灌装。

原料配伍　本品各组分质量份配比范围为：植酸 10～50，柠檬酸 5～10，葡萄糖 3～5，水加至 100。

产品应用　本品主要用作锅炉除垢剂。

除垢的方法，包括如下步骤：根据用水设备的能力及结垢厚度，一次性或分次将所述环保型锅炉除垢剂添加到用水设备中，一蒸吨锅炉添加5～7kg，设备继续使用3～4d，停机，将垢取出，检查设备中的除垢状况，如未除尽，补加5～7kg后继续除垢。

(1) 需处理的设备情况：锅炉2t/h，使用河水，无水软化装置，使用周期6个月。

(2) 观察及处理方法：打开人孔观察：原状：火管群被水垢包裹成整体，管间距不足10mm，管垢外径无法测量；炉壁垢厚度50mm，燃烧4h后起压。循环管内径结垢后孔径仅15～20mm；升压后，加除垢剂7kg，锅炉继续使用3d，停炉检查，火管垢整体脱落，露出钢管，炉壁完全塌架，炉壁无垢，循环管部分堵塞，人工掏出炉垢后，每天补充1kg除垢剂，锅炉继续使用，定时排污，一周后，再次停炉检测，循环管孔径增加，堵塞减小。

除垢剂对商场中央空调进行除垢的方法，包括如下步骤：

(1) 需处理的设备情况：换热效率降低，制冷、制热出现问题。

(2) 检查及处理方法：打开检查，管道积垢1mm，加入除垢剂20kg，正常运行7d，制冷正常，打开检查，无垢，管道洁净。

除垢剂对水循环冷凝器进行除垢的方法，包括如下步骤：

(1) 需处理的设备情况：换热效率降低，部分通道堵塞，泵压增大，产能下降。

(2) 检查及处理方法：拆开检查后，用除垢剂15kg，加入水箱中，泵循环24h，检查，积垢消除，使用正常，设备无腐蚀。

产品特性　本产品采用植酸的复合配方，机理是利用药剂切开水垢与金属表面形成的金属盐架构，以达到极少药剂剥离垢体与金属的结合，使得垢体整体塌架，达到除垢的目的；产品具有效率高，使用量少，使用成本低，环保，无污染，对设备表面腐蚀速率小等优点，除垢时无需停止设备运行，便于操作。

环保型酸蚀除垢处理液

原料配比

原　料	配比(g/L)
浓度为 68% 的 HNO_3 溶液	550mL/L
H_3PO_4	320mL/L
无机铵盐	12
有机含氨基化合物	20
表面活性剂	8
水	加至 1L

制备方法　将各组分原料混合均匀即可。

原料配伍　本品各组分质量份配比范围为：浓度为 68% 的 HNO_3 溶液 500～600mL/L；H_3PO_4 300～350mL/L；无机铵盐 10～15g/L；有机含氨基化合物 15～25g/L；表面活性剂 5～10g/L；水加至 1L。

产品应用　本品主要用作双金属复合线材加工的酸蚀除垢处理液。

产品特性

(1) 本处理液中不含高浓度氟离子，加入合适的表面活性剂，促进了酸蚀过程。此外，包含了有机含氨基化合物可以大幅度减少氮氧化物的释放。与传统工艺相比氮氧化物污染物量减少了 90% 以上，大大地改善了生产操作环境。

(2) 本产品配伍合理，铝镁合金表面在酸蚀、除垢过程中既能有效除去表面氧化膜，又能有效抑制铝镁合金过度腐蚀。

环保型防垢除垢剂

原料配比

原　料	配比(质量份)			
	1#	2#	3#	4#
水	100	100	100	100
柠檬酸	2～3	3～4	5～7	8～10

制备方法　将各组分混合均匀即可。

原料配伍　本品各组分质量份配比范围为：水 100、柠檬酸 2～10。

电水壶、电热棒除垢：把电水壶、电热棒用每 100 份水中含柠檬酸 2～3 份的液体浸泡。

淋浴器、电热器的除垢：用每 100 份水中含柠檬酸 3～4 份的液体。

汽车水箱除垢：汽车水箱除垢液的浓度为每 100 份水中含柠檬酸 5～7 份。

锅炉除垢：锅炉除垢液浓度为每 100 份水中含柠檬酸 8～10g，除垢液的加入量通过测量处理液的 pH 值来控制，使最终处理液的 pH 值保持在 1.5～5。浸泡上述不同应用场合的防垢除垢剂含柠檬酸的浓度不同，可加不同的色素加以区分不同的产品。

产品应用　本品可广泛应用于电水壶、电热棒、淋浴器、电热器、汽车水箱、锅炉除垢。

产品特性　本品具有除垢防垢效果好，无腐蚀、无污染，产品成本低廉的优点。

混合水垢中性清洗剂

原料配比 →

原　料	配比（质量份）		
	1#	2#	3#
羟基亚乙基二膦酸	5	8	10
柠檬酸	3	5	3
非离子聚丙烯酰胺	1	0.6	0.3
氟化氢	2	1.5	1
NaOH	0.5～1	0.5～1	0.5～1
6501 除油剂	0.05	0.05	0.05

制备方法 取羟基亚乙基二膦酸、柠檬酸、非离子聚丙烯酰胺、氟化氢,混合均匀,然后缓缓加入 NaOH,将 pH 值调为 7,再加入 6501 除油剂,加入水,即为成品。

原料配伍 本品各组分质量份配比范围为:羟基亚乙基二膦酸 5～10、柠檬酸 3～8、非离子聚丙烯酰胺 0.3～1、氟化氢 1～2、NaOH 0.5～1、6501 除油剂 0.04～0.06。

产品应用 本品主要应用于清洗混合水垢。

本品的使用方法:用量根据垢量及厚度、硬度情况投加药剂原液,或者由技术员现场制定投加方案。由循环泵吸入口投加,构成循环,或者喷淋、浸泡也可。根据垢量运行 6～24h,流速不限,然后置换排污至浊度<10mg/L,或目测水清为止。如是单体设备,可以浸泡或喷淋清洗,待垢全部软化溶解后,用水冲净即可。

产品特性 本品是混合水垢专用清洗剂,专用于清除混合水垢、难溶垢,药剂 pH 值为 7,中性溶液,清垢彻底,不腐蚀金属、搪瓷、玻璃,对人体无毒,废液可以安全排放,高效安全,不产生氢脆现象。清洗作业时,不需拆解换热元件,可以利用装置自身的循环设施喷洗,也可以浸泡清洗,除垢率近 100%,具有快速除垢、不腐蚀钢架,不伤搪瓷元件、不破坏鳞片防腐材料的特点。清洗时间为 3～12h,大大缩短设备的检修时间,避免拆洗对装置的损坏,显著降低设备的维护成本和风险,延长装置使用寿命和有效利用率。

机场道面橡胶污垢清洗剂

原料配比

原 料	配比(质量份)		
	1#	2#	3#
橘子油	70	75	80
石油磺酸钠	1	2	3
N,N-二苯基硫脲	1	2.5	5
甲酸	1	1.5	2

制备方法

（1）将橘子油与石油磺酸钠在容器中混合均匀。

（2）在室温下将 N,N-二苯基硫脲和甲酸加入到上述混合液中，并搅拌均匀即可制成本品机场道面橡胶污垢清洗剂。

原料配伍　本品各组分质量份配比范围为：橘子油 70～80、石油磺酸钠 1～3、N,N-二苯基硫脲 1～5、甲酸 1～2。

所述的橘子油中柠檬烯含量为 80％以上。

产品应用　本品主要应用于机场道面橡胶污垢清洗。

使用方法：首先采用机杨联合作业机械将本品清洗剂倒入工作车罐中，然后喷洒在粘有橡胶污垢的机场道面上，最后经过磨刷、吸附回收、冲洗回收及擦拭干净等步骤，即可完成清洗作业，清除时间为 60～90min。

产品特性　本品的机场道面橡胶污垢清洗剂是利用含有 80％以上柠檬烯的橘子油作为主要成分，并与多种表面活性剂复配而制成，其具有较低的表面张力，因而能够有效地去除橡胶污垢，并且不腐蚀被清洗物的表面，而且由于橘子油是从天然植物的橘子皮中提炼而成，所以其对环境及人体健康无害，并可生物降解且不燃烧、不爆炸，因而使用起来十分安全。另外，由于该清洗剂挥发速率相对较低，所以清洗作业后可将其回收，并经蒸馏后反复使用，因此能够降低成本。

⁘ 机动车水路除垢剂 ⁘

原料配比 ➔

原　料		配比（质量份）		
		1#	2#	3#
溶解剂	盐酸	2	16	30
	乙醚	0.5	0.75	1
	六亚甲基四胺	0.5	1.25	2

原　料		配比(质量份)		
		1#	2#	3#
溶解剂	氟化铵	0.1	0.3	0.5
	磷酸	0.5	0.75	1
	水	加至100	加至100	加至100
清除剂	碳酸钠	10	30	50
	水	加至1000	加至1000	加至1000

制备方法　将原料溶于水中，即得除垢剂。

原料配伍　本品各组分质量份配比范围为：溶解剂为盐酸2～30、乙醚0.5～1、六亚甲基四胺0.5～2、氟化铵0.1～0.5、磷酸0.5～1、水加至100。清除剂为碳酸钠（或磷酸三钠）10～50、水加至1000。

溶解剂中的磷酸性质较弱，易吸附于金属器壁上，不易起反应；六亚甲基四胺起到保护金属不受腐蚀的作用；乙醚用来溶解水垢中的油脂。

清除剂主要是清除水路中的悬浮物及溶解剂反应后的残余物。

产品应用　本品主要应用于机动车水路除垢。本品在使用时，要先放净机动车水箱内的水，根据其水路中的积垢情况，加入适量的溶解剂，再加水补满水箱。这时车辆可以正常行驶，待2～2.5h后，放净水箱中的溶解剂和水。然后加入清除剂，30min后待方便时放出即可加水正常使用。

产品特性

(1) 除垢彻底，不损伤零部件。

(2) 节省人力、物力和财力，缩短了出垢时间。

(3) 清除过程中机动车可以正常运行，不影响车辆工作。

(4) 制造工艺简单、成本低，使用方便。

(5) 可以用来解决机体水路阻塞的难题。

机动车水箱常温水垢清洗剂

原料配比 ➲

原　　料	配比（质量份）				
	1#	2#	3#	4#	5#
草酸	—	—	—	—	0.001
氨基磺酸	9.8	7	9.9	9.8	—
六亚甲基四胺	0.03	0.001	1	0.3	0.005
天津若丁	0.1	0.005	1.2	1	0.002
渗透剂 JFC	0.05	0.001	1	0.05	0.001
氯化亚锡	—	0.002	0.05	—	—

制备方法　将氨基磺酸或草酸、六亚四基四胺、天津若丁、氯化亚锡、渗透剂 JFC 混合均匀，得到本品除垢试剂。

原料配伍　本品各组分质量份配比范围为：氨基磺酸或草酸 7～9.9、六亚甲基四胺 0.001～1、天津若丁 0.005～1.2、氯化亚锡 0.002～0.05、渗透剂 JFC 0.001～1。

其中，氨基磺酸是一种有机弱酸，其可以同水垢的主要成分碳酸钙、碳酸镁和氧化铁反应，而将不溶性物质转化为可溶性物质。

渗透剂 JFC 可以加快除垢剂同碳酸钙和碳酸镁的反应速率，促进碳酸钙和碳酸镁的溶解。

六亚甲基四胺是一种助溶剂，其可以通过络合等方式促进氧化铁的溶解。

氯化亚锡是一种还原剂，可以将氧化铁溶于酸后生成的三价铁离子转化为二价铁离子，从而防止对有色金属器壁的侵蚀。

天津若丁是一种缓蚀剂，可以预防对有色金属壁的侵蚀。

产品应用　本品主要应用于清洗水垢。使用方法：向被除垢器具注满水并按比例加入除垢试剂，浸泡，排出溶解的水垢和水溶液；还具有钝化保养作用。

具体而言：将被除垢器具注满水并加入除垢试剂，如果水垢厚度≤3mm，则投入被除垢器具的容积水质量3％的除垢试剂，至少浸泡8h；在此基础上，水垢厚度每增加1mm，除垢试剂投入量增加1％，浸泡时间至少增加2h，如水垢厚度为4mm，投入被除垢器具的容积水质量5％的除垢试剂，至少浸泡6h以上，然后从器具中排出溶解的水垢和水溶液；还可以用氯化钠和钝化试剂，例如联氨，水溶液浸泡保养器具。

产品特性 本品对机动车水箱除垢率可达98％以上，而且有色金属壁的腐蚀率≤0.6g/(h·m²)，可以提高机动车水箱的使用寿命。本品在常温下使用，操作简便，除垢时不会产生硫氧化物、氮氧化物气体和粉尘以及其他有害物质，利于环保和身体健康。该除垢试剂呈粉状，易于保藏和运输。

❖ 轿车外层污垢清洁剂

原料配比 →

原 料	配比（质量份）		
	1#	2#	3#
水	6000	3000	1000
硫酸盐	0.002	0.001	0.001
磷酸盐	0.0002	0.0001	0.0001
氯化物	0.002	0.001	0.001
氟硅酸盐	0.04	0.03	0.03
硫酸盐和亚硫酸盐	0.002	0.001	0.001
铁	0.0001	0.0001	0.0001
重金属	0.0005	0.0004	0.0004

制备方法 将原料混合搅拌均匀即可。

原料配伍 本品各组分质量份配比范围为：水1000～6000、硫酸盐0.001～0.002、磷酸盐0.0001～0.0002、氯化物0.001～

0.002、氟硅酸盐 0.03～0.04、硫酸盐和亚硫酸盐 0.001～0.002、铁 0.0001、重金属 0.0004～0.0005。

产品应用　本品主要应用于轿车外层污垢清洗。

使用方示：使用时，先将轿车外用水冲洗或用湿毛巾擦去沙尘，如车身上有沥青或其他脏物，就需去掉；然后手戴胶手套，用清洁布蘸少许清洁剂，在车身来回擦拭，待 2～3min 后再用清水毛巾擦拭，车表面将呈现洁净光亮。一辆普通轿车清洗一次，所需清洁剂约 60～80g。大大地节约了水资源，也不污染环境。

产品特性　本品工艺制备简单，组分少易购、成本低；使用方便，去污强除污快，效果明显，对车表面无损，对环境无污染。省水、省电、省时，高效便捷。

换热器和采暖管道除垢剂

原料配比 ➲

原　料	配比（质量份）		
	1#	2#	3#
磷酸	1	3	2
乙醇	1	3	2
柠檬酸	1.5	2.5	2
氟化钠	0.5	1	0.75
渗透剂	0.5	1.5	1.5
非离子型表面活性剂	1	1	1
水	加至 100	加至 100	加至 100

制备方法　将各组分原料混合均匀即可。

原料配伍　本品各组分质量份配比范围为：磷酸 1～3，乙醇 1～3，柠檬酸 1.5～2.5，氟化钠 0.5～1，渗透剂 0.5～1.5，非离子型表面活性剂 1，水加至 100。

产品应用　本品主要用于清洗换热器和采暖管道的除垢。

清洗换热器水垢的步骤为：

（1）检查设备，并选定晾晒点。

（2）用高压水枪冲洗工作面上的浮质和附着物。

（3）配制除垢剂和中和剂，所述中和剂为6‰的氢氧化钠水溶液。

（4）使用防腐泵通过高压喷头将除垢剂均匀地喷射到换热器需要清洗的工作面上，同时在除垢剂流经处喷洒中和剂并使pH值达到7～9。

（5）工作面喷射清洗1min后，停止喷洒，间歇20min，循环往复直至换热器工作面上的水垢全部溶解。

（6）向换热器工作面上喷洒中和剂。

（7）待充分反应后，用清水冲洗换热器工作面，并将废液全部排入选定晾晒点。

（8）调节选定晾晒点内的pH值使之符合排放标准。

清洗采暖管道水垢的步骤为：

（1）检查设备，并选定晾晒点。

（2）封闭待清洗的采暖管道系统，检查所有阀门使用状况，盲堵主阀，更换所有安全阀，对采暖管道系统试压并封堵采暖管道系统中的渗漏点直至全系统无渗漏。

（3）分别配制除垢剂和中和剂，所述中和剂为6‰的氢氧化钠水溶液。

（4）用泵将清水打入采暖管道系统，清除采管道内浮渣、浮垢。

（5）将配好的除垢剂缓缓地打入采暖管道系统，并进行循环，2h后将采暖管道系统内的全部除垢剂及杂质排放到选定晾晒点。

（6）再次向采暖管道系统内打入除垢剂，定时监测采暖管道系统内的除垢剂浓度和pH值。

（7）循环进行浸泡、循环，浸泡2h，循环30min，待采暖管道系统内清洗液体浓度差小于2‰，pH值稳定时，将采暖管道系统内的全部除垢剂及杂质排放到选定晾晒点。

（8）用清水循环清洗采暖管道系统内的淤积淤垢并排放到选定晾晒点，直至排出清水为止。

（9）向采暖管道系统内加入中和剂，循环 2～4h、浸泡 20h，并定时监测 pH 值，待 pH 值稳定后排放到选定晾晒点。

（10）用清水循环清洗采暖管道系统，直到 pH 值稳定在 7 时停止。

（11）封闭采暖管道系统，用 0.4MPa 压力进行水压测试，并及时检查修复渗漏点，直到保压 15min，无渗漏。

（12）调节选定晾晒点内的 pH 值使之符合排放标准。

用于清洗换热器和采暖管道的除垢剂的高压喷头，包括圆柱形根部连接端和扁平形高压喷射端，所述扁平形高压喷射端的端面上设有喷射缝，喷射缝的宽度为 2～5mm。

产品特性 本产品解决了现有除垢剂清洗热交换器及采暖管道时造成较严重的金属腐蚀、易产生二次氧化、金属表面光洁度变差，以及高压喷头耐腐蚀性较差、作用面积小的技术问题。本产品具有除垢高效、无毒副作用、除垢后废弃物对环境无污染且能够在金属表面形成保护膜延长设备使用寿命的优点。

混凝土泵管的除垢剂

原料配比

原 料	配比（质量份）	
	1#	2#
魔芋胶	0.3	0.25
增稠剂	2.0	2.5
甲基纤维素	0.15	0.10
十二烷基硫酸钠（K12）	0.002	0.003
麦芽糊精	0.4	0.6
瓜尔胶	0.15	0.10
石灰石粉	97	96.5

制备方法   按照所述的配比取各物料，采用直接混合法在干混沙浆混料机中混合均匀，即得本产品所述的用于混凝土泵管的除垢剂。

原料配伍   本品各组分质量份配比范围为：魔芋胶 0.1～0.3，增稠剂 1.5～3.0，甲基纤维素 0.05～0.15，十二烷基硫酸钠 0.001～0.003，麦芽糊精 0.3～0.6，瓜尔胶 0.05～0.15，石灰石粉 96～98。

所述增稠剂为羟丙基甲基纤维素醚或羧甲基纤维素钠或乙基纤维素醚。

所述瓜尔胶、魔芋胶与麦芽糊精溶于水后均能产生一种胶凝状物质，有利于泵管润滑，同时麦芽糊精还有增稠和分散掺入其中石灰石粉的作用。

所述十二烷基硫酸钠是一种表面活性剂，使石灰石粉更易分散于溶液中。

所述甲基纤维素具有优良的润湿性、分散性、增稠性、保水性和成膜性，所成膜具有优良的韧性和柔曲性，更容易在管道内壁形成一层润滑的薄膜，使混凝土易于泵送。

产品应用   本品主要用于混凝土泵管的除垢剂。所述除垢剂仅用于混凝土泵及管道润湿除垢，除垢后，需通过管道排出施工模板，不得进入施工部位。

使用混凝土泵泵送混凝土时，为防止泵管内留有残余物，应先泵送足量的水清理管道，待料斗内及管道中的水打空后开始用除垢剂润管。施工现场，在装有水的容器里，需要加入上述除垢剂，启动电动搅拌器搅拌，搅拌至少 5min，使水与除垢剂能够充分混合以后，泵送，用除垢剂润管。润管后，将除垢剂排出施工模板。

除垢时，每 50m 长度泵管使用本产品所述除垢剂 25kg，不足 50m 按 50m 算。使用时直接加水，加水的质量为除垢剂的 15～20 倍，搅拌 5～8min 至产品分散均匀即可泵送入管道进行润湿除垢。所述泵管的外径为 150mm。

产品特性

（1）本产品可以增大其表面张力、增加黏稠度、提高黏附力、增加润滑性，除垢剂中石灰石粉具有表面粗糙、硬度高及摩擦系数大的特性，在预拌混凝土泵送前可以对泵车、地泵等相关机械传输的管道内壁进行润滑，同时对泵管内部混凝土垢进行清理，防止堵管的现象发生。因此本专利产品的除垢剂，既能有泵管的润湿和润滑的作用，同时又能对泵管内部混凝土垢进行清理，防止堵管的现象发生。

（2）本产品制备方法简单，使用方便，可以完全替代传统的水泥沙浆，同时具有绿色环保、无毒、无味、易于分解、不影响商品混凝土性能、成本低廉等优点。

机械加工设备用除垢剂

原料配比 ➔

原　料	配比（质量份）		
	1#	2#	3#
硫酸钙	11	16	13
二氧化硅	6	10	8
黏土	3	7	5
二甲基甲醇	4	8	6
煤油	3	9	6
石炭酸	2.5	6	4.5
亚硝酸钠	3.5	8	5.5
丙酮	1.5	5	3.2
八水合氢氧化钡	1.3	6	3.8
硝酸钾	2.4	7.6	4.9
硬脂酰胺	4.6	8.7	6.4
分散剂	0.5	2.2	1.4

制备方法　将各组分原料混合均匀即可。

原料配伍　本品各组分质量份配比范围为：硫酸钙 11～16，二氧化硅 6～10，黏土 3～7，二甲基甲醇 4～8，煤油 3～9，石炭酸 2.5～6，亚硝酸钠 3.5～8，丙酮 1.5～5，八水合氢氧化钡 1.3～6，硝酸钾 2.4～7.6，硬脂酰胺 4.6～8.7，分散剂 0.5～2.2。

产品应用　本品主要用作机械加工设备用除垢剂。

产品特性　本产品能够快速地对设备表面的污垢进行清除，同时能够延缓污垢的再次形成，防止锈蚀现象的产生，延长设备使用寿命。

金属表面清洗除垢剂

原料配比 ➡

原　料	配比(质量份)
碳酸钠	15
三聚磷酸钠	40
磷酸酯	2
六水合三聚磷酸钠	10
壬基酚乙氧基化合物	2
磷酸钠(晶体)	7.8
五水硅酸钠	7
去垢剂混合物	6
三聚磷酸钠	10

制备方法　把纯碱和三聚磷酸钠先混合；然后缓慢地加入磷酸酯，边加边搅拌，直到溶解均匀为止；然后加入六水合三聚磷酸钠；再加入壬基酚乙氧基化合物，并边加边搅拌得混合物；将混合物干燥；添加磷酸钠、硅酸钠和去垢剂混合物，并且边加边搅拌；最后加入粉状三聚磷酸钠。

原料配伍　本品各组分质量份配比范围为：碳酸钠 15～20，

三聚磷酸钠 35～40，磷酸酯 2～3，六水合三聚磷酸钠 8～11，壬基酚乙氧基化合物 1～2，磷酸钠（晶体）7～8，五水硅酸钠 6～7，去垢剂混合物 6，三聚磷酸钠 10。

产品应用　本品主要用作金属表面清洗除垢剂。

产品特性　本产品在使用过程中无毒无味，清洗效果好。

⁝ 金属除垢剂

原料配比 ➡

原　料	配比（质量份）
十二烷基二甲基苄基氯化铵	1.2
氨基磺酸	15.5
六亚甲基四胺	2.5
渗透剂 JFC	1.5
水	加至 100

制备方法　将各组分原料混合均匀即可。

原料配伍　本品各组分质量份配比范围为：十二烷基二甲基苄基氯化铵 1.1～1.2，氨基磺酸 12.6～18.7，六亚甲基四胺 2.1～2.8，渗透剂 JFC 1.2～1.9，水加至 100。

六亚甲基四胺是一种常用的缓蚀剂，也是助溶剂，用于减缓金属材料的腐蚀，广泛应用于钢铁、铸造、复合材料等领域；渗透剂 JFC 可以加快水垢的反应速率，促进其溶解；十二烷基二甲基苄基氯化铵毒性小，无积累性毒性，并易溶于水，并不受水硬度影响，是一种阳离子表面活性剂，属于非氧化性的杀菌剂；上述金属除垢试剂除垢效果很好，不产生有害的物质，不会对被除垢器具造成伤害性的腐蚀，也不会伤害人体健康，安全实用。

在常温下，氨基磺酸比较稳定，而氨基磺酸的水溶液具有与盐酸、硫酸等同等的强酸性，故别名又叫固体硫酸，它具有不挥发、无臭味和对人体毒性极小的特点，氨基磺酸水溶液对铁的腐蚀产物作用较慢，可添加其他的除垢成分，从而有效地溶解铁垢，而又不损伤被除垢器具本身，上述金属除垢试剂的水溶液可去除铁、钢、铜、不锈钢等材料制造的设备表面的水垢和腐蚀产物，氨基磺酸还是唯一可用作镀锌金属表面清洗的酸。

产品应用　本品主要用作金属除垢剂。

使用方法，污垢厚度≤2.5mm，加入上述金属除垢剂的质量为被除垢器具的容积水质量的4.5%～5.7%；在此基础上，污垢厚度每增加0.5mm，加入的金属除垢剂加入量增加1.8%～2.2%。

按所述比例加入金属除垢剂之后，同时进行搅拌和浸泡操作，所述的浸泡时间超过200min，所述的搅拌速度在前60min内控制为20r/min，此阶段可以将被除垢器具里的溶液混合均匀，并与金属污垢进行初步的反应；所述的搅拌速度在第60～140min内控制为40r/min，此阶段加快了搅拌的速度，可以增大被除垢器具里的溶液与金属污垢的接触，并与金属污垢进行进一步的反应；所述的搅拌速度在第140min后控制为25r/min，此阶段可以完全将被除垢器具里的溶液与金属污垢的反应进行充分，确保除垢的效果。在浸泡的过程中，如水垢的厚度或是密度加大，还可以根据实际情况适当改变搅拌的转速和浸泡的时间，可以增加金属除垢试剂的量以及加温加压等操作。

产品特性　本产品根据实际情况可以改变其使用方法，除垢效果好，不会产生有害物质，不会对被除垢器具造成伤害性的腐蚀，即损害很小，安全实用。

金属电声化快速除油除锈除垢清洁剂

原料配比

原料	配比（质量份）	
	1#	2#
碳酸氢钠	10	12
氢氧化铁	8	10

原　料	配比（质量份）	
	1#	2#
氢氧化铜	5	8
氢氧化钠	4	5
碳酸钠	3	5
硫酸铝	4	5
氢氧化铝	2	3
硫酸镁	3	5
碳酸镁	4	5
氨基磺酸铵	5	8
硼酸	2	3
磷酸	5	6
甲磺酸	2	3
烷基糖苷	1	3
甘露糖	3	4
十六烷基三甲基溴化铵	2	3
四丁基溴化铵	5	6
纯净水	20	25

制备方法　将各组分原料混合均匀即可。

原料配伍　本品各组分质量份配比范围为：碳酸氢钠 10～12，氢氧化铁 8～10，氢氧化铜 5～8，氢氧化钠 4～5，碳酸钠 3～5，硫酸铝 4～5，氢氧化铝 2～3，硫酸镁 3～5，碳酸镁 4～5，氨基磺酸铵 5～8，硼酸 2～3，磷酸 5～6，甲磺酸 2～3，烷基糖苷 1～3，甘露糖 3～4，十六烷基三甲基溴化铵 2～3，四丁基溴化铵 5～6，纯净水 20～25。

产品应用　本品主要用作金属电声化快速除油除锈除垢清洁剂。

产品特性　本产品能快速地同时除去油渍、锈蚀物和水垢等，使用方便、安全无污染，有利于环境的保护。

::　**金属镀锌件除垢剂**　　　　　　　　　　::

原料配比

原　料	配比（质量份）				
	1#	2#	3#	4#	5#
JFC 渗透剂	15	12	20	14	18
OP-10 乳化剂	5	10	4	6	4
HEDTA	—	10	—	—	—
EDTA	13	—	—	—	—
DTPA	—	—	—	12	—
三偏磷酸钠	—	—	11	—	—
草酸钠	—	—	—	—	13
柠檬酸	5	4	8	6	7
亚硝酸钠＋苯甲酸铵	10	—	—	—	—
邻苯二甲酸二丁酯	—	8	—	—	—
硫脲	—	—	—	9	—
硝基甲烷	—	—	7	—	—
甲苯硫脲	—	—	—	—	11
盐酸	5	8	4	4	7
水	47	50	46	49	40

制备方法　将全部原料混合完毕后，再搅拌 20～30min 后即可得成品。

原料配伍　本品各组分质量份配比范围为：脂肪醇聚氧乙烯醚 12～20；烷基酚聚氧乙烯醚 4～10；金属络合剂 12～14；柠檬酸 4～10；缓蚀剂 7～13；盐酸 4～8；水 40～50。

所述脂肪醇聚氧乙烯醚是 JFC 渗透剂。

所述烷基酚聚氧乙烯醚是乳化剂 OP-10。

所述缓蚀剂是氨基磺酸缓蚀剂、柠檬酸缓蚀剂、硝酸缓蚀剂、盐酸缓蚀剂、硫酸缓蚀剂、Lan-826 多用缓蚀剂中的一种，或者是其中的数种混合物。

所述金属络合剂是氨羟络合剂、巯基络合剂、有机磷酸盐、聚丙烯酸、羟基羧酸盐中的一种，或者是其中的数种混合物。

产品应用　本品主要用作金属镀锌件除垢剂。

在用此清洗剂对金属镀锌件进行清洗时，只需将金属镀锌件浸入到该清洗剂中，进行清洗，除垢反应达到要求的程度后，取出进行冲洗、干燥即可。

产品特性　本产品对金属镀锌件有良好的清洗效果，能够将除油、除锈、除垢和除氧化皮四项功能一次完成，简化工作程序，节约人力物力，缩短清洗流程，加快处理时间，提高工效。

❖ 金属快速除垢清洗剂

原料配比 ➔

原　料		配比（质量份）			
		1#	2#	3#	4#
清洗剂	固体除锈剂	30	—	—	—
	磷酸三钠	10	—	20	—
	氢氧化钠	—	55	—	60
	葡萄糖酸钠	—	15	—	15
	三聚磷酸钠	—	15	—	10
	硫酸钠	—	10	10	9
	氨基磺酸	5	—	—	—
	烷基酚聚氧乙烯醚	4	4	7	5
	二甲基硅酯	1	1	3	1
	硫酸氢钠	—	—	10	—

原　料	配比(质量份)			
	1#	2#	3#	4#
水	950	90	80	80
清洗剂	50	10	20	20

注：实施例1：酸性清洗剂用于钢铁件的清洗。

实施例2：碱性清洗剂用于铝及铝合金件的清洗。

实施例3：中性清洗剂用于锌和锌合金及精密钢铁件的清洗。

实施例4：碱性清洗剂用于钢铁件的清洗。

制备方法　将各组分原料混合均匀即可。

原料配伍　本品各组分质量份配比范围为：主清洗剂50～60，助洗剂10～25，螯合剂10～15，表面活性剂5～10，消泡剂1～5。

所述主清洗剂选自CN1086854公开的固体除锈剂、氢氧化钠、硫酸钠或氯化钠。

所述助洗剂选自氨基磺酸、硫酸钠、碳酸钠、磷酸钠或硝酸钠。

所述螯合剂选自葡萄糖酸钠、三聚磷酸钠、酒石酸、三磷酸钠或柠檬酸。

所述非离子表面活性剂选自脂肪醇聚氧乙烯醚、脂肪酸聚氧乙烯醚、脂肪酸聚氧乙烯酯、烷基酚聚氧乙烯醚或多元醇聚氧乙烯醚；优选为烷基酚聚氧乙烯醚。

所述烷基酚聚氧乙烯醚选自辛基酚聚氧乙烯醚或壬基酚聚氧乙烯醚。

所述的消泡剂选自聚硅氧烷或聚醚；优选为二甲基硅油。

产品应用　本品主要用作金属快速除垢清洗剂。使用时将清洗剂配制成浓度为10%～20%的水溶液置于清洗槽中；将清洗件与阴极连接，然后在其中导入电流及超声波进行清洗。

导入的电流为18V以下的低压直流电或36V以下的交流电，电流密度为5～30A/dm²；导入的超声波频率为30～50kHz，超声波强度为0.5～2W/cm²，清洗时间为30s～5min。采用本产品进行清洗时，可根据污垢的轻重情况，选择工艺条件，污垢较轻时选其下限，较重时选其上限，总之，在污垢状况相同时，上限工艺条件清洗速度快，下限较慢，一般清洗时间在 30s～5min。

产品特性

（1）本产品清洗方法集化学清洗、电解清洗、超声波清洗于一体，可以快速地同时除去金属表面的油脂、锈蚀物和水垢，并可根据金属基体的不同选用酸性、碱性、中性的清洗剂，如钢铁可采用酸性和碱性清洗液，铝及铝合金可采用碱性清洗液，锌和锌合金及精密钢铁工件可选用中性清洗液，这样可最大限度地保证基体金属不受损伤，使用时不产生酸烟，减少废水排放，有利于环境保护。

（2）本产品适用于不同金属表面，能快速地同时除去油脂、锈蚀物和水垢，而且本清洗剂配制的初始状态为固体粉末状，故其包装、运输方便。

（3）本产品制作方法简便，使用安全，无污染，有利于环境的保护。

金属设备用除垢剂

原料配比

原　料	配比（质量份）		
	1#	2#	3#
椰油酰胺丙基甜菜碱	10	20	15
碳酸钠	6	9	7.5
柠檬酸	4	6	5
硅酸铝纤维	1	3	2
稀释剂	1.5	3	2.2
氨基磺酸	9	15	12

原　料	配比(质量份)		
	1#	2#	3#
聚苯乙烯磺酸钠	1.2	2.6	2
乙醇	3	7	5
聚丙烯酸钠	2	6	4
三巯基三嗪三钠盐	2.5	7	5.5

制备方法　将各组分原料混合均匀即可。

原料配伍　本品各组分质量份配比范围为：椰油酰胺丙基甜菜碱 10～20，碳酸钠 6～9，柠檬酸 4～6，硅酸铝纤维 1～3，稀释剂 1.5～3，氨基磺酸 9～15，聚苯乙烯磺酸钠 1.2～2.6，乙醇 3～7，聚丙烯酸钠 2～6，三巯基三嗪三钠盐 2.5～7。

产品应用　本品主要用作金属设备用除垢剂。

产品特性　本产品能够清除设备表面以及内部的污垢，清洗效果好，并且在表面形成一个保护层，能够延缓污垢的再次形成，使用寿命长。

∷ 金属表面清洗用除垢剂 ∷

原料配比

原　料	配比(质量份)
氨基磺酸	50
柠檬酸	25
草酸	25

制备方法　将各组分混合均匀即可。

原料配伍　本品各组分质量份配比范围为：氨基磺酸 50～60、柠檬酸 15～25、草酸 15～25。

质量指标 →

检验项目	检验结果
外观	白色粉末
总磷酸(以 PO_4^{3-})含量	$\leqslant 18.0\%$
pH(1%水溶液)	$\leqslant 3.0$

产品应用　本品主要应用于中央空调循环水系统、工业冷却循环水系统，以及船舶、淡水器、复水器等水冷设备的除垢、除锈处理。

本品金属表面清洗用除垢剂的使用方法为：按系统保有水量计，一次投加量为 500～1000mg/L，pH 值控制 4～5，清洗时间一般为 24～48h。

产品特性　本品的除垢剂主要是由氨基磺酸、柠檬酸及草酸组成的白色粉末，因此储存、运输及使用十分方便安全，配方中以氨基磺酸为主剂，它和沉积物与水垢如碳酸盐和氢氧化物反应很强，但对铁的氧化物则溶解能力较弱，当应用于钙盐和氢氧化铁为主要组分的沉积物的冷水或热水系统时，氨基磺酸因为对钙盐具有很大的溶解度而最为理想，其对金属的腐蚀性比一般无机酸均小，尤其是不易产生氢脆现象。柠檬酸与其他有机酸比较时，它与水垢的反应产物有较大的溶解度。柠檬酸的优点是即使在碱性溶液中，它也不会与氢氧化铁生成沉淀，因为它和铁离子发生很强的反应生成络合盐。草酸与其他有机酸相比对于氧化铁也有很强的溶解能力，但它可以用于较低的温度（约 60℃），然而用于清洗时，由于生成的盐如草酸铁和草酸钙等的溶解度低而可以生成沉积物。以上三种组分经复合配制后，可以互相补足，发挥最大的作用。

金属表面油垢清洗剂

原料配比 →

原　料	配比(质量份)
烷基酚聚乙烯醚	0.1～1
有机硅消泡剂	0.01～0.1
脂肪醇聚氧乙烯醚	0.1～1
NaOH	0.5～1
Na_3PO_4	1～5
Na_2CO_3	1～5
水	加至 100

制备方法　将各组分溶于水，混合均匀即可。

原料配伍　本品各组分质量份配比范围为：烷基酚聚乙烯醚 0.1～1、有机硅消泡剂 0.01～0.1、脂肪醇聚氧乙烯醚 0.1～1、NaOH 0.5～1、Na_3PO_4 1～5、Na_2CO_3 1～5、水加至 100。

产品应用　本品主要应用于去除金属表面油垢。

使用方法：使用本品清洗剂在清洗金属油垢时，使清洗剂的温度保持在 30～80℃。

采用本品的清洗剂，其清洗过程分为两个阶段：第一阶段是清洗剂水溶液，借助表面活性剂和润湿剂的渗透力，穿过油污层到达金属表面，进入到金属与油污的界面，并在那里定向吸附，使油污松动，从金属表面脱离；第二阶段是脱离金属表面的细小油污，在水中被表面活性剂和助洗剂乳化分散，并部分被溶进胶束，完成清洗过程。

产品特性　本品适用于多种金属及合金的油垢清除，克服了去除金属表面油垢的化学清洗剂为碱试剂时清洗效率较低的缺点。采用本品，清洗能力强（清洗率在 95％以上）、清洗速度快、低泡、易漂洗、清洗剂用量少（比现有技术少 5～8 倍），产生的废液少，对环境危害小。对金属表面无腐蚀且经济实用。

❖ 金属电声化快速除油除锈除垢清洗剂

原料配比 ➡

表1　酸性清洗剂

原　料	配比(质量份)
固体除锈剂	35
磷酸三钠	7.5
氨基磺酸	5
烷基酚聚氧乙烯醚	2
二甲基硅酯	0.5
水	500

表2　碱性清洗剂

原　料	配比(质量份)
氢氧化钠	60
葡萄糖酸钠	15
三聚磷酸钠	10
硫酸钠	10
烷基酚聚氧乙烯醚	4
二甲基硅酯	1

表3　中性清洗剂

原　料	配比(质量份)
硫酸钠	70
磷酸三钠	15
硫酸氢钠	2
烷基酚聚氧乙烯醚	10
二甲基硅酯	3

制备方法　将各组分混合均匀即可。

原料配伍　本品各组分质量份配比范围为：主清洗剂 60～70、助洗剂 10～20、螯合剂 5～10、非离子表面活性剂 3～10、消泡剂 1～5。

所述的主清洗剂是指 CN1086854 公开的固体除锈剂或氢氧化钠或硫酸钠或氯化钠或氢氧化钾或硫酸钾。

所述的助洗剂可选用氨基磺酸或硫酸钠或碳酸钠或磷酸钠或硝酸钠。

所述的螯合剂可选用葡萄糖酸钠或三聚磷酸钠或柠檬酸。

所述的非离子表面活性剂可选用脂肪醇聚氧乙烯醚或脂肪酸聚氧乙烯醚或脂肪酸聚氧乙烯酯或烷基酚聚氧乙烯醚，其中最佳为烷基酚聚氧乙烯醚。

所述的消泡剂可选用二甲基聚硅氧烷或聚硅氧烷或硅酮膏或硅酯或磷酸三丁酯或二甲基硅氧烷与白炭黑复合成的硅酯。

从上述配方中可看出，若选用不同的主清洗剂可组成酸性、碱性、中性的固体粉末清洗剂，以适应对不同金属表面的除油、除锈、除垢要求。

产品应用　本品主要应用于金属电声化快速除油除锈除垢清洗。

本品金属电声化快速除油除锈除垢清洗剂的使用方法为：将本品的固体粉末状清洗剂配制成浓度为 3%～20% 的水溶液置于处理槽中，同时将清洗件与阴极连接，然后在其中导入电流及超声波进行清洗。

其中导入的电流可用 18V 以下的低压直流电或 36V 以下的交流电，电流密度为 3～30A/dm^2；导入超声波的声场频率为 20～30kHz，超声波强度为 0.3～1W/cm^2。

采用本品进行清洗时，可根据污垢的轻重情况，选择工艺条件，污垢较轻时选其下限，较重时选其上限，总之，在污垢状况相同时，上限工艺条件清洗速度快，下限较慢，一般清洗时间在 30s～6min。

产品特性　本品集化学清洗、电解清洗、超声波清洗于一体，可以快速地同时除去金属表面的油脂、锈蚀物和水垢，并可根据金属基体的不同选用酸性、碱性、中性的清洗剂，如钢铁可采用酸性和碱性清洗液，铝及铝合金可采用碱性清洗液，锌和锌合金及精密钢铁工件可选用中性清洗液，这样可最大限度地保证基体金属不受损伤，使用时不产生烟，减少废水排放，有利于环境保护，综上所述，本品的金属快速除油除锈除垢清洗剂适用于不同金属表面，能快速地同时除去油脂、锈蚀物和水垢，而且本清洗剂配制的初始状态为固体粉末状，故其包装、运输方便；本品的清洗方法简便，使用安全，无污染，有利于环境的保护。

金属硫化物溶垢剂

原料配比

原料		配比（质量份）										
		1#	2#	3#	4#	5#	6#	7#	8#	9#	10#	11#
THP盐	四（羟甲基）硫酸膦	40	3	20	45	65	—	—	—	—	5	5
	四（羟甲基）氯化膦	—	—	—	—	—	2	15	50	10	5	5
氨基磺酸盐	乙二胺四（亚甲基磺酸钠）	30	67	20	—	—	30	15	—	—	20	20
	$N(CH_2SO_3Na)_3$	—	—	—	5	—	—	—	5	—	—	—
	$HO(CH_2)_2N(CH_2SO_3Na)_2$	—	—	—	—	2	—	—	—	10	—	—
缓冲剂	乙酸	2	—	2	—	—	4	—	—	—	—	—
	乙酸钠	16	—	—	—	—	—	16	—	—	—	—
	乙酸钾	—	—	18	—	—	—	—	—	—	—	—
	草酸	—	—	—	5	—	—	—	0.2	—	—	—
	苯甲酸	—	—	—	—	0.5	—	—	—	4	—	—
	甲酸	—	5	—	—	—	0.5	—	—	—	—	—
	甲酸钠	—	10	—	—	—	3	—	—	—	—	—
	草酸铵	—	—	—	15	—	—	—	1.8	—	—	—
	苯甲酸钠	—	—	—	—	2	—	—	—	—	10	—

原　料		配比(质量份)										
		1#	2#	3#	4#	5#	6#	7#	8#	9#	10#	11#
缓冲剂	丙酸	—	—	—	—	—	—	—	—	—	1	1
	丙酸钠	—	—	—	—	—	—	—	—	—	15	15
表面活性剂	十二烷基苯磺酸钠	2	—	—	—	—	—	—	—	—	—	10
	月桂基硫酸铵	—	0.2	—	—	—	—	—	—	—	—	—
	十二烷基醇硫酸钾	—	—	10	—	—	—	—	—	—	—	—
	单正辛基磷酸酯钾	—	—	—	18	—	—	—	—	—	—	—
	十二烷基三甲基氯化铵	—	—	—	—	1	—	—	—	—	—	—
	十四烷基三甲基硫酸铵	—	—	—	—	—	0.5	—	—	—	—	—
	二甲基十二烷基甜菜碱	—	—	—	—	—	—	5	—	—	—	—
	十一烷基羟乙基羟丙基咪唑啉磺酸盐	—	—	—	—	—	—	—	6	—	—	—
	椰油酸单乙醇酰胺	—	—	—	—	—	—	—	—	10	—	—
	月桂酸二乙醇酰胺	—	—	—	—	—	—	—	—	—	15	10
水		10	14.8	30	12	29.5	64	45	37	56	39	34

制备方法　将原料混合,在室温下充分搅拌混合均匀即可。

原料配伍　本品各组分质量份配比范围为:四(羟甲基)膦盐 2～70、氨基磺酸盐 2～70、缓冲剂 1～20、表面活性剂 0.2～20、水加至 100。

所述四(羟甲基)膦盐为四(羟甲基)硫酸膦、四(羟甲基)氯化膦、四(羟甲基)磷酸膦,其中任意两种或三种的混合物。

所述氨基磺酸盐为乙二胺四(亚甲基磺酸钠)、$N(CH_2SO_3Na)_3$、$HO(CH_2)_2N(CH_2SO_3Na)_2$ 中的一种。

所述的缓冲剂为水溶性羧酸与其强碱盐组成,水溶性羧酸选自甲酸、乙酸、丙酸、苯甲酸或草酸;所述强碱盐的阳离子选自铵离子、钠离子或钾离子。优选缓冲剂的种类、羧酸与其强碱盐的比例和添加量应根据待处理的系统被缓冲到 pH 值处于 4.5～6 来决定。

所述表面活性剂为与溶垢剂配方中其他组分兼容的表面活性剂，表面活性剂可以为阴离子型、阳离子型、两性型、非离子型或它们之中两种或多种的混合物，具体地说可使用非离子表面活性剂与阳离子和/或两性表面活性剂，或与阴离子表面活性剂的混合物，通常不使用不相互匹配的阴离子和阳离子表面活性剂的混合物。

所述阴离子表面活性剂可以是烷基苯磺酸盐、烷基醇硫酸盐、烷基醚硫酸盐或烯烃基磺酸盐。所述烷基和烯烃基为具有 10～20 个脂族碳原子的烷基或链烯基。例如，十二烷基苯磺酸钠、十六烷基苯磺酸钾、月桂基硫酸铵、十二烷基醇硫酸钾。

所述阴离子表面活性剂也可以是烷基磷酸酯盐，所述烷基为具有 10～20 个脂族碳原子的烷基。例如，单正辛基磷酸酯钾。

所述的阴离子表面活性剂是钠盐、钾盐或铵盐。

所述阳离子表面活性剂是烷基铵盐。通常用于本品的阳离子表面活性剂烷基铵盐每分子具有一条或两条较长的脂肪族碳链（通常 8～18 个碳原子的链）和两条或三条各具有 1～4 个碳原子的较短碳链烷基，如甲基或乙基。阳离子表面活性剂的阴离子部分可以是氯离子、硝酸根或硫酸根。典型例子如十二烷基三甲基氯化铵、十四烷基三甲基硫酸铵。

所述的两性表面活性剂是二甲基十二烷基甜菜碱或十一烷基羟乙基羟丙基咪唑啉磺酸盐。

所述表面活性剂可选包含非离子表面活性剂或由非离子表面活性剂组成。所述非离子表面活性剂是指含有 10～22 个碳原子的烷基醇酰胺类，例如，椰油酸单乙醇酰胺、椰油酸二乙醇酰胺、月桂酸二乙醇酰胺。

产品应用　本品主要应用于金属硫化物结垢的溶解。

本品使用方法是：将配制好的溶垢剂加入到含有金属硫化物结构的系统中，使溶垢剂与结垢接触，由此在系统中溶解掉一部分或全部金属硫化物结垢，并从系统中排出所溶解掉的金属硫化物。溶垢剂的加入可连续加入，也可一次性加入。连续加入可将四（羟甲基）膦盐在系统中浓度保持在（5～200）×10^{-6}，一次性加入可使系统中四（羟甲基）膦盐质量分数达到1%～20%。加药方式和剂量取决于系统温度和结垢程度。所述溶垢剂在40℃以上，特别是50℃以上，优选60～100℃温度下特别有效。

　　产品特性　本品的溶垢剂配方中所述组分容易从市场获取，配制工艺简单。四（羟甲基）膦盐与氨基磺酸盐之间具有很好的配伍性和协同作用，能够在自然环境温度下长期储存。该溶垢剂配方实施工艺简单，而且在使用过程中不会产生硫化氢气体。该溶垢剂对金属硫化物结垢具有很好的抑制生成和溶解作用。所以，此项技术具有明显的先进性。

❖ 可降解环保型污垢剥离剂

原料配比 ➡

原料	配比（质量份）	
	1#	2#
柠檬酸	70	75
氨基磺酸	18	14
葡萄糖酸钠	6	5
聚天冬氨酸钠	3	2.8
硫脲	1.4	1.6
2,2-二溴-3-次氮基丙酰胺	1.6	1.6

　　制备方法　将柠檬酸、氨基磺酸、葡萄糖酸钠、聚天冬氨酸钠、硫脲和2,2-二溴-3-次氮基丙酰胺按所述比例放入锥形混合机中，混合均匀即得成品。

　　原料配伍　本品各组分质量份配比范围为：柠檬酸70～75、氨基磺酸14～18、葡萄糖酸钠5～6、聚天冬氨酸钠2.8～3、硫脲

1.4～1.6、2,2-二溴-3-次氮基丙酰胺 1.4～1.6。

产品应用　本品可广泛应用于化工、制药、化肥、电力、印染、钢铁、冶金、采暖及民用等几乎所有的工业及民用领域用水设备和换热设备结生的水垢、锈垢等污垢的剥离清洗。

产品特性

（1）所用原料均为固体，生产工艺简单，运输安全。

（2）采用了可以生物降解的原料，使得产品环境友好。

（3）加入了高效分散剂、杀菌剥离剂和螯合剂，使得产品除垢速度快、效果明显。

（4）加入了多功能缓蚀剂，产品缓蚀性能优良，功能齐全，适用于多种材质设备共存的系统。

空调循环水系统的表面清洗用除垢剂

原料配比 ➡

原　料	配比(质量份)
氨基磺酸	50
柠檬酸	25
草酸	25

制备方法　将各组分混合均匀即可。

原料配伍　本品各组分质量份配比范围为：氨基磺酸 40～55、柠檬酸 20～30、草酸 20～35。

本品的配方中以氨基磺酸为主剂，它和沉积物与水垢如碳酸盐和氢氧化物反应很强烈，但对铁的氧化物则溶解能力较弱，当应用于钙盐和氢氧化铁为主要组分的沉积物的冷水或热水系统时，氨基磺酸因为对钙盐具有很大的溶解度而最为理想，其对金属的腐蚀性比一般无机酸均小，尤其是不易产生氢脆现象。

柠檬酸与其他有机酸比较时，它与水垢的反应产物有较大的溶解度。柠檬酸的优点是即使在碱性溶液中也不会与氢氧化铁生成沉淀，因为它和铁离子发生很强的反应生成络合盐。

草酸与其他有机酸相比对于氧化铁也有很强的溶解能力，但它可以用于较低的温度（约60℃），然而用于清洗时，由于生成的盐如草酸铁和草酸钙等的溶解度低而可以生成沉积物。以上三种组分经复合配制后，可以互相补足，发挥最大的作用。

质量指标 →

检验项目	检验结果
外观	白色粉末
磷酸（以 PO_4^{3-} 计）含量	大于18%
pH 值（1%水溶液）	小于3.0

产品应用　本品主要应用于空调循环水系统的表面清洗除垢。

本品的使用方法如下：按系统保有水量计，一次投加量为500～1000mg/L，pH 值控制 4～5，清洗时间一般以 20～50h 为宜，适当加温至60℃以上时效果更理想。

产品特性　本品的除垢剂主要是由氨基磺酸、柠檬酸及草酸组成的白色粉末，由于是固体，因此储存、运输及使用都十分方便安全。

空调专用除垢灭菌清洗剂

原料配比 →

原　料	配比（质量份）	
	1#	2#
氨基磺酸	10	5
柠檬酸	5	—
盐酸	—	10
羟基亚乙基二磷酸	—	5

原　料	配比（质量份）	
	1#	2#
异噻唑啉酮	—	0.1
十二烷基二甲基苄基氯化铵	1	0.5
磷酸酯两性表面活性剂	1	1
乙醇	5	5
脂肪醇聚氧乙烯醚	—	0.5
聚乙烯吡咯烷酮	0.4	0.4
水	77.6	72.5

制备方法

（1）在反应釜中先加总水量 80% 的水，在常温下加入无机酸搅拌至完全溶解。

（2）在上述的溶液中分别加入有机酸及杀菌剂，搅拌均匀后，再加入表面活性剂，最后加入水溶性助剂。

（3）使用剩余的 20% 的水溶化增稠剂，直至形成黏稠的均匀液体。

（4）把步骤（3）的均匀溶液在搅拌下加入反应釜中充分搅拌，即为空调专用除垢灭菌清洗剂的成品。

原料配伍　本品各组分质量份配比范围为：无机酸 9～15、有机酸 3～5、杀菌剂 0.5～1、表面活性剂 1～1.5、水溶性助溶剂 5～8、增稠剂 0.3～1、水 68.5～81.2。

所述无机酸为氨基磺酸，或者氨基磺酸与氢氟酸或盐酸的混合物。

所述有机酸为羟基亚乙基二磷酸，或其与葡萄糖酸或柠檬酸的混合物。

所述杀菌剂为十二烷基二甲基苄基氯化铵，或其与异噻唑啉酮的混合物。

　　所述表面活性剂为磷酸酯两性表面活性剂，或其与低泡脂肪醇聚氧乙烯醚的混合物。

　　所述水溶性助溶剂为乙醇或二甲苯磺酸钠。

　　所述增稠剂为相对分子质量 400 万的聚乙烯吡咯烷酮。

　　所述无机酸与有机酸的质量配比为 3：1。

　　本品的作用机理是：首先是靠表面活性剂和助溶剂清除空调盘管和表冷器上的油污和尘土，在无机酸和有机酸的协同作用下除垢；十二烷基二甲基苄基氯化铵不但起到杀菌作用还能防止金属过腐蚀，聚乙烯吡咯烷酮使得该清洗剂具有一定的留挂作用，在喷淋清洗时附着在清洗物体的表面，相对延长清洗剂与污垢的接触时间，提高清洗剂的效率。

质量指标 →

检验项目	检验结果
外观	无色透明液体
相对密度/(g/mL)	1.05～1.07
酸度(以盐酸计)/%	10～14
腐蚀率(常温原液浸泡 2h)/[g/(m² · h)]	≤0.2

　　产品应用　本品主要应用于空调专用除垢灭菌。

　　产品特性

　　(1) 本品为空调专用酸性杀菌除垢清洗剂，所用有机酸、无机酸、表面活性剂、杀菌剂、助溶剂、增稠剂等原料来源广泛，获取容易，适宜大规模的工业化生产。

　　(2) 本品采用一种药剂除垢、杀菌、去污一次完成，而且清洗时间只需 1～3min，然后用水冲净即可，既节省了成本又节约了工时，对设备没有腐蚀。

　　(3) 本品空调专用除垢清洗剂使用易冲洗、低泡、能生物降解的表面活性剂，使得该产品使用更加安全，省时、省水，环保。

快速清洗除垢剂

原料配比

原　料	配比(质量份)	
	1#	2#
硬脂酸钙	5	7
聚丙二醇	19	12
苯甲酸	3	5
六亚甲基四胺	3	4
缓蚀剂若丁	0.9	0.6
31%工业盐酸	加至100	加至100

制备方法　将原料各组分混合均匀即可。

原料配伍　本品各组分质量份配比范围为：硬脂酸钙5～10、聚丙二醇10～20、苯甲酸2～5、六亚甲基四胺2～6、若丁0.5～1、31%工业盐酸加至100。

产品应用　本品主要用作除垢剂。

产品特性　本品生产成本低，除垢效果好。

聚驱采出液处理设备上含聚污垢的除垢清洗剂

原料配比

原　料		配比(质量份)									
		1#	2#	3#	4#	5#	6#	7#	8#	9#	10#
聚合物分散剂	N-甲基吗啉	6	7	—	—	—	—	—	—	—	—
	N,N-二异丙基乙胺	—	7	8	8	9	6	7	8	7.5	6
	叔丁醇钠	4	—	—	—	—	—	—	—	—	—
	1,8-二氮杂二环十一碳-7-烯	—	—	4	4	4.5	3	3.5	4	3.75	3
	羟甲基纤维素钠	—	5	6	4	4.5	3	3.5	4	3.75	3
	月桂基磷酸酯三乙醇胺	5	5								

续表

原料		配比(质量份)									
		1#	2#	3#	4#	5#	6#	7#	8#	9#	10#
油污清除剂	烷基酚聚氧乙烯醚	22	—	20	22.5	21	27	28.5	24	22.5	26.25
	十六烷基醇聚氧乙烯醚	—	22	—							
	乙氧基化烷基硫酸钠	8	—	8	7.5	7	9	9.5	8	7.5	8.75
	十四醇聚氧乙烯醚琥珀酸单酯磺酸盐	—	9								
互溶剂	丙二醇	16	17	20	18	16	16	16.8	18	16	17.6
	异丙醇	14	10	10	18	16	16	16.8	18	16	17.6
	乙二醇二甲醚	—	13								
	丙二醇丁醚	14	—	10	9	8	8	8.4	9	8	8.8
金属离子螯合剂	三聚磷酸钠	0.8	—	0.3	1.25	1.25	1.25	0.5	1	1.25	0.5
	焦磷酸钾	—	0.4								
	柠檬酸钠	—	1.2								
	EDTA 四钠盐	2.5	—	1.2	2.5	2.5	2.5	1	2	2.5	1
	α-葡庚糖酸钠	—	0.6								
	二亚乙基三胺五乙酸盐	0.8	—	0.5	1.25	1.25	1.25	0.5	1	1.25	0.5
水		加至100	加至100	加至100	加至100	加至100	加至100	加至100	加至100	加至100	加至100

制备方法 将各组分原料混合均匀即可。

原料配伍 本品各组分质量份配比范围为：聚合物分散剂 8～20，油污清除剂 20～40，互溶剂 35～55 及金属离子螯合剂 1～6，水加至 100。

所述的聚合物分散剂为 N,N-二异丙基乙胺、月桂基磷酸酯三乙醇胺、1,8-二氮杂二环十一碳-7-烯、N-甲基吗啉、叔丁醇钠、羟甲基纤维素钠中的一种或几种。

所述的油污清除剂为十六烷基醇聚氧乙烯醚、烷基酚聚氧乙烯醚、十四醇聚氧乙烯醚琥珀酸单酯磺酸盐、乙氧基化烷基硫酸钠、十二烷基苯磺酸钠中的一种或几种。

所述的互溶剂为乙二醇、乙二醇二甲醚、丙二醇、丙三醇、异丙醇、丙二醇丁醚中的一种或几种。

所述的金属离子螯合剂为三聚磷酸钠、焦磷酸钾、柠檬酸钠、EDTA 四钠盐、α-葡庚糖酸钠、二亚乙基三胺五乙酸盐的一种或几种。

除垢清洗剂各组分和含量为：N,N-二异丙基乙胺、1,8-二氮杂二环十一碳-7-烯、羟甲基纤维素钠复配物 12%～18%，三者质量比 2:1:1；烷基酚聚氧乙烯醚、乙氧基化烷基硫酸钠复配物 28%～38%，二者质量比 3:1；丙二醇、异丙醇、丙二醇丁醚复配物 40%～50%，三者质量比 2:2:1；三聚磷酸钠、EDTA 四钠盐、二亚乙基三胺五乙酸盐复配物 2%～5%，三者质量比 1:2:1；水加至 100。

产品应用　本品主要用于聚驱采出液处理设备上含聚污垢的除垢清洗。

产品特性

(1) 本产品中的聚合物分散剂组分可以对缩合或交联成团的富有黏弹性和韧性的聚合物垢起到分散作用，使其从胶结状变为线性水溶性分子，从而易于随清洗液除去，聚合胶结物在分散的同时，其内部及其与设备表面包裹的一些油污也会因暴露在外面被清洗液除去。

(2) 本产品中的油污清除剂由聚氧乙烯醚类表面活性剂组成，通过其对油污的渗透、增溶作用达到将油污清除的目的，互溶剂能够显著增强有机物在水中的溶解能力，从而增强油污清除剂的除油效果。

(3) 本产品中的金属离子螯合剂可以防止大量金属离子对除垢清洗剂性能的影响，同时，金属离子螯合剂对金属离子的控制也能有效防止聚合物与金属离子的交联作用，利于聚合物的分散。

(4) 本产品对电脱水、换热器、污水处理系统上的含聚污垢均有良好的清除效果，在常温下，对含聚污垢的清除率可以达到 100%。本除垢清洗剂性能稳定，适合海洋运输和长期储存，完全满足海上油田的特殊作业环境和安全要求,是一种安全高效的除垢清洗剂。

冷凝设备水垢除垢剂

原料配比

原料		配比(质量份)									
		1#	2#	3#	4#	5#	6#	7#	8#	9#	10#
溶解剂	草酸与冰醋酸混合物(1:2)	15	—	—	—	—	—	—	—	—	—
	草酸与冰醋酸混合物(1:1)	—	15	—	—	—	—	—	—	—	—
	草酸与冰醋酸混合物(1:0.5)	—	—	15	15	—	—	—	—	—	—
	草酸	—	—	—	—	20	—	—	—	—	—
	冰醋酸	—	—	—	—	—	30	—	—	—	—
	抗坏血酸	—	—	—	—	—	—	20	—	—	—
	草酸与水杨酸混合物(1:1)	—	—	—	—	—	—	—	30	—	—
	枸橼酸与冰醋酸混合物(1:2)	—	—	—	—	—	—	—	—	15	—
	水杨酸	—	—	—	—	—	—	—	—	—	20
渗透剂	磺化琥珀酸二辛酯钠盐	3	3	3	3	3	3	3	—	—	—
	乙二醇单丁醚	—	—	—	—	—	—	—	4	—	—
	琥珀酸二乙酯	—	—	—	—	—	—	—	—	5	3
缓蚀剂	乌洛托品	4	—	—	4	4	3	5	5	1	
	苯胺	—	4	—	—	—	—	—	—	—	—
	若丁	—	—	4	—	—	—	—	—	—	—
	二乙基硫脲	—	—	—	4	—	—	—	—	—	—
助溶剂	乙酰胺	20	20	20	20	20	20	20	20	20	—
	氨基苯甲酸	—	—	—	—	—	—	—	—	—	10
纯化水		30	30	30	30	30	30	30	30	30	20
乙醇		加至100	加至100	加至100	加至100	加至100	加至100	加至100	加至100	加至100	加至100

续表

原　料		配比(质量份)					
		11#	12#	13#	14#	15#	16#
溶解剂	草酸、冰醋酸、抗坏血酸混合物(1:1:1)	15	—	—	—	—	—
	枸橼酸	—	20	—	—	—	—
	草酸与冰醋酸混合物(1:2)	—	—	20	—	30	—
	水杨酸与冰醋酸混合物(1:1)	—	—	—	30	—	—
	抗坏血酸与冰醋酸混合物(1:2)	—	—	—	—	—	20
渗透剂	月桂酰两性基二乙酸二钠	2	—	—	—	—	—
	琥珀酸二乙酯	—	5	4	3	2	1
缓蚀剂	乌洛托品	2	3	4	3	1	2
	苯胺	—	—	—	2	—	—
	若丁	—	—	—	—	4	—
	二乙基硫脲	—	—	—	—	—	2
助溶剂	尿素	30	—	—	—	—	—
	环己酮	—	20	—	—	—	—
	水杨酸钠	—	—	15	—	—	—
	乙酰胺	—	—	—	20	20	30
纯化水		15	30	20	15	20	20
乙醇		加至100	加至100	加至100	加至100	加至100	加至100

制备方法　将各组分原料混合均匀即可。

原料配伍　本品各组分质量份配比范围为：溶解剂 15～30，渗透剂 2～5，缓蚀剂 1～5，助溶剂 10～30，纯化水 20～30，乙醇加至 100。

所述溶解剂为草酸、枸橼酸、抗坏血酸、水杨酸和冰醋酸中的一种或几种的组合。

所述渗透剂为琥珀酸二乙酯、乙二醇单丁醚和磺化琥珀酸二辛酯钠盐中的一种或几种的组合。

所述缓蚀剂为乌洛托品、苯胺、二乙基硫脲或若丁中的一种或几种的组合。

所述助溶剂为对氨基苯甲酸、尿素、环己酮、乙酰胺和水杨酸钠中的一种或几种的组合。

产品应用　本品主要用作冷凝设备水垢除垢剂。除垢方法：按照处方量将有机酸混合物、渗透剂、缓蚀剂、助溶剂及纯化水混合均匀，加热至30～60℃，然后加入到冷凝器中，采用浸泡和循环相结合的反复清洗方式进行清洗。所述浸泡时间30～90min。所述循环时间1～5h。所述清洗时间根据冷凝器的水垢情况来定，一般在24～48h。

产品特性

(1) 本产品选用草酸、枸橼酸、抗坏血酸、水杨酸或冰醋酸作为溶解剂，以保证清洁剂能够快速、有效溶解水垢，最终达到彻底清除的效果；选用琥珀酸二乙酯、乙二醇单丁醚或磺化琥珀酸二辛酯钠盐作为渗透剂，以保证清洁剂能够有效渗透到水垢的内部，使水垢能够快速有效的分散、松动、脱落；选用乌洛托品、苯胺、二乙基硫脲或若丁作为缓蚀剂，以防止有机酸对冷凝器的腐蚀，提高有机酸的利用率；选用对氨基苯甲酸、尿素、环己酮、乙酰胺或水杨酸钠为助溶剂，以增强各清洁成分的效能，促进水垢的溶散速度，进而提高清洗效率。

(2) 本品具有强大的除垢能力和较快的除垢速度，在清洁剂足量的情况下，能够完全溶解水垢。在正确的使用条件下，清洗周期约48h以内。

(3) 本产品对设备的腐蚀小，对设备没有任何不良影响。

(4) 本产品的应用可以有效解决中药提取浓缩设备的冷凝器内水垢黏附问题。在很大程度上为药品生产类的企业节约大量的清洁费用，提高了设备运行水平、能源利用水平和生产效率，大幅度降低了生产产品的成本。

冷轧薄板除垢剂

原料配比 →

原　料		配比（质量份）				
		1#	2#	3#	4#	5#
脂肪醇聚氧乙烯醚	JFC 渗透剂	10	11	9	8	12
烷基酚聚氧乙烯醚	乳化剂 OP-10	10	9	11	12	9
六亚甲基四胺		7	8	9	5	6
金属络合剂	EDTA	6	—	—	8	5
	HEDTA	—	7	—	—	—
	二乙醇胺	—	—	5	—	—
柠檬酸		2	3	1	1	4
草酸		10	9	11	12	9
缓蚀剂	硫脲	10	—	—	—	—
	亚硝酸钠	—	9	—	—	—
	苯并三氮唑	—	—	8	—	—
	钼酸铵	—	—	—	12	9
盐酸		2	2.5	2	1.5	3
水		43	41.5	44	40.5	43

制备方法　全部加料完毕后，再搅拌 20～30min 即可得成品。

原料配伍　本品各组分质量份配比范围为：脂肪醇聚氧乙烯醚 8～12，烷基酚聚氧乙烯醚 8～12，六亚甲基四胺 5～10，金属络合剂 5～8，柠檬酸 1～4，草酸 9～12，缓蚀剂 8～12，盐酸 1.5～3，水 40～50。

所述脂肪醇聚氧乙烯醚是 JFC 渗透剂。

所述烷基酚聚氧乙烯醚是乳化剂 OP-10。

所述缓蚀剂是氨基磺酸缓蚀剂、柠檬酸缓蚀剂、硝酸缓蚀剂、盐酸缓蚀剂、硫酸缓蚀剂、Lan-826 多用缓蚀剂中的一种，或者是其中的数种混合物。缓蚀剂根据金属件类别的不同而灵活选择，在常用的缓蚀剂中选择使用即可，如黑色金属（如亚硝酸盐、钼酸盐、胺等）、铜（如苯并三氮唑、2-巯基苯并噻唑等）、铝（如硫脲、硅酸盐等）、不锈钢（如 $CdSO_4$、$CaSO_4$ 等）缓蚀剂等。

所述金属络合剂是氨羟络合剂、巯基络合剂、有机磷酸盐、聚丙烯酸、羟基羧酸盐中的一种，或者是其中的数种混合物。

所述金属络合剂是氨羟络合剂或巯基络合剂，或者是二者的混合物。

产品应用　本品主要用作冷轧薄板除垢剂。

在用此清洗剂对冷轧薄板进行清洗时，只需将冷轧薄板浸入到该清洗剂中，进行清洗，除垢反应达到要求的程度后，取出进行冲洗、干燥即可。

产品特性　本产品对冷轧薄板有良好的清洗效果，能够将除油、除垢和除氧化皮三项功能一次完成，简化工作程序，节约人力物力，提高工效。

冷却水系统酸性除垢剂

原料配比

原　料	配比（质量份）
羟基亚乙基二膦酸	40
聚磷酸钠	28
腐植酸钠	8
水	加至 100

制备方法　将羟基亚乙基二膦酸、聚磷酸钠、腐植酸钠溶解于水，充分混合，配成后的 pH 值为 2～4。

原料配伍　本品各组分质量份配比范围为：羟基亚乙基二膦酸35～45、聚磷酸钠20～30、腐植酸钠5～10、水加至100。

在本品中，所述的冷却水系统酸性除垢剂适宜使用的温度为20～70℃。

所述的冷却水系统酸性除垢剂可在室温下使用，因此简化了操作程序，节约了能源。

产品应用　本品主要应用于冷却水系统，还可用于各种交换器、中央空调、供热水系统及冷却塔等的除垢。

使用方法：确认冷却水系统无严重腐蚀故障，整个系统流通良好，无污垢阻塞。把欲清洗的部位与其他不清洗的部位隔开，组成畅通的循环回路。统计循环水量，检查循环回路，确保无泄漏。按照1∶8的比例稀释前述配制的酸性除垢剂，定期测定pH值，控制pH值在2～4.5，当超过4.5时，补充加入酸性除垢剂。前8h保持水泵循环，然后关泵静态浸泡10h，再开泵循环2～6h。清洗液排放后用清水漂洗干净。

产品特性　本品的酸性除垢剂的pH值为2～4，其不像强酸那样对金属有极强的腐蚀作用，它依靠渗透能力和对污泥的剥离作用使有机酸渗透入垢层，并进而络合溶解而去除，溶解下来的污垢都呈泥浆状或粉末状，易于被排除到系统外，即使是在较细的管道中也能够方便地排出污垢。

由于本品的酸性除垢剂对于多种污垢有强效的除垢能力，因此除了特别适用于冷却水系统以外，其还可用于多种交换器、中央空调系统、供热水系统、锅炉、冷却塔等设备。

磷矿浮选装置除垢剂

原料配比

原　料	配比（质量份）			
	1#	2#	3#	4#
工业氢氧化钠	10.00	20.00	15.00	30.00

续表

原　料		配比（质量份）			
		1#	2#	3#	4#
螯合剂	氨基三亚甲基膦酸四钠	1.20	—	—	—
	羟基亚乙基二膦酸钠	—	3.5	—	—
	己二胺四亚甲基膦酸钾盐	—	—	4.70	—
	双-1,6-亚己基三胺五亚甲基膦酸钠	—	—	—	2.50
渗透剂	丁二酸二辛酯磺酸钠	0.10	—	—	0.86
	十二烷基苯磺酸钠	—	0.6	—	—
	α-烯基磺酸	—	—	0.35	—
阻垢剂	聚丙烯酸钠	0.10	—	—	—
	聚丙烯酸钾	—	1.2	—	—
	聚丙烯酸锌	—	—	0.83	—
	聚丙烯酸镁	—	—	—	0.17
水		88.60	74.70	79.12	66.47

制备方法　称取配方量的工业氢氧化钠、膦酸盐、辛酯磺酸盐及聚丙烯酸盐，溶解在配方量的水中，充分混匀，冷却至 10～30℃，除垢剂放入磷矿浮选装置中，浸泡时间为 12～96h。

原料配伍　本品各组分质量份配比范围为：氢氧化钠 10～30，膦酸盐 0.1～5，辛酯磺酸盐 0.05～1，聚丙烯酸盐 0.08～2，水加至 100；其中膦酸盐为螯合剂，辛酯磺酸盐为渗透剂，聚丙烯酸盐为阻垢剂。

产品应用　本品主要用作磷矿浮选装置除垢剂。

产品特性

（1）本产品通过螯合剂膦酸盐一方面大大增加硫酸钙、硫酸镁等增溶作用，加速了垢层的分解及破坏；另一方面，硫酸钙等溶度积大于氢氧化钙，加入螯合剂能与 Ca(OH)$_2$ 中的 Ca^{2+} 形成稳定的络合物，防止硫酸钙等重新形成。

（2）通过添加阻垢剂聚丙烯酸盐加大了除垢剂的分散作用，阻止分解后的垢层重新团聚形成新的垢层。

(3) 浮选装置中搅拌槽、浮选机（柱）、浮选机、矿浆管以及回水管道采用合金钢材质制造，除垢剂中不含酸，对管道腐蚀很小。

零排放的金属非金属表面除油、除锈、除垢、磷化、钝化、抗氧化防腐清洗剂

原料配比

原　料	配比（质量份）	
	1#	2#
烷基酚聚氧乙烯醚	15	15
聚乙二醇	18	18
六亚甲基四胺	25	25
十二烷基二甲基甜菜碱	—	25
冰醋酸	25	25
氯化钠	45	45
磷酸氢二钠	—	24
氯化铵	57	—
乙二胺四乙酸二钠	—	23
三乙醇胺	—	11
尿素	37	—
自来水	551	562

制备方法　将各组分原料混合均匀即可。

原料配伍　本品各组分质量份配比范围为：非离子表面活性剂 1.65～111，两性离子表面活性剂 1.25～115，络合剂 12.6～152，螯合剂 0.2～157，助剂 2.25～131，自来水 334～982。

所述非离子表面活性剂为脂肪醇聚氧乙烯醚、烷基酚聚氧乙烯醚、聚氧乙烯烷基醇酰胺、脂肪酸酰胺、聚乙二醇、聚醚中的至少

一种。

所述两性离子表面活性剂为十二烷基二甲基甜菜碱、烷基二甲基磺乙基甜菜碱、六亚甲基四胺、十二烷基氨基丙酸钠、十二烷基氨基丙酸、羧酸盐型咪唑啉两性表面活性剂中的至少一种。

所述络合剂为冰醋酸、磷酸、抗坏血酸、氯化锆、氢氧化钠中的至少一种或用所述螯合剂中的至少一种替代。

所述螯合剂为酒石酸、酒石酸钾钠、柠檬酸、柠檬酸钠、葡萄糖酸钠、三乙醇胺、次氮基三乙酸、聚丙烯酸钠、乙二胺四乙酸、乙二胺四乙酸二钠、羟基亚乙基二膦酸钠中的至少一种或用所述络合剂中的至少一种替代。

所述助剂为氯化钠、硫酸盐、碳酸盐、磷酸盐、硝酸盐、钼酸盐、硅酸盐、钨酸盐、钾盐、铵盐、尿素、丙二酸、双氧水、苯并三氮唑、安息香酸钠中的至少一种。还含有助剂氯化铵 $15 \sim 57$，尿素 $11 \sim 37$。

产品应用　本品主要用作零排放的金属非金属表面除油、除锈、除垢、磷化、钝化、抗氧化防腐清洗剂。适用金属：镁、铝、钛、钨、锌、铬、铁、钴、镍、钼、锡、铜、铑、银、钯、铂、金、钢及其合金，碲化铋、不锈钢；金属镀层：锌、镉、铜、镍、钴、铬、锡、铅、铁、银、金、钯、铂、铑、铟及其合金；仅适用于除油的非金属：碲、石墨、晶体硅、石英、玻璃、石材、电木、塑料。

使用：根据垢的不同成分和量，取适量的浓缩液，加 $4 \sim 19$ 倍自来水稀释成工作液，用物理方法通透地划破垢层三条以上划痕，再放入工作液常温浸泡被处理件除垢 $\geqslant 3$ 天—水洗—进入下工序。

产品特性

（1）除油：绝对不用强碱性热溶液（能耗高、污染重，在工作液表面的浮油对被处理件造成二次油污染），不用强酸，不用易燃、易爆、有毒害的有机溶剂。杜绝毒害污染、节能减排。

（2）除锈：包括清除铁锈及高温灼烧氧化皮、各类有色金属在常态下自然生成的氧化膜及灼烧氧化层。绝对不用盐酸、硝酸、硫酸，根除氯、氮、硫毒害呛人的酸气、强酸重腐蚀的三废污染危害。对被清洗件或产品的金属基材彻底清除外层的过蚀和内部的氢脆，确保使用安全和实际应用寿命。

(3) 除垢：包括钙镁的水垢，各类金属盐的垢及石油井管杆的杂盐垢，绝对不用盐酸、硝酸、硫酸、氢氟酸，根除氯、氮、硫、氟毒害呛人的酸气、强酸重腐蚀的三废污染危害。对被清洗件、管、杆、罐的金属基材彻底清除外层的过蚀和内部的氢脆，必须保证使用安全和实际应用寿命。

(4) 磷化：绝对不用亚硝酸盐、硝酸盐、草酸盐，无需频繁检测化验磷酸磷化的多项参数，彻底根除磷化中的毒害物及排放于水中生成富营养的严重三废污染。

(5) 钝化：绝对不用铬酸及其盐加无机强酸，彻底根除其三价铬、六价铬的严重致癌、毒害性三废污染。

(6) 抗氧化防腐：高温下气态中确保对拉拔金属丝材新鲜表面的抗氧化，水中冷却防腐蚀。绝对不用乙醇、甲醇、苯并三氮唑，彻底清除其三废污染对人身的直接毒害和易燃易爆的安全隐患。

(7) 本产品提供一种生态再生循环工艺：工作液和清洗水不受任何污染破坏，可再生循环利用，实现气体物、液体物、固体物的零排放。

∷ 硫酸钡、硫酸锶除垢剂

原料配比 →

原　　料		配比(质量份)					
		1#	2#	3#	4#	5#	6#
水溶性溶剂	乙二醇二甲醚	50	—	—	—	—	—
	乙醇与异丙醇混合物(1:2)	—	55	—	—	—	—
	异丁醇	—	—	45	—	—	—
	丙酮	—	—	—	45	—	—
	丙酮与甲乙酮混合物(1:1)	—	—	—	—	40	—
	乙醇	—	—	—	—	—	55

续表

原　料		配比(质量份)					
		1#	2#	3#	4#	5#	6#
含氮多元羧酸		20	20	20	25	25	25
助剂	水杨酸	10	—	—	—	—	—
	柠檬酸	—	8	—	—	—	—
	草酸	—	—	12	—	12	15
	酒石酸	—	—	—	11	—	—
氢氧化钠		5	5	8	7	8	5
表面活性剂	OP-10	15	—	—	—	—	—
	OP-15与OP-10混合物(1∶1)	—	12	—	—	—	—
	吐温-80	—	—	—	12	—	—
	JFC	—	—	—	—	—	10
	司盘-80	—	—	—	—	15	—
	十二烷基磺酸钠	—	—	15	—	—	—
	PESA	—	0.5	0.4	0.5	0.4	0.5

制备方法

(1) 将水溶性溶剂和氢氧化钠以及含氮多元羧酸搅拌均匀后，加热到40～50℃后恒温1～2h，之后，加入助剂和表面活性剂，搅拌均匀后，停止加热，随炉冷却至室温。

(2) 冷却至室温后加入增效剂，搅拌均匀后即为产品。

原料配伍　本品各组分质量份配比范围为：水溶性溶剂40～60，含氮多元羧酸20～30，助剂5～15，表面活性剂10～20，氢氧化钠5～10。

所述水溶性溶剂为易溶于水且沸点在50℃以上的物质。

所述水溶性溶剂为乙醇、异丙醇、异丁醇、丙酮、甲乙酮、乙二醇二甲醚、乙二醇二乙醚、二异丁基酮中的一种或者几种。

所述表面活性剂为阳离子表面活性剂或阴离子表面活性剂或非离子表面活性剂。

所述阳离子表面活性剂为季铵盐类化合物三甲基十六烷基溴化铵。

所述表面活性剂为 OP-15、OP-10、吐温-80、吐温-60、吐温-40、吐温-20、司盘-80、司盘-60、司盘-40、司盘-20、JFC、二甲基丙磺酸钠、十二烷基磺酸钠中的一种或者几种。

所述助剂为易溶于水的有机羧酸或酸酐，包括草酸、水杨酸、柠檬酸、酒石酸或马来酸酐。

所述除垢剂包括增效剂，增效剂的质量分数小于 0.8%。

质量指标 ➲

项　目	质量指标
外观	无色透明液体
密度	0.9g/mL
气味	略有酒精气味
易燃性	易燃（防火）

产品应用　本品主要用于射孔井眼、套管孔眼、井下泵、油管柱、阀门、输送管线等。

产品特性　本产品含氮多元羧酸是一种优良的金属螯合剂，它易与钡锶金属离子形成稳定的水溶性螯合物；分子内含共轭双键的羧酸类助剂，因其电负性较强，极易与表面带正电荷的垢物 $BaSO_4$ 微晶发生物理和化学吸附，从而大大增加了含氮多元羧酸的溶垢能力；在实际生产中，由于垢样表面往往吸附着一层油污，必须用表面活性剂清洗以保证除垢药剂与垢充分接触。因此，各组分在功能上有了更好的配合，最终产品的除垢性能得到了进一步的提高。该除垢剂配伍性良好，是油田除硫酸钡、锶垢的理想除垢剂。

∷ 硫酸钙垢中性清洗剂

原料配比 →

原　料	配比（质量份）
HEDP	10
JFC	0.05
助溶剂	5
非离子 PAM	0.06
NaOH	适量

制备方法 取羟基亚乙基二膦酸、JFC、助溶剂、非离子聚丙烯酰胺，混合均匀；再加入 NaOH 0.5％～1％，将溶液的 pH 值调至 7，最后加水，即为成品。

原料配伍 本品各组分质量份配比范围为：羟基亚乙基二膦酸 5～15、JFC 0.03～0.1、助溶剂 3～10、非离子聚丙烯酰胺 0.03～0.1。

本品为无色透明或淡黄色液体。

下面是本品的原材料解释：

HEDP（羟基亚乙基二膦酸）：可与水混溶，具有良好的阻垢作用，耐酸碱，能与铁、铜、铝、锌等多种金属离子形成稳定的络合物，能溶解金属表面氧化物，是锅炉和换热器的阻垢剂和缓蚀剂，是循环水系统的阻垢分散剂。

JFC（脂肪醇聚氧乙烯醚）：有渗透作用，也是具有固定的亲水亲油基团，在溶液的表面能定向排列，并能使表面张力显著下降的物质。

助溶剂：可以与难溶性试剂在溶剂中形成可溶性分子间的络合物、缔合物或复盐等，以增加试剂在溶剂中的溶解度。

非离子 PAM（聚丙烯酰胺）：具有高分子量的低离子度的线型高聚物，具有絮凝、分散、增稠、黏结、成膜、凝胶、稳定胶体的作用。

产品应用　本品主要应用于石油、化工、化肥、造纸、酿造、炼油、机车等循环冷却、冷冻、加热水系统的停车清洗和不停车清洗，或者单件设备的局部清洗。主要针对硫酸钙垢型，垢的硫酸钙含量越高，清洗越快越彻底。

本品的使用方法：用量根据垢量及厚度、硬度情况投加药剂原液，或者由技术员现场制定投加方案。由循环泵吸入口投加，构成循环，或者喷淋、浸泡也可。根据垢量运行 6～24h，流速不限，然后置换排污至浊度＜10mg/L，或目测水清为止。如是单体设备，可以浸泡或喷淋清洗，待垢全部软化溶解后，用水冲净即可。

产品特性　本品是硫酸钙垢专用清洗剂，主要由含有羧基、羟基、酰胺等多官能团的高分子有机聚合物组成，专用于清除硫酸钙垢难溶垢，药剂 pH 值为 7，中性溶液，清垢彻底，不腐蚀金属、搪瓷、玻璃，对人体无毒，废液可以安全排放，高效安全，不产生氢脆现象。清洗作业时，不需拆解换热元件，可以利用系统的喷淋装置循环喷洗，也可以浸泡清洗，除垢率近 100％，具有快速除垢、不腐蚀钢架，不伤搪瓷元件、不破坏鳞片防腐材料的特点。清洗时间为 3～12h，大大缩短设备的检修时间，避免拆洗对装置的损坏，显著降低设备的维护成本和风险，延长装置使用寿命和有效利用率。

❖ 硫酸盐垢清洗剂

原料配比 ➡

原　料	配比（质量份）							
	1#	2#	3#	4#	5#	6#	7#	8#
水	70	60	60	70	70	60	58	60
次氮基三乙酸钠	22.5	—	—	—	—	—	—	36
乙醇酸钠	—	32.5	—	—	—	—	—	—
腐植酸钠	—	—	—	22.5	—	—	—	—

原　料	配比（质量份）							
	1#	2#	3#	4#	5#	6#	7#	8#
乙酸钾	—	—	36	—	22.5	33.5	36	—
氨基三亚甲基膦酸四钠	6	6	3.4	—	—	—	3.4	3.4
羟基亚乙基二膦酸钠	—	—	—	6	6	4	—	—
抗坏血酸	1	—	—	—	—	—	—	—
溴化亚锡	—	0.5	0.5	1	1	0.5	0.5	—
氯化亚锡	—	—	—	—	—	—	—	0.5
三聚磷酸钠	0.5	—	—	—	—	—	—	—
聚乙二醇（200）	—	1	0.1	0.5	0.5	2	2.1	0.1

　　制备方法　反应釜中加入水，然后依次加入有机羧酸盐、有机膦酸盐、还原剂、表面活性剂，最后搅拌15～30min，即为成品。

　　原料配伍　本品各组分质量份配比范围为：水47～78、有机羧酸盐20～40、有机膦酸盐1.4～8、还原剂0.5～2、表面活性剂0.1～3。

　　其中有机羧酸盐可以是次氮基三乙酸钠、腐植酸钠、乙醇酸钠、乙酸钾。

　　有机膦酸盐可以是氨基三亚甲基膦酸四钠、羟基亚乙基二膦酸钠、氨基三亚甲基膦酸钾、羟基亚乙基二膦酸钾。

　　还原剂可以是溴化亚锡、抗坏血酸。表面活性剂是聚乙二醇200。

　　产品应用　本品主要应用于各种工业设备中各种硫酸盐积垢的清洗。

　　使用方法：在实际应用中，既适宜喷淋清洗又可浸泡清洗，采用喷淋器或喷雾器将该清洗剂均匀喷洒在积垢表面4～5遍，待结垢松软后，再适量喷洒清水，结垢即可彻底变软，再用清水冲洗即可；或用清洗剂浸泡积垢3～5h，待积垢彻底变软后，再用清水冲洗即可。

产品特性　本品尤其适用于各种工业设备中,各种硫酸盐积垢的清洗,对碳钢、搪瓷等材料安全无腐蚀,清洗速度快、效率高;清洗工艺方便简单。

铝合金管除垢处理液

原料配比

原　料	配比(质量份)	
	1#	2#
水	689	378
含量99.3%柠檬酸	5	10
无水碳酸钠	10	20
含量85%三乙醇胺	50	100
JFC渗透剂	50	100
乳化剂OP-10	30	60
含量为99%乌洛托品	6	12
含量25%硝酸	10	20
酒石酸	80	160
磷酸三钠	20	40
乙醇	30	60
含量90%氢氟酸	20	40

制备方法

(1) 常温下,在搅拌机内加入水。

(2) 边搅拌边投放柠檬酸、无水碳酸钠、三乙醇胺、脂肪醇聚氧乙烯醚、烷基酚聚氧乙烯醚、六亚甲基四胺、硝酸、酒石酸、磷酸三钠、乙醇、氢氟酸。

(3) 全部加料完毕后再搅拌20～30min即为成品。

原料配伍　本品各组分质量份配比范围为：水 378～689，柠檬酸 5～10，无水碳酸钠 10～20，三乙醇胺 50～100，脂肪醇聚氧乙烯醚 50～100，烷基酚聚氧乙烯醚 30～60，六亚甲基四胺 6～12，硝酸 10～20，酒石酸 80～160，磷酸三钠 20～40，乙醇 30～60 和氢氟酸 20～40。

所述硝酸的质量分数为 25%。脂肪醇聚氧乙烯醚为 JFC 渗透剂，烷基酚聚氧乙烯醚为乳化剂 OP-10，六亚甲基四胺为乌洛托品。

产品应用　本品主要用作铝合金管除垢处理液。

产品特性　本产品操作简单，无需加温，清洗效果好，同时不腐蚀铝合金管的表面，保持铝合金管的光泽度；而且铝合金管除垢处理液能重复使用，对皮肤接触无伤害，低碳环保，节约成本。

纳米除垢剂

原料配比 →

原　料	配比(质量份)				
	1#	2#	3#	4#	5#
纳米碳酸钙	0.5	1.5	—	—	—
纳米碳酸镁	0.5	1.5	—	—	—
纳米硫酸钡	0.5	0.5	1.5	1.5	1.5
纳米硫酸锶	0.5	0.5	0.5	0.5	0.5
去离子水	100 (体积)	100 (体积)	100 (体积)	100 (体积)	100 (体积)
有机溶剂乙醇	100 (体积)	40 (体积)	—	20 (体积)	—
有机溶剂丙酮	—	—	10 (体积)	—	50 (体积)
阴离子表面活性剂十六烷基三甲基溴化铵	2	—	—	—	—
阴离子表面活性剂油酸钠胺	—	—	1	—	—

原　料	配比（质量份）				
	1#	2#	3#	4#	5#
阴离子表面活性剂十二烷基磺酸钠	—	—	—	—	0.8
非离子型表面活性剂油胺	—	2	—	—	—
非离子型表面活性剂脂肪酰二乙醇胺	—	—	—	0.8	—
表面修饰剂 N-氨乙基-γ-氨丙基三乙氧基硅烷	2（体积）	—	—	—	—
表面修饰剂二乙酰氨基丙基二乙氧基硅烷	—	2（体积）	—	—	—
表面修饰剂 γ-脲基丙基三乙氧基硅烷	—	—	2（体积）	—	—
表面修饰剂羧丁基酰氧基丙基三乙氧基硅烷	—	—	—	1（体积）	—
表面修饰剂 γ-羟基丁酸丙基甲氧基硅烷	—	—	—	—	1（体积）

制备方法　将纳米碳酸盐、纳米硫酸盐混合，制为纳米微粒；在去离子水和有机溶剂的混合溶剂中，加入表面活性剂，搅拌均匀；在强搅拌下加入纳米微粒，形成均匀的乳液；在乳液中加入表面修饰剂，升温至 60℃，反应 2h，蒸馏出部分溶剂，经陶瓷膜过滤浓缩至固体含量为 10% 的纳米除垢剂。

原料配伍　本品各组分质量份配比范围为：纳米碳酸盐 1～3、纳米硫酸盐 1～2、去离子水 100（体积）、有机溶剂 10～100（体积）、表面活性剂 0.8～2、表面修饰剂 1～2（体积）。

产品应用　本品主要应用于工业设备除垢。

产品特性

（1）本品采用表面改性，用硅烷偶联剂对与碳酸盐垢和硫酸盐垢具有相同或相似结构的纳米微粒进行修饰而制备的纳米除垢剂，为含有多种表面改性纳米微粒的高浓度乳液。经过表面修饰的纳米微粒不易团聚，能很稳定地分散于水相介质、油相介质和油水混合的乳液中。在使用中，除垢剂中的纳米微粒作为晶核，使结垢离子迅速吸附在纳米微粒表面，从而避免在容器或管道表面附着，易于捕集或清理。

（2）本品采用纳米除垢剂解决此类问题，纳米除垢剂由对结垢离子具有强吸附作用的纳米微粒组成，利用异相成核作用机理，将除垢剂中的纳米微粒作为晶核，使结垢离子快速吸附在其表面，形成蓬松的絮状沉淀，经沉淀或过滤从流体中除去。

（3）本品制备的产品可用于水处理、油水乳液输送，具有广泛用途，在水溶液和油水混合溶液中有很好的分散性，并且具有很好的除垢作用。

（4）本品的制备方法具有工艺和设备简单、成本低、产率高等特点，适合工业化生产。

∴ 内燃机除垢剂（1） ∴

原料配比 →

原 料	配比（质量份）	
	1#	2#
二甲苯磺酸钠	4	8
乙二醇缩乙醚	6	3
丙烯酸与丙烯酸酯共聚物	17	13
乌洛托品	0.3	0.2
羟基亚乙基二膦酸	加至 100	加至 100

制备方法 将原料各组分混合均匀即可。

原料配伍 本品各组分质量份配比范围为：二甲苯磺酸钠 3～10、乙二醇缩乙醚 2～8、丙烯酸与丙烯酸酯共聚物 10～20、乌洛托品 0.2～0.5、羟基亚乙基二膦酸加至 100。

产品应用 本品主要应用于内燃机除垢。

产品特性 本品生产成本低，除垢效果好。

内燃机除垢剂（2）

原料配比 ➡

原　料	配比(质量份)		
	1#	2#	3#
羟基亚乙基二膦酸	48	45	48
水解聚马来酸酐	35	38	36
丙烯酸与丙烯酸酯共聚物	16.4	16.2	15.4
乌洛托品	0.25	0.35	0.25
苯胺	0.35	0.45	0.35

制备方法　将羟基亚乙基二膦酸、水解聚马来酸酐、丙烯酸与丙烯酸酯共聚物、乌洛托品及苯胺按配方比例混合搅拌均匀作为原液装瓶包装即为成品，作为内燃机除垢剂使用时按 1% 的浓度比例加入冷却水系统即可。

原料配伍　本品各组分质量份配比范围为：羟基亚乙基二膦酸 40～50、水解聚马来酸酐 20～40、丙烯酸与丙烯酸酯共聚物 10～20、乌洛托品 0.1～0.5、苯胺 0.1～0.5。

质量指标 ➡

检验项目	检验结果
外观	橙黄色,带酸味的无毒透明水溶液
pH 值	1.2
腐蚀试验	在温度 90℃±2℃,将 10mm×20mm×1mm 着垢的钢、铸钢、铸铁、铸铜、铜、铝、铸铝的试片分别浸入 100mL 浓度为 1% 的除垢剂水溶液中浸泡 96h。试验结果所有试片的着垢全部清除,试片表面光亮无腐蚀

产品应用　本品主要应用于内燃机水冷却系统的除垢。

产品特性　本品的内燃机除垢剂和现有技术相比,具有配方设计合理、原料易购，生产工艺简单、使用方便、对设备无腐蚀、对环境无污染、成本低及除垢效果显著等特点，因而，具有很好的推广使用价值。

内燃机油垢、积炭清洗剂

原料配比 ➡

原　料	配比(质量份)
乳化剂	20
水	10
油酸	10
丁醇	10
乙醇胺	4
氨水	5
机油	20
煤油	30
丁醇	4
乙醚	3

制备方法

(1) 把乳化剂、水进行混合，备用。

(2) 把油酸和丁醇混合，备用。

(3) 把上述步骤 (1) 和步骤 (2) 混合。

(4) 把乙醇胺和氨水，分别加入步骤 (3) 中搅拌均匀，即成 A 液。

(5) 把机油和煤油混合，备用。

(6) 把丁醇和乙醚混合，备用。

(7) 取步骤 (6) 10 份，加入步骤 (5) 中混合，即成 B 液。

(8) 最后将 A 液和 B 液加在一起搅拌均匀，即为本品。

原料配伍　本品各组分质量份配比范围为：乳化剂 19～21、水 9～11、油酸 9～11、丁醇 9～11、乙醇胺 3～5、氨水 4～6、机油 19～21、煤油 29～31、丁醇 3～5、乙醚 2～4。

产品应用　本品主要应用于清洗内燃机油路中的油垢积炭。

产品特性　本品用于清洗内燃机油路中的油垢积炭，效果良好。

用于清洗抛光工件表面蜡垢的除蜡水

原料配比 ➲

原　料	配比（质量份）				
	1#	2#	3#	4#	5#
直链烷基苯磺酸钠	0.5	3	1	5	10
仲烷基磺酸盐	5	1	10	8	10
烷醇酰胺	5	1	10		10
脂肪醇聚氧乙烯醚硫酸盐	30	10	25	50	40
三聚磷酸钠	100	150	120	80	50
EDTA	10	0.5	3	5	3
纯净水	加到 1000	加到 1000	加到 1000	加到 1000	加到 1000

制备方法　将质量约为所配制除蜡水质量的 1/3 的纯净水加热到 60～70℃并倒入搅拌釜中，在 60～80r/min 的转速下，分别把直链烷基苯磺酸钠、仲烷基磺酸盐、EDTA、脂肪醇聚氧乙烯醚硫酸盐、三聚磷酸钠、烷醇酰胺按所需质量比例加入，加入无先后次序，溶解后再将纯净水加到所需质量，充分搅拌均匀即可。

原料配伍　本品各组分质量份配比范围为：直链烷基苯磺酸钠 0.5～10，仲烷基磺酸盐 1～10，烷醇酰胺 1～10，脂肪醇聚氧乙烯醚硫酸盐 10～50，三聚磷酸钠 50～150，EDTA 0.5～10、纯净水加到 1000。

产品应用 本品主要应用于去除经机械加工和机械抛光后的各种合金零件以及钢铁件上产生的蜡垢。

本品除蜡水外观呈现乳白色液体状。使用该除蜡水清洗抛光工件表面蜡垢时，可采用超声波法或浸泡法。

超声波法：配制除蜡水质量分数为 3%～4% 的水溶液，加热到 60～80℃，采用超声波在 1～5min 就能彻底清除蜡垢。

浸泡法：配制除蜡水质量分数为 4%～5% 的水溶液，加热到 70～100℃，浸泡 3～10min 即可清除工件表面蜡垢。

产品特性 本品除蜡水主要是由溶蜡剂、渗透剂、乳化剂、助洗剂及防蚀剂组成，不但用量少，而且乳化效果好，同时具有非常强的增溶和分散能力，能够在很短的时间内彻底清除工件表面的蜡垢。

车用水箱除垢剂

原料配比

原　料	配比（质量份）	
	1#	2#
聚丙烯酸钠	4	8
烷基苯磺酸钠	5	7
硝酸	28	15
氯化钾	5	2
氨基磺酸	6	7
羟乙基酸	12	19
水	加至 100	加至 100

制备方法 将各组分原料混合均匀即可。

原料配伍 本品各组分质量份配比范围为：聚丙烯酸钠 3～10，烷基苯磺酸钠 3～8，硝酸 10～30，氯化钾 2～5，氨基磺酸

3～8,羟乙基酸 10～20，水加至 100。

产品应用　本品主要用作车用水箱除垢剂。

产品特性　本产品生产成本低、除垢效果好。

汽车水箱除垢防锈剂

原料配比 →

原　料	配比（质量份）		
	1#	2#	3#
200 目硫黄粉	7	12.5	10
60 目红磷粉	3	1	2.5
20℃的温水	990	986.5	987.5

制备方法　将硫黄粉、红磷粉混合后加入 20℃的温水，制成除垢防锈剂。

原料配伍　本品各组分质量份配比范围为：硫黄粉 7～12.5、红磷粉 1～3、水 986.5～990。

所述的硫黄粉为 150 目以上，红磷粉为 50 目以上。本品的硫黄粉为 200 目，红磷粉为 60 目。

质量指标 →

检验项目	检验结果
外观	淡粉色带有淡黄色微粒的悬浊液
pH 值	6.7～6.9

产品应用　本品主要用作汽车水箱除垢防锈剂。

产品特性　将本品加入汽车水箱后，经过 72h 即可显效，使用周期最长为 105 天，经过一个使用周期需要更换除垢防锈剂，成品避光保存，保存期可达 2 年。汽车水箱使用本品后除垢与防锈效果显著，水箱散热快，无堵塞。

∷ 汽车水箱除垢剂 （1）

原料配比 →

原 料	配比（质量份）	
	1#	2#
硫氰酸钠	6	10
苯胺	2	1
水溶性苯并三氮唑	3	1
硫脲	6	8
氨基磺酸	加至 100	加至 100

制备方法　将原料各组分混合均匀即可。

原料配伍　本品各组分质量份配比范围为：硫氰酸钠 5～10、苯胺 1～3、水溶性苯并三氮唑 1～3、硫脲 5～10、氨基磺酸加至 100。

产品应用　本品主要应用于汽车水箱除垢。

产品特性　本品生产成本低、除垢效果好。

∷ 汽车水箱除垢剂 （2）

原料配比 →

表 1　普通汽车用除垢剂

原料	配比（质量份）					
	1#	2#	3#	4#	5#	6#
LW-5 缓蚀剂	2.2	2.2	2.3	2.4	2.5	2.6
六亚甲基四胺	1.2	1.2	1.1	1.1	1	1
硝酸（47%）	20	21	22	23	24	25
羟基乙酸	15.8	15	14	12	11	10
氨基磺酸	8	8	9	9	10	10

续表

原料	配比(质量份)					
	1#	2#	3#	4#	5#	6#
EDTA-Na₂	4	3.9	3.8	3.7	3.6	3.5
渗透剂 BX	1.2	1.3	1.3	1.4	1.4	1.5
氯化钾	2.5	2.6	2.7	2.8	2.9	3
水	加至100	加至100	加至100	加至100	加至100	加至100

表 2　轿车用除垢剂

原料	配比(质量份)					
	1#	2#	3#	4#	5#	6#
LW-5 缓蚀剂	4	4.1	4.2	4.3	4.4	4.5
六亚甲基四胺	4.2	4.2	4.1	4.1	4	4
羟基乙酸	10	10.5	11	11.5	11.8	12
氨基磺酸	35	33	31	29	27	25
EDTA-Na₂	1.5	1.5	1.5	1.6	1.6	1.6
渗透剂 BX	5	5.1	5.2	5.2	5.3	5.4
二壬基萘磺酸钡	1.8	1.8	1.7	1.7	1.6	1.6
聚乙二醇辛基苯基醚	5	5.2	5.4	5.6	5.8	6
十二烷基苯磺酸钠	1.6	1.6	1.5	1.5	1.4	1.4
二环己胺辛酸酯	2.8	2.9	3	3	3.1	3.2
水	加至100	加至100	加至100	加至100	加至100	加至100

制备方法

(1) 将六亚甲基四胺、渗透剂 BX、EDTA-Na₂、氯化钾溶于适量的 40~50℃水中，再用余量的水稀释硝酸，并将氨基磺酸立即放入硝酸溶液中溶解，得到的溶液与 LW-5 缓蚀剂混合均匀，即得普通汽车用除垢剂。

(2) 将二壬基萘磺酸钡、二环己胺辛酸酯、渗透剂 BX、聚乙二醇辛基苯基醚、十二烷基苯磺酸钠、六亚甲基四胺、EDTA-Na₂、LW-5 缓蚀剂分别溶于 55~60℃的全部水中，放置 24h 后，再将羟基乙酸、氨基磺酸分别放入溶液中溶解，即可得到轿车用除垢剂。

原料配伍　本品各组分质量份配比范围如下。

普通汽车水箱除垢剂：LW-5 缓蚀剂 2.2～2.6、六亚甲基四胺 1～1.2、硝酸（47%）20～25、羟基乙酸 10～15.8、氨基磺酸 8～10、EDTA-Na$_2$ 3.5～4、渗透剂 BX 1.2～1.5、氯化钾 2.5～3、水加至 100。

轿车水箱除垢剂：LW-5 缓蚀剂 4～4.5、六亚甲基四胺 4～4.2、羟基乙酸 10～12、氨基磺酸 25～35、EDTA-Na$_2$ 1.5～1.6、渗透剂 BX 5～5.4、二壬基萘磺酸钡 1.6～1.8、聚乙二醇辛基苯基醚 5～6、十二烷基苯磺酸钠 1.4～1.6、二环己胺辛酸酯 2.8～3.2、水加至 100。

产品应用　本品主要应用于汽车水箱及发动机水侧部位的水垢、锈垢清除，同时也可应用于由不锈钢、碳钢、低合金钢、铜及铜合金、铝及铝合金所组成的任何用水设备、容器、管道等的水垢、锈垢的快速清除。

使用方法：本品使用时通常加水稀释成 5%～10% 的水溶液。

产品特性　本品彻底克服拆卸、人力刮除、维修时间长、易损伤、必须专业厂家维修、费用高等诸多问题。任何驾驶员均能自行加药操作，并且，能够在 2h 内达到药到垢除的效果，解决了汽车水箱除垢方面长年来积累的问题。并且无任何不良影响。

∴ 汽车水箱除垢清洁剂

原料配比 →

原　料	配比（质量份）		
	1#	2#	3#
次氮基三乙酸	70	—	25
乙二胺四乙酸	—	60	15
柠檬酸	—	35	9
氨基磺酸	25	—	45

续表

原　料	配比（质量份）		
	1#	2#	3#
亚甲基二萘磺酸钠	5	—	3
烷基苯磺酸钠	—	5	—
十二烷基硫酸钠	—	—	3

制备方法　将各组分混合均匀即可。

原料配伍　本品各组分质量份配比范围为：次氮基三乙酸 0～70、氨基磺酸 0～45、乙二胺四乙酸 0～60、柠檬酸 0～35、阴离子表面活性剂 5～6。

产品应用　本品主要应用于清除汽车水箱中积存的水垢。

产品特性　本品为白色固体粉状物质，使用时可溶解在 80℃热水中或直接加入水箱中，其中的次氮基三乙酸和乙二胺四乙酸可以溶解水垢中的钙镁离子，将其转化成新盐而从水箱表除掉，氨基磺酸和柠檬酸在本品中的主要作用表现在它对金属表面氧化层的清洗作用，使金属表面光洁如新，本品加入汽车水箱中后，汽车正常行驶 4～6h，水垢即可全部溶解。

本品中的任何一种成分对金属本身均没有腐蚀作用，因此对水箱及汽车部件没有任何损伤，水垢是溶解在清洗剂中的，没有产生任何水渣，所以不会造成冷却系统的堵塞，另外本品无毒，清洗时间短，清洗过程不影响汽车运行。

⋮ 汽车水箱除垢清洗液 ⋮

原料配比 ➲

原　料	配比（质量份）				
	1#	2#	3#	4#	5#
磷酸	6	6.5	7	7.5	8
DX 渗透剂	0.3	0.5	0.6	0.7	0.8

原　料	配比(质量份)				
	1#	2#	3#	4#	5#
苯甲酸钠	0.3	0.35	0.4	0.45	0.5
聚乙二醇	0.8	0.85	1.4	1.8	2
工业盐	0.5	0.7	1	1.2	1.5
OP-10 乳化剂	0.1	0.15	0.2	0.25	0.3
高分子复合增效活性剂	3	3.5	4	4.5	5
水	7	8	9	9.5	10

制备方法

(1) 原料水溶液的配制：按所述配比量分别称取除磷酸和高分子复合增效活性剂以外的各种原料，分别盛装在容器中加水并加热溶解，搅拌均匀，分别制成水溶液原料，其中加水量以各原料全部溶解成溶液状态为度，溶解加热温度控制范围分别是：DX 渗透剂 25～35℃、苯甲酸钠 25～35℃、聚乙二醇 25～35℃、工业盐 15～25℃、OP-10 乳化剂 55～70℃。

(2) 将磷酸及高分子复合增效活性剂和制成的水溶液原料，按照所述配方后一项与前一项逐项混合配制的次序，依次混合搅拌均匀，并按所述配比量加足水，搅拌均匀，即制成本产品的汽车水箱除垢清洗液成品。

原料配伍　本品各组分质量份配比范围为：磷酸 6～8，DX 渗透剂 0.3～0.8，苯甲酸钠 0.3～0.5，聚乙二醇 0.8～2，工业盐 0.5～1.5，OP-10 乳化剂 0.1～0.3，高分子复合增效活性剂 3～5 和水 7～10。

磷酸：呈弱酸性，具有除锈、除氧化皮的作用，而且对金属表面具有一定的磷化作用，形成细密的磷化膜，保护金属表面，防止锈蚀，适用于金属表面处理剂。

DX 渗透剂：具有良好的渗透性、润湿性、再润湿性，且有乳化及洗涤功效，用于增强原料在除油除锈中的渗透性，对金属表面的净化有一定的辅助作用；

苯甲酸钠：能抑制微生物的生长繁殖，防止水质的腐败变质和异味的产生。

聚乙二醇：可用作溶剂、助溶剂、O/W 型乳化剂和稳定剂，对于水中不易溶解的物质，可作为固体分散剂的载体，以达到固体分散目的。

工业盐：能够杀灭细菌，抑制循环水中微生物的滋生。

OP-10 乳化剂：是烷基酚与环氧乙烷的缩合物，为一种阴离子表面活性剂，具有极佳的生物降解性和优良的匀染、乳化、润湿、扩散、抗静电性能。

高分子复合增效活性剂：由多种高分子物质配制而成，能增强循环水中有机污染物质表面的活性，促进其降解，利于杂质的分离和去除。

产品应用　本品主要用作汽车水箱除垢清洗液。

该清洗液在使用时，可按清洗液质量的 10～20 倍加水稀释，作业时无需将水箱拆卸下来，只要从循环进水口压入本清洗液的稀释水溶液，对水箱换热管进行冲洗；对散热片表面的积垢可直接刷洗或冲洗。

产品特性

（1）能够有效、彻底地清除汽车水箱换热管壁及散热片表面附着的水垢，清洗除垢速度快，同时，能在金属表面形成保护膜，防止金属腐蚀和水垢的快速积淀。

（2）由于该清洗液是由各种不同性能的高分子合成原料所产生的协同效应，因此，不产生有害气体，清洗液内不含任何强酸、强碱和有机溶剂，无毒、无腐蚀、对环境无污染；对人体无任何刺激、无损害；而且稳定性好，不变质、无挥发，清洗液可直接排放，使用安全可靠。

（3）除垢效果显著，水垢是溶解在清洗液中，不产生垢渣，所以不会造成汽车冷却循环系统的堵塞。

（4）操作简单方便、快捷，无需拆卸水箱，而且清洗作业时间短，由此能大大提高汽车的运行效率。

（5）本品可对汽车水箱中形成的水垢所含各种物质发生化学反应，经表面活化、水垢分解、乳化，能迅速地破坏、分解、剥落附着在汽车水箱换热管壁上的水垢，从而达到快速除垢的效果。

∴ 汽车水箱快速除垢清洗剂 ∴

原料配比 →

原　料	配比（质量份）		
	1#	2#	3#
氨基三亚甲基膦酸	10	16	13
三聚磷酸钠	8	4	6
水解马来酸酐	8	12	10
N,N-油酰甲基牛磺酸钠	8	4	6
磷酸	4	6	5
柠檬酸	6	4	5
铬酸钾	0.4	0.8	0.6
葡萄糖酸钠	3	1	2
乌洛托品	0.15	0.5	0.3
水	60	40	50

制备方法　将上述各组分按配比称量，在 40～60℃ 温度下搅拌混合均匀，即可制得本产品的汽车水箱快速除垢清洗剂。

原料配伍　本品各组分质量份配比范围为：氨基三亚甲基膦酸 10～16，三聚磷酸钠 4～8，水解马来酸酐 8～12，N,N-油酰甲基牛磺酸钠 4～8，磷酸 4～6，柠檬酸 4～6，铬酸钾 0.4～0.8，葡萄糖酸钠 1～3，乌洛托品 0.1～0.5，水 40～60。

产品应用　本品主要用作汽车水箱快速除垢清洗剂。

本产品的汽车水箱快速除垢清洗剂，使用时可将其直接加入水箱中，汽车正常行驶2～3h，水垢即可完全溶解。

产品特性　本产品具有配方设计合理、原料易得、工艺简单、使用方便、对设备无腐蚀、对环境无污染、成本低并且除垢效果显著等特点。

汽车水箱专用除垢膏

原料配比

原　料	配比（质量份）		
	1#	2#	3#
氨基磺酸	180	150	250
氯乙酸	450	400	420
乌洛托品	40	25	30
硫脲	40	28	15
硫氰酸铵	0.9	0.6	0.3
1227 表面活性剂	50	50	50
平平加	40	43	50

制备方法

(1) A 种糊状物的配制：取氨基磺酸、氯乙酸、乌洛托品、硫脲、硫氰酸铵，经粉碎、研磨以水调制成糊状。

(2) B 种糊状物的配制：取 1227 表面活性剂、平平加水调制成糊状。

(3) 除垢膏的配制：将 A、B 两组分糊状物在耐酸容器中搅拌，室温下调制成膏状物，计量分装，所得产物水不溶物≤0.4%。为了使用方便，识别明显，本品加入食品绿制成草绿色膏状成品。

原料配伍　本品各组分质量份配比范围为：氨基磺酸150～250、氯乙酸400～450、乌洛托品25～40、硫脲15～40、硫氰酸铵0.3～0.9、表面活性剂50、平平加40～50。

　　本品除垢膏主要成分为有机固体酸，其有效成分室温时为结晶体，遇水时可迅速溶解，生成络合酸性液，将乌洛托品、硫脲、硫氰酸铵等复合缓蚀剂引入，可有效防止酸性介质中碳钢、铜合金等金属的腐蚀，采用平平加、1227 阴离子表面活性剂作为除油、除脂乳化剂，它与乌洛托品可产生协同效应，使缓蚀剂的缓蚀效应提高。

　　产品应用　本品主要应用于汽车水箱除垢。

　　产品特性　本品制备的除垢膏其除垢效率可达 95%，对基体的保护效率可达 99%。而且使用时，汽车不必停驶、水箱不必拆卸，司机可自行投膏操作，直接将除垢膏挤压注入汽车水箱，注满水后，车辆可以正常行驶，经 4～6h 后，可将水箱液放出，用清水清洗一次，即完成水箱清洗过程。

∷ 汽车水箱自动除垢剂（1） ≫

原料配比 ➡

原　料	配比（质量份）
氨基磺酸	40～50
水溶性苯并三氮唑	0.4
聚丙烯酸钠	4～7
烷基苯磺酸钠	4～10

　　制备方法　将各组分在搅拌器内混合均匀即为产品。

　　原料配伍　本品各组分质量份配比范围为：氨基磺酸 40～50，水溶性苯并三氮唑 0.4～0.7，聚丙烯酸钠 4～7，烷基苯磺酸钠 4～10。

　　产品应用　本品主要用作车用水箱自动除垢剂。

　　产品特性

（1）除垢过程无需停机、省时、省力、高效节能。

（2）本产品属中性、对设备无腐蚀、无毒、无臭、无污染。

（3）制作简单，使用方便，除垢、钝化一次完成，清洗费用低，便于推广应用。

∴ 汽车水箱自动除垢剂（2）

原料配比 →

原　　料	配比（质量份）
氨基磺酸	80
水溶性苯并三氮唑	0.5
硫脲	9.5
聚丙烯酸钠	5
烷基苯磺酸钠	5

制备方法　先将水溶性苯并三氮唑和聚丙烯酸钠在搅拌器中混合均匀，另将硫脲与烷基苯磺酸钠在搅拌器中混合均匀，再将上述两种混合物倒入搅拌器中搅匀，加入氨基磺酸在搅拌器中混匀，即为本品。

原料配伍　本品各组分质量份配比范围为：氨基磺酸 70～90、水溶性苯并三氮唑 0.4～0.6、硫脲 9～10、聚丙烯酸钠 4～6、烷基苯磺酸钠 4～6。

产品应用　本品主要应用于水冷式内燃机系统水箱的除垢。

使用方法：先将汽车水箱盖打开，放满水，放入一袋（50g装）除垢剂于水箱内，启动汽车照常行驶，行至 8～10h（行程约400km），水箱内自动除垢完毕，打开水箱出口，排掉浑浊浓液，再放清水冲洗两次，除垢过程完成。

产品特性

（1）除垢过程无需停机、省时、省力、高效节能。

（2）本品属中性，对设备无腐蚀、无毒、无臭、无污染。

（3）制作简单，使用方便，除垢、钝化一次完成，清洗费用低，便于推广使用。

汽车水箱水垢高效快速除垢剂

原料配比 →

原　料	配比(质量份)		
	1#	2#	3#
三聚磷酸钠	2	8	5
乙二胺四乙酸	0.5	2	1
水解马来酸酐	2	8	5
二甲苯磺酸钠	2	10	5
烷基酚聚氧乙烯醚	0.5	3	1
乙二醇缩乙醚	2	8	5
磷酸	2	10	5
乙酸	5	20	10

　　制备方法　将原料按顺序混合均匀后再混合到 31L 的水中，并加入少量直接红染料。

　　原料配伍　本品各组分质量份配比范围为：三聚磷酸钠 2～8、乙二胺四乙酸 0.5～2、水解马来酸酐 2～8、二甲苯磺酸钠 2～10、烷基酚聚氧乙烯醚 0.5～3、乙二醇缩乙醚 2～8、磷酸 2～10、乙酸 5～20。

　　其中，所述的烷基酚聚氧乙烯醚为 OP-10。

　　其中，所述的三聚磷酸钠、乙二胺四乙酸、水解马来酸酐可组成除垢除锈缓蚀剂；二甲苯磺酸钠、非离子烷基酚聚氧乙烯醚、乙二醇缩乙醚可组成表面活性剂。

　　另外，本品所提供的高效快速除垢剂的配制方法为：按配比称取三聚磷酸钠、乙二胺四乙酸、水解马来酸酐、二甲苯磺酸钠、烷基酚聚氧乙烯醚、乙二醇缩乙醚、磷酸、乙酸八种成分，并依序混合搅拌均匀得到原液，然后将此原液与水按比例混合搅拌均匀即成本品的高效快速除垢剂，最后再加入少量直接红染料予以调色。

本品所提供的高效快速除垢剂可用于清洗各种内燃机水冷却系统中的水垢，它具有高效、快速去除水箱内壁上结聚的水垢的特性，一般只需 15min 左右时间就可以将水箱内壁结凝多时的老垢、重垢清洗干净。

为了区分除垢剂与防冻液、汽油、水或其他溶剂和液体，特在本品的除垢剂中加入一些染料，如直接红染料，使除垢剂呈红色。

产品应用　本品主要应用于汽车水箱内壁水垢的清洗除垢。

使用方法为：将 500mL 的除垢剂加入到 10L 水中，混合稀释均匀后得到工作液，将其灌注到放空的水箱中，开启汽车发动机使水循环 15min 左右后，即可将水箱中水循环系统中的水垢除净，放空除垢剂后，再用洁净的水清洗三次后，就可灌入防冻液长期使用。

产品特性　本品具有酸性除垢剂的除垢快、除垢效果彻底的优点，在除垢剂中加入的三聚磷酸钠、乙二胺四乙酸、水解马来酸酐可组成除垢除锈缓蚀剂，可克服酸性除垢剂对金属有较强腐蚀作用的弊病；同时还加入了二甲苯磺酸钠、非离子烷基酚聚氧乙烯醚、乙二醇缩乙醚，可组成表面活性乳化剂，使除垢剂的性能更稳定，分散更均匀，可减少因水垢而造成堵塞循环水路、毁坏发动机等事故。

汽车发动机冷却系统阻垢除垢剂

原料配比 ➔

原　料	配比（质量份）					
	1#	2#	3#	4#	5#	6#
石油磺酸钠（无机盐含量≤0.5%）	40	35	45	40	40	40
咪唑啉磷酸酯	40	35	45	40	40	40
三乙醇胺	1	0.5	1.5	1	—	—
二乙醇胺	—	—	—	—	1	—

续表

原　料	配比（质量份）					
	1#	2#	3#	4#	5#	6#
单乙醇胺	—	—	—	—	—	1
硫代乙酰胺	0.1	0.08	0.12	0.1	0.10	0.10
甲醇	7.56	11.76	3.36	7.56	7.56	7.56
水	11.34	17.64	5.04	11.34	11.34	11.34

制备方法　将各组分原料混合均匀即可。

原料配伍　本品各组分质量份配比范围为：石油磺酸钠 35～45，咪唑啉磷酸酯 35～45，稀释剂 8.4～29.4，乳化剂 0.5～1.5，硫代乙酰胺 0.08～0.12，石油磺酸钠中无机盐含量≤0.5%。

所述稀释剂优选水与甲醇的混合物或水与乙醇的混合物。

所述稀释剂中水的质量优选甲醇或乙醇质量的 1.5 倍。

所述乳化剂优选单乙醇胺、二乙醇胺或三乙醇胺。

质量指标 →

样品	外观	有效物含量	稀释剂含量	密度/(g/cm³)	pH 值	除垢性能（1h）	防腐性能（1h）
实施例 1	棕黄色透明油状体	69%	20%	1.14	7.5	用 1%水溶液 90℃ 时垢块可溶解	用 1%水溶液 90℃ 45 号钢无腐蚀
实施例 2	棕黄色透明油状体	65%	21%	1.12	7.4	用 1%水溶液 90℃ 时垢块可溶解	用 1%水溶液 90℃ 45 号钢无腐蚀
实施例 3	棕黄色透明油状体	72%	17%	1.18	8.1	用 1%水溶液 90℃ 时垢块可溶解	用 1%水溶液 90℃ 45 号钢无腐蚀
实施例 4	棕黄色透明油状体	68%	20%	1.15	7.8	用 1%水溶液 90℃ 时垢块可溶解	用 1%水溶液 90℃ 45 号钢无腐蚀

样品	外观	有效物含量	稀释剂含量	密度/(g/cm³)	pH 值	除垢性能(1h)	防腐性能(1h)
实施例 5	棕黄色透明油状体	68%	19%	1.16	7.6	用 1% 水溶液 90℃ 时垢块可溶解	用 1% 水溶液 90℃ 45 号钢无腐蚀
实施例 6	棕黄色透明油状体	69%	19%	1.15	7.4	用 1% 水溶液 90℃ 时垢块可溶解	用 1% 水溶液 90℃ 45 号钢无腐蚀
标准	棕黄色透明油状体	≥65%	≤25%	1.10～1.20	7～9	用 1% 水溶液 90℃ 时垢块可溶解	用 1% 水溶液 90℃ 45 号钢无腐蚀

产品应用　本品主要用作汽车发动机冷却系统的阻垢除垢剂。需要清洗除垢的汽车发动机冷却系统最好分三次进行清洗。

(1) 第一次清洗：在汽车发动机冷却系统中加入 150g 本产品所述阻垢除垢剂，自动怠速 2h 或开车不间断行驶 100km 后排掉冷却系统中的溶液，然后再重复操作一次。上述整个过程最好在半天内完成，不要间断操作。这次清洗过程主要是将容易洗掉的松软水垢快速洗掉，清洗后的冷却液要立即排放，以免出现沉淀现象，对毛细水路造成堵塞。

(2) 第二次清洗：完成第一清洗后，向汽车发动机冷却系统中加入新的冷却液和 150g 本产品所述阻垢除垢剂，汽车在日常行驶过程中会继续对残留的水垢进行清洗，大约 30d 的时间后将冷却液排放掉，再更换一次新的冷却液和本产品所述阻垢除垢剂，正常行驶半年时间，汽车内水垢将完全除掉，此时将冷却液排放掉。这个过程的清洗是将发动机冷却系统内不容易清洗掉的水垢，通过长时间不断的慢速溶解，逐渐将水垢慢慢去掉的过程。

(3) 第三次清洗：完成第二次清洗后，向汽车发动机冷却系统中加入新的冷却液和 150g 本产品所述阻垢除垢剂，可确保发动机冷却系统在两年内能够一直处于无垢的良好散热状态。两年后进行冷却液和本产品所述阻垢除垢剂的更换。这次的清洗是为了阻止以后水垢的形成，属于保养性的清洗。

对于冷却系统中水垢较多的情况，尤其是水箱内产生的水垢已经对水箱造成了腐蚀，需要更换水箱和相应的水路管道后再进行冷却系统的除垢清洗，以免损坏发动机。

产品特性

（1）本产品中的硫代乙酰胺和水垢接触，使水垢的表面疏松，随后石油磺酸钠、咪唑啉磷酸酯与水垢的主要成分碳酸钙、碳酸镁进行反应，生成石油磺酸钙、石油磺酸镁和碳酸钠，这些产物均能溶解于冷却液中，沉积的水垢即被去除。

（2）产品中，石油磺酸钠中无机盐的含量会影响阻垢除垢剂的除垢效果，无机盐含量≤0.5%时，本产品才具有既能够防止新购汽车发动机冷却系统中水垢的产生，又能够除去汽车发动机冷却系统中已产生的水垢的特性。

（3）所述除垢剂中单乙醇胺、二乙醇胺或三乙醇胺的加入能够防止制备的阻垢除垢剂发生分层、有效成分分布不均，影响其防止水垢产生以及去除水垢的效果。

（4）对于新购买的汽车，发动机冷却系统中不存在沉积水垢，向添加完冷却液的冷却系统中加入本产品所述阻垢除垢剂150～200g即可。阻垢除垢剂能够与冷却液中形成水垢的主要成分碳酸钙、碳酸镁发生反应，生成能溶于冷却液的石油磺酸钙、石油磺酸镁和碳酸钠，因此不会出现水垢沉积的现象。

（5）对于已经存在沉积水垢的发动机冷却系统，先向添加完冷却液的冷却系统中加入本产品所述阻垢除垢剂150～200g，一段时间后排掉冷却液，加入新的冷却液，再加入阻垢除垢剂150～200g。通常循环3～6次即可将已产生的水垢消除掉。阻垢除垢剂在冷却液中留置的时间以及所需要循环添加的次数，可以根据实际的车况进行相应的调整，最终都能将冷却系统中的水垢去除干净。使用后，发动机的声音明显变小，已经出现烧油较多的汽车，可以恢复到新车时的燃油量，不仅能够起到节能的作用，而且尾气排放的污染程度会降低，减轻了汽车尾气对环境的污染。

（6）本产品呈中性，不慎洒落到人体皮肤或衣物后，不会发生腐蚀现象；所选原料无毒或低毒，使用时安全可靠，也不会对环境造成污染。

（7）本产品既能阻止汽车发动机冷却系统中水垢的产生，又能除去已产生的水垢。

（8）本产品在有效去除汽车发动机冷却系统中的水垢的同时，不会对冷却系统造成二次损害，因此可以真正实现延长汽车发动机寿命的目的。

⸭ 汽车冷却系统的除垢清洗剂

原料配比 ➡

原料	配比（质量份）						
	1#	2#	3#	4#	5#	6#	7#
六亚甲基四胺	20	15	25	12	27	10	30
氧化钙	10	12	9	13	6	15	5
羟基乙酸	25	30	22	33	20	35	15
苯三唑	2.6	2.5	1.5	2.8	1.2	3.0	1.0
邻苯二甲酸二丁酯	30	33	25	35	23	40	20
乌洛托品	9.0	10	5.0	12	2.0	15	1.0
纯净水	50	55	45	60	45	60	40

制备方法　室温下，按配方配比先将氧化钙、羟基乙酸、苯三唑、邻苯二甲酸二丁酯及乌洛托品加入反应釜中混合，搅拌均匀后过 80 目筛后待用，将纯净水加热至 50～70℃，将上述待用混合物在逐渐搅拌下慢慢加入，再搅拌均匀，最后过滤即得成品。

原料配伍　本品各组分质量份配比范围为：六亚甲基四胺 10～30，氧化钙 5～15，羟基乙酸 15～35，苯三唑 1～3，邻苯二甲酸二丁酯 20～40，乌洛托品 1～15，纯净水 40～60。

产品应用　本品主要用作汽车冷却系统的除垢清洗剂。

本产品可在更换防冻液之前,按比例将本产品加入水箱中进行清洗,怠速运转 20～30min 后排净旧的防冻液,加入配套的水箱保护剂之后直接加入新的防冻液即可。

产品特性　本产品可以彻底地解决冷却系统内部水垢、水锈、凝胶等污物积聚及堵塞水道,达到较好的冷却系统散热效果。从而解决了发动机过热的问题,且对冷却系统无任何损伤,有效地延长发动机和冷却系统的使用寿命,极大地满足使用者需求。

∴ 汽车冷却系统固体除垢清洗剂

原料配比 →

原　料	配比(质量份)		
	1#	2#	3#
二羟基丁二酸	44	42	40
柠檬酸	44.5	42	39.5
阴离子表面活性剂十二烷基硫酸钠	1	2	1
阴离子表面活性剂十二烷基苯磺酸钠	1	2	1
缓蚀剂苯并三氮唑	0.5	1	0.5
防锈剂亚硝酸钠	1	2	1
发泡剂碳酸氢钠	8	9	8

制备方法　有加热设施的敞口反应釜中依次加入二羟基丁二酸、柠檬酸、阴离子表面活性剂十二烷基硫酸钠、阴离子表面活性剂十二烷基苯磺酸钠、缓蚀剂苯并三氮唑、防锈剂亚硝酸钠、发泡剂碳酸氢钠。搅拌 30～40min 后,测定相关质量指标,合格后过滤装入包装。整个混配过程中,反应釜的温度保持在 30～35℃,目的是保持物料干燥,防止潮解。

原料配伍　本品各组分质量份配比范围为:二羟基丁二酸 40～50,柠檬酸 30～50,阴离子表面活性剂十二烷基硫酸钠 1～3,

阴离子表面活性剂十二烷基苯磺酸钠 1～3，缓蚀剂苯并三氮唑 0.5～1.5，防锈剂亚硝酸钠 1～5，发泡剂碳酸氢钠 8～10。

产品应用　本品主要用作汽车冷却系统固体除垢清洗剂。

本产品用纯净水稀释浓度至 10%，加入汽车水箱中运行 24～48h 后放掉，用纯净水充分置换（2～3 次），再换上优质防冻液。

本产品勿直接用手或身体接触，溅入眼内立即用清水清洗。注意存放，防湿、防潮，一旦潮解，即为失效。

产品特性　本产品可有效地清除汽车水箱中的水垢和黏着物，对铜质材料、铁质材料有很好的防腐作用。

⠿ 车用高效轮毂除垢清洗剂 ⠿

原料配比

原　　料	配比（质量份）		
	1#	2#	3#
十五烷基间二甲苯磺酸钠	70	60	65
二氯甲烷	35	30	40
全氯乙烯	60	45	20
丙烯酸	15	8	12
单烷基醚磷酸酯钾盐	8	7	7
硅酸钠	7	7	7
去离子水	90	60	100

制备方法　将十五烷基间二甲苯磺酸钠、二氯甲烷、全氯乙烯、丙烯酸、单烷基醚磷酸酯钾盐、硅酸钠、去离子水按比例加入混合容器中均匀搅拌，混合均匀后即得所述车用高效轮毂除垢清洗剂。

原料配伍　本品各组分质量份配比范围为：十五烷基间二甲苯磺酸钠 50～90，二氯甲烷 30～40，全氯乙烯 20～80，丙烯酸 5～15，单烷基醚磷酸酯钾盐 6～9，硅酸钠 2～9，去离子水 60～100。

所述十五烷基间二甲苯磺酸钠为表面活性剂，对动植物油、泥土及饮料等去污效果好。

　　所述二氯甲烷为清洗剂，具有较低的臭氧耗减潜能值，几乎不会破坏臭氧层；在一般条件下使用具有不燃性，且对金属加工油、油脂等油污的溶解力大，对塑料和橡胶也可产生膨润或溶解，其黏度及表面张力小，渗透力强，可渗透狭小缝隙，彻底溶解清除附着污物，沸点低，蒸发热小，适合蒸汽清洗，清洗后可以自行干燥，废液可通过蒸馏分离，循环使用。

　　所述全氯乙烯又称四氯乙烯，也用作清洗剂。

　　所述二氯甲烷和所述全氯乙烯的混合使用能够增强干洗的效果。

　　所述单烷基醚磷酸酯钾盐具有良好的乳化性能，能够使所述车用高效轮毂除垢清洗剂更加稳定。

　　所述硅酸钠具有增溶的作用。

　　所述十五烷基间二甲苯磺酸钠以间二甲苯、脂肪酰氯和溴代烷为原料，经傅-克酰基化反应、格氏试剂加成反应、氢化还原和磺化中和反应得到 4 种不同支化度的十五烷基间二甲苯磺酸钠的同分异构体。

　　产品应用　本品主要用作车用高效轮毂除垢清洗剂。

　　产品特性　本产品中的十五烷基间二甲苯磺酸钠的加入能够增强对油渍的去除效果，使对汽车轮毂的清洗更加干净；本产品清洗轮毂时对轮毂伤害比较小，能够延长轮毂的使用寿命；使用起来比较简单方便。

强附着性垢结物清洗剂

原料配比

原　料		配比（质量份）				
		1#	2#	3#	4#	5#
第一组	五水偏硅酸钠	40	35	50	40	30
	硅酸钠	30	20	20	15	20

原　料		配比(质量份)				
		1#	2#	3#	4#	5#
第一组	碳酸钠	—	15	—	—	15
	十二烷基苯磺酸钠	10	14	12	15	13
	亚甲基二萘磺酸钠	3	5	3	5	3
	羧甲基纤维素	2	—	—	2	1
	甲基纤维素	—	—	2	—	—
第二组	高碳脂肪醇聚氧乙烯醚	5	—	3	10	—
	仲辛醇聚氧乙烯醚	5	6	6	5	6
	月桂酰二乙醇胺	—	5	7	2	5

制备方法　在常温下，将第一组的组分无机盐、十二烷基苯磺酸钠、亚甲基二萘磺酸钠和羧甲基纤维素按配比进行机械或手工混合，混合均匀，包装（大包）；第二组的组分非离子表面活性剂和仲辛醇聚氧乙烯醚按配比进行机械或手工混合，混合均匀，包装（小包）；使用时将大、小包一起倒入水中，配制成水溶液即可。

原料配伍　本品各组分质量份配比范围为：无机盐 30～70、十二烷基苯磺酸钠 8～15、亚甲基二萘磺酸钠 3～8、羧甲基纤维素（相对分子质量 20000～800000）0～3、非离子表面活性剂 3～12、仲辛醇聚氧乙烯醚（相对分子质量 336～364）4～8、烷基多糖苷 0～3、壬基酚聚氧乙烯醚（相对分子质量 572～880）0～3、油酸钠 0～3。

上述的无机盐是五水偏硅酸钠、硅酸钠、碳酸钠中的两种或三种盐任意比例的混合物。

非离子表面活性剂选自脂肪醇聚氧乙烯醚（C_4～C_{20}，相对分子质量 210～1000）、月桂酰二乙醇胺中的一种或两种，作为浸润乳化作用的助剂。

仲辛醇聚氧乙烯醚（相对分子质量 336～364）具有渗透作用，增强清洗剂对污垢的渗透和浸润能力。

羧甲基纤维素（相对分子质量 20000～800000）作为防沉剂使用。

亚甲基二萘磺酸钠是一种分散剂，防止粒子再凝聚。

在实际制备时，可根据清洗的垢型不同调整改变所用配方，即调整无机盐的组分和浓度、非离子表面活性剂的种类和用量，以及其他组分的浓度。

产品应用　本品主要应用于原油输送管道油垢清洗，还可用于金属表面、燃油设备等的除油清洗。

本品的清洗剂用于原油输送管道油垢清洗，将第一组组分和第二组组分一起倒入水中，配制成 2%～5%（质量分数）的溶液，进行清洗。

产品特性　本品的清洗剂的特点是采用固液组分分别包装，即无机盐、阴离子表面活性剂、分散剂组成的粉状体（第一组），非离子表面活性剂、渗透剂组成的液体（第二组），使用时将粉状体组分与液体组分加入水中按一定比例混合，搅拌均匀即可进行清洗。

本品清洗剂可有效清除管道壁上的垢结物，使管道畅流，降低输油压力，提高出油量，腐蚀性极低，清洗后还能在管道壁内表面形成钝化膜降低结垢速度，该清洗剂生产工艺简单，无环境污染，成本低。

本品清洗剂属于水基清洗剂，除用于原油输送管道油垢清洗外，还可用于金属表面、燃油设备等的除油清洗，应用范围广，使用方便、安全，清洗后还能在设备上形成钝化膜降低结垢速度。通过失重挂片法测定清洗剂对钢的腐蚀率小于 0.59g/（m² · h）。用硫酸铜法测定钝化效果，出现镀铜现象的时间大于 40s。

强力除垢剂

原料配比

原　料	配比(质量份)
盐酸	60
乌洛托品	0.8
硫脲	0.7
苯胺	0.5
水	加至100

制备方法　将乌洛托品、硫脲、苯胺依次加入装水的反应釜中进行搅拌2h，然后再加入盐酸，再进行搅拌1.5h即可。

原料配伍　本品各组分质量份配比范围为：盐酸50～65、乌洛托品0.6～0.9、硫脲0.5～0.7、苯胺0.4～0.6、水加至100。

产品应用　本品主要应用于去除锅炉及热水系统中的水垢。

产品特性

(1) 对锅炉及热水系统中的水垢、沉积物彻底清洗干净。

(2) 由于对水垢具有很强的渗透、剥离和溶解的功效，所以对较厚的水垢有较强的清除能力。

(3) 对设备及金属部件无腐蚀。

清除水垢试剂（1）

原料配比

原　料	配比(质量份)				
	1#	2#	3#	4#	5#
氨基磺酸	97170	97300	97050	98000	96000
六亚甲基四胺	800	900	700	500	950
天津若丁	300	400	250	150	500

原　料	配比(质量份)				
	1#	2#	3#	4#	5#
氯化亚锡	130	100	180	200	100
渗透剂 JFC	1600	1800	1400	200	110

制备方法　将氨基磺酸、六亚甲基四胺、天津若丁、氯化亚锡和渗透剂 JFC 混合均匀，得到本品除垢试剂。

原料配伍　本品各组分质量份配比范围为：氨基磺酸 96000～98000、六亚甲基四胺 500～1000、天津若丁 100～500、氯化亚锡 100～200、渗透剂 JFC 100～2000。

其中，氨基磺酸是一种有机弱酸，其可以同水垢的主要成分碳酸钙、碳酸镁和氧化铁反应，而将不溶性物质转化为可溶性物质。

渗透剂 JFC 可以加快除垢剂同碳酸钙和碳酸镁的反应速率，促进碳酸钙和碳酸镁的溶解。

六亚甲基四胺是一种助溶剂，其可以通过络合等方式促进氧化铁的溶解。

氯化亚锡是一种还原剂，可以将氧化铁溶于酸后产生的三价铁离子转化为二价铁离子，从而防止对铁壁的侵蚀。

天津若丁是一种缓蚀剂，可以预防对铁壁的侵蚀。

产品应用　本品主要应用于清除水垢。

本品试剂清除水垢的方法：向被除垢器具注满水并按比例加入除垢试剂，浸泡，排出溶解的水垢和水溶液；还可以钝化保养。

具体而言：将被除垢器具注满水并加入除垢试剂，如果水垢厚度≤3mm，则投入被除垢器具的容积水质量 4% 的除垢试剂，至少浸泡 8h；在此基础上，水垢厚度每增加 1mm，除垢试剂投入量增加 1%，浸泡时间至少增加 2h，如水垢厚度为 4mm，投入被除垢器具的容积水质量 5% 的除垢试剂，至少浸泡 10h 以上，然后从器具中排出溶解的水垢和水溶液；还可以用氯化钠和钝化试剂（例如联氨）水溶液浸泡保养器具。

产品特性　本品成本低，使用其除垢，尤其是对锅炉除垢，除垢率可达 98% 以上，而且铁壁的腐蚀率 $\leqslant 0.6g/(h \cdot m^2)$，可以提高锅炉的使用寿命。本品在常温下使用，操作简便，除垢时不会产生硫氧化物、氮氧化物气体和粉尘以及其他有害物质，利于环保和工人身体健康。该除垢试剂呈粉状，易于保藏和运输。

∴ 清除水垢试剂（2）

原料配比 ➡

原　料	配比（质量份）
柠檬酸	2.4
碳酸氢钠	5.52
氨基磺酸	8.06
六亚甲基四胺	0.72
水	31.78

制备方法　将柠檬酸、碳酸氢钠、氨基磺酸、六亚甲基四胺、水混合均匀，得到本品清除水垢试剂。

原料配伍　本品各组分质量份配比范围为：柠檬酸 2.3～2.5、碳酸氢钠 5～6、氨基磺酸 8.05～8.07、六亚甲基四胺 0.71～0.73、水 31.77～31.79。

在常温下，氨基磺酸要保持干燥不与水接触，固体的氨基磺酸不吸湿，比较稳定，而氨基磺酸的水溶液具有与盐酸、硫酸等同等的强酸性，故别名又叫固体硫酸，它具有不挥发、无臭味和对人体毒性极小的特点，氨基磺酸水溶液对铁的腐蚀产物作用较慢，可添加一定量的柠檬酸、碳酸氢钠以及六亚甲基四胺，从而有效地溶解铁垢，上述清除水垢试剂的水溶液可去除铁、钢、铜、不锈钢等材料制造的设备表面的水垢和腐蚀产物，另外，氨基磺酸还是唯一可用作镀锌金属表面清洗的酸。

所用的原料中，六亚甲基四胺是一种常用的缓蚀剂，也是助溶剂，用于减缓金属材料的腐蚀，广泛应用于钢铁、铸造、复合材料等领域；上述清除水垢试剂除垢效果很好，不产生有害的物质，不会对被除垢器具造成伤害性的腐蚀，也不会损害人体健康，安全实用。

产品应用 本品主要应用于清除水垢。

本品清除水垢试剂的使用方法：当污垢厚度≤2.0mm，加入上述清除水垢试剂的质量为被除垢器具的容积水质量的3.7%～5.0%；在此基础上，污垢厚度每增加0.5mm，清除水垢试剂的加入量增加1.0%～2.1%。

具体而言，按上述比例加入清除水垢试剂之后，进行搅拌和浸泡操作，所述的搅拌速度为30r/min，所述的浸泡时间超过200min；在浸泡的过程中，保持特定的搅拌速度可以提高除垢的效率，30r/min这个转速既可以很好除垢，也不会对被除垢器具内壁产生过大的压力；如水垢的厚度或是密度加大，还可以根据实际情况适当改变搅拌的转速和浸泡的时间，或增加清除水垢试剂的量。

本品清除水垢试剂的使用方法：污垢厚度≤2.0mm，加入上述清除水垢试剂的质量为被除垢器具的容积水质量的4.8%；在此基础上，污垢厚度每增加0.5mm，清除水垢试剂的加入量增加1.8%。

产品特性 本品根据被除垢器具的容量大小和水垢厚度，可以改变其使用方法，除垢效果好，不会产生有害物质，不会对被除垢器具造成伤害性的腐蚀，安全实用。

清垢剂

原料配比 →

原　料	配比（质量份）	
	1#	2#
盐酸	—	15.3
磷酸	17	14.2

续表

原　料	配比(质量份)	
	1#	2#
草酸	14	14.2
烷基咪唑啉盐	5.5	—
脂肪醇聚氧乙烯醚	—	4.1
海鸥洗涤剂	—	2.5
硫酸钠	3.8	5.2
去离子水	59.7	58.7

制备方法　先将盐酸、磷酸和草酸用去离子水混合，溶解后，再加入烷基咪唑啉盐、脂肪醇聚氧乙烯醚、硫酸钠、海鸥洗涤剂加热至 60℃±2℃即得。

原料配伍　本品各组分质量份配比范围为：盐酸 0～20、磷酸 10～20、草酸 10～15、烷基咪唑啉盐 0～10、脂肪醇聚氧乙烯醚 0～10、硫酸钠 1～10、海鸥洗涤剂 0～5、去离子水 50～60。

产品应用　本品主要应用于空调或冷却装置的清垢。

产品特性　本品清垢剂清垢效果显著，且对金属无腐蚀作用。由于配方中有表面活性剂和洗涤剂，因此本品具有洗涤及润湿作用，在清垢后能使表面形成一层保护膜，以防止油垢及水垢的大量聚结。

清色除垢液

原料配比

原　料	配比(质量份)
异丙醇	55～65
乙醚	25～30
表面活性剂	0.5～3

制备方法　首先将异丙醇和乙醚加入到反应器中，在搅拌下反应 6~8h，后升温至 60~80℃，再加入经水解的表面活性剂，经 1~2h 分散，最后降至室温即成。

原料配伍　本品各组分质量份配比范围为：异丙醇 55~65、乙醚 25~30、表面活性剂 0.5~3。

所述的表面活性剂为阴离子表面活性剂，所述的阴离子表面活性剂选用目前市销的 C_6~C_{16} 烷基硫酸盐、烷基牛磺酸盐、α-烯烃磺酸盐、烷基肌氨酸盐。其中更优选目前制备洗洁精使用的表面活性剂。

质量指标 ➡

检验项目	检验结果
密度	$0.9275g/cm^3$
相对分子质量	118
溶解度	无限溶解于水
挥发速率	$40.79g/m^2$
pH 值	7.36

产品应用　本品主要应用于清除金属、玻璃、陶瓷、石材、混凝土等表面黏附的油墨、油漆、涂料、颜料等污色油垢，同时加水稀释后可用于印刷版及其他着色工具的清洗。

产品特性　本品为无色透明状水溶性液体，微有清凉气味，在胶体类聚合物及交联体中表现活跃，在色沉着的网状物缝隙间膨化至疏断胶体间连接线，使胶质与色粉经活化分离后松动脱落。本品用于清除金属、玻璃、陶瓷、石材、混凝土等表面黏附的油墨、油漆、涂料、颜料等污色油垢，同时加水稀释后可用于印刷版及其他着色工具的清洗，具有不会造成新的污染、不易燃烧、自挥发和清除彻底等优点。

清洗除垢剂（1）

原料配比

原　料	配比（质量份）		
	1#	2#	3#
30%盐酸	16.5	10	3.5
40%氢氟酸	2.5	0.1	2.4
十二烷基苯磺酸钠	8	5	5
脂肪醇聚氧乙烯醚硫酸钠	5	7	—
脂肪醇聚氧乙烯醚	—	—	6
6051商品	0.3	—	—
对二甲苯磺酸钠	—	0.1	0.3
乌洛托品、硫脲、二氯化锡混合物	0.7	—	—
2-巯基苯并噻唑	—	0.3	—
马日夫盐	—	—	1
乙二醇单丁醚	7	—	10
乙二醇单甲醚	—	25	—
85%磷酸	3.6	—	—
50%柠檬酸	—	—	16
松节油	0.3	—	0.2
草莓香精	—	0.2	—
增白剂	0.1	—	0.2
水	56	52.3	35.4

制备方法　首先混合盐酸和氢氟酸和部分水，然后在该混合液中缓慢加入十二烷基苯磺酸钠和非离子表面活性剂，搅拌，待反应20~30min后加入磷酸、柠檬酸、助剂、缓蚀剂、有机醚溶剂，反

应发热，等温度降至 40℃ 以下时加入增白剂和增香剂，最后加足水量满足 100％ 要求，静置 24h，上清液分装。

原料配伍　本品各组分质量份配比范围为：盐酸 1～5、氢氟酸 0.01～1、十二烷基苯磺酸钠 4～10、非离子表面活性剂 5～7、助剂 0.1～0.4、缓蚀剂 0.3～1、有机醚溶剂 3～30、水加至 100。

非离子表面活性剂可以是脂肪醇聚氧乙烯醚硫酸钠或脂肪醇聚氧乙烯醚；助剂可选用 6051 商品名制品，该物质主要含有月桂醇二乙醇胺和十二烷基二甲基胺，或选用对二甲苯磺酸钠；缓蚀剂可以是 2-巯基苯并噻唑或马日夫盐（碱式氧化锰），还可以是乌洛托品、硫脲、二氯化锡按 7∶1∶2 质量比的混合物；有机醚溶剂可以是乙二醇单丁醚或乙二醇单甲醚。

本品的清洗除垢剂含磷酸 3～5 份或柠檬酸 10～20 份；还含有香料，可以是松香或草莓香精，用量至产生香味；还含有少量增白剂，可以是二苯乙烯基萘三唑或二苯乙烯基联苯衍生物。

产品应用　本品主要应用于瓷砖、花岗岩、玻璃、塑料、金属表面、汽车水箱、锅炉等清洗除垢。

产品特性　本品采用盐酸和氢氟酸的混合酸作为除垢剂，氯和氟两种强酸搭配，除垢效果更好，辅以本品的十二烷基磺酸钠作为表面活性剂，本品的非离子表面活性剂、助剂、有机醚等协同发挥去污去油腻的作用，其配伍恰到好处，所采用的缓蚀剂，对金属表面有较好的保护作用，达到去污除垢，最大限度减少酸对金属表面的腐蚀作用。

清洗除垢剂（2）

原料配比

原料	配比（质量份）	
	1#	2#
六亚甲基四胺	2	5
硫脲	5	8

原　料	配比(质量份)	
	1#	2#
磷酸	1	2
柠檬酸	2	1
18%盐酸	9	6
6%盐酸	加至100	加至100

　　制备方法　将原料各组分混合均匀即可。

　　原料配伍　本品各组分质量份配比范围为：六亚甲基四胺2～5、硫脲3～8、磷酸1～3、柠檬酸1～3、18%盐酸5～15、6%盐酸加至100。

　　产品应用　本品主要用作工业除垢剂。

　　产品特性　本品生产成本低，除垢效果好。

燃煤锅炉除垢节能化学添加剂

原料配比

原　料	配比(质量份)		
	1#	2#	3#
KNO_3	10	15	12
$NaNO_3$	12	17	14
Na_2CO_3	30	20	25
$NaCl$	25	20	30
Fe_2O_3	8	12	8
CaO	25	20	10
环氧树脂	0.2	0.4	0.2
催化剂 $Cu_2Cr_2O_4$	0.3	0.6	0.4

　　制备方法　将上述化学晶体或块状物质经粉碎至20～40目左右粉末，按比例配料混合搅拌均匀即可。

原料配伍　本品各组分质量份配比范围为：KNO_3 10～15、$NaNO_3$ 12～17、Na_2CO_3 20～30、$NaCl$ 20～35、Fe_2O_3 6～12、CaO 10～30、环氧树脂 0.2～0.4、催化剂 $Cu_2Cr_2O_4$ 0.3～0.6。

本品依据化学原理对锅炉焦垢成因进行研究，结合现代科技成果，利用催化、氧化方法，除垢、防垢，减少污染物的排放，节能降耗。在本品中，KNO_3、$NaNO_3$ 为氧化剂，$NaNO_3$、$NaCl$、环氧树脂为改变焦垢的力学性能及理化性能而加入的附加物；Fe_2O_3 起改善低温时的燃烧性，提高燃烧的稳定性的作用；CaO 作为添加剂，视实际情况可加大或减小用量；$Cu_2Cr_2O_4$ 作为催化剂。

产品应用　本品主要应用于一切燃煤的锅炉、民用炉灶、火坑等。

使用方法：添加剂为燃料煤的万分之二比例用量。也可根据结垢严重程度，按次数、按炉型加大用量。对于煤种较差、结垢严重的锅炉，除垢率为 100%，煤质好、结垢少的锅炉除垢效果不明显，但节能等均具有良好效果。

产品特性　本品与现有技术的区别在于：现有技术只单纯节能，或无除垢功能或除垢效果不佳，而本品节能、除垢效果明显；现有技术只能使炉内温度提高 100℃，而本品能使炉内温度提高 300℃；现有技术是通过催化等使炉内金属化合物、非金属化合物参与燃烧来增加热能，而本品是用催化、氧化产生的热能使挥发物得到充分燃烧来减少有害气体排放和抑制新垢生成。

本品的积极效果为具有无毒、无害、不易燃、不易爆、使用方法简单、用量少、见效快等特点，能彻底清除焦垢，抑制新垢生成，节能降耗，直接节能率 5.5%，综合节能率 11%；减少有害气体排放量，有利于环境保护，SO_2 浓度降低 23.8%，排放量降低 40%；烟尘浓度降低 37.2%，排放量降低 58%；降低了劳动强度，延长了检修周期，减缓设备腐蚀。

经科学配方从根本上清除焦垢，抑制新垢生成，节能降耗，控制污染物排放等，使用安全可靠。

燃气热水器除垢剂

原料配比

原　料	配比(质量份)	
	1#	2#
36％乙酸	—	10
柠檬酸	5	—
十二烷基硫酸钠	—	1
聚丙烯酸钠	—	0.5
羧甲基纤维素	1	—
脂肪醇聚氧乙烯醚硫酸钠	0.5	—
硫脲	400	400
苯并三氮唑	10	10
水	加至100	加至100

制备方法　将原料在水中搅拌溶解，混合均匀即可。

原料配伍　本品各组分质量份配比范围为：水垢溶解剂（柠檬酸、乙酸）2～10、渗透剂（脂肪醇聚氧乙烯醚硫酸钠、十二烷基硫酸钠）0.4～1、缓蚀剂0.008～0.03、掩蔽剂0.3～0.8、悬浮剂0.2～1、水加至100。

本品的设计思想是从无毒、无味、腐蚀性低的化学物质中，筛选出既除垢又安全的除垢清洗剂配方。具体解决方案为：燃气热水器除垢剂由下面几类物质组成，水垢溶解剂使用有机酸（柠檬酸和乙酸），通过化学反应溶解沉积的碳酸盐水垢和铜垢，渗透剂使用非离子表面活性剂（脂肪醇聚氧乙烯醚硫酸盐）和阴离子表面活性剂（十二烷基硫酸钠），借助表面活性剂的渗透作用，降低水垢在管壁的附着力，提高清洗效果，缓蚀剂使用苯并三氮唑抑制水垢溶解剂对管壁的腐蚀，该品无毒无味，缓蚀效果显著；铜离子掩蔽剂使用硫脲，用以防止管壁的二次腐蚀现象；悬浮剂采用羧甲基纤维素类或聚丙烯酸钠，调整清洗剂的黏度，以利于溶解物的带出。

产品应用　本品主要应用于燃气热水器的清洗除垢。

产品特性　使用本品的化学清洗剂可以方便的操作，除去燃气热水器中的水垢。既可以采用闭路循环法，也可以采用浸泡法。一般清洗的时间为 1h。清洗后的热水器出水温度可提高 5～10℃，出水水质无毒无味，符合卫生标准。另外，清洗剂使用安全，对热水器的配件（如水气联动阀等）无不良影响。

热电厂循环水除垢液

原料配比 ➔

原　料	配比（质量份）		
	1#	2#	3#
磷酸	7	8.5	10
柠檬酸	0.5	1	1.5
乌洛托品	0.3	0.4	0.5
草酸	0.3	0.4	0.5
磷酸三钠	1	2	3
尿素	0.5	1.2	2
工业盐	0.5	2	1.5
TX-10 乳化剂	0.3	0.6	0.8
高分子复合增效活性剂	5	8	10
水	15	35	50

制备方法

（1）原料水溶液的配制：按所述配比量分别称取除磷酸和高分子复合增效活性剂以外的各种原料，并分别盛装在容器中加水并加热溶解，搅拌均匀，分别制成水溶液原料，其中加水量以各原料全部溶解成溶液状态为度。溶解加热温度控制范围分别是：柠檬酸 25～35℃、乌洛托品 25～35℃、草酸 25～35℃、磷酸三钠在常温下溶解、尿素 25～35℃、工业盐 15～25℃、TX-10 乳化剂 55～70℃）。

（2）将磷酸及高分子复合增效活性剂和制成的水溶液原料，按照所述配方后一项与前一项逐项混合配制的次序，依次混合搅拌均匀，并按所述配比量加足水，搅拌均匀，即制成本品的热电厂循环水除垢液成品。

原料配伍　本品各组分质量份配比范围为：磷酸 7～10、柠檬酸 0.5～1.5、乌洛托品 0.3～0.5、草酸 0.3～0.5、磷酸三钠 1～3、尿素 0.5～2、工业盐 0.5～2、TX-10 乳化剂 0.3～0.8、高分子复合增效活性剂 5～10 和水 15～50。

本品选用上述原料进行组合，可使各原料功效产生协同作用，从而能够快速有效地进行热电厂循环水的除垢。各原料的功能作用如下。

磷酸：呈弱酸性，具有除锈、除氧化皮的作用，而且对金属表面具有一定的磷化作用，形成细密的磷化膜，保护金属表面，防止锈蚀，适用于金属表面处理剂。

柠檬酸：是一种较强的有机酸，易溶于水，加热可以与酸、碱、甘油等发生反应，可用作络合剂、掩蔽剂；用作助洗剂，可改善洗涤产品的性能，能防止污染物重新附着在织物上，保持洗涤必要的碱性；能提高表面活性剂的性能，是一种优良的螯合剂。

乌洛托品：是一种常用的缓蚀剂，用于减缓金属材料的腐蚀。

草酸：呈弱酸性，在原料中起着络合作用。

磷酸三钠：工业级磷酸三钠可作为硬水软化剂和锅炉用水炉内处理剂，磷酸三钠能与水中容易结成锅垢的可溶性钙盐、镁盐等起作用，生成不溶性的磷酸钙、磷酸镁等沉淀物悬浮于水中，所以使锅炉不结锅垢。同时，多余的磷酸三钠还能将已结的锅垢部分变松软而脱落。因此能节约锅炉用煤，维护锅炉的安全和延长锅炉的使用期限。此外，还具有渗透和乳化作用。

尿素：呈微碱性，能与酸作用生成盐，可用于制取高分子合成材料、三聚氰胺树脂等。

工业盐：用作防腐剂，能够杀灭细菌，抑制循环水中微生物的滋生。

TX-10 乳化剂：是烷基酚聚氧乙烯醚的简称，为一种非离子型表面活性剂，具有优良的润湿、渗透、乳化和洗涤能力，能配制各种净洗剂，对动、植、矿物油污清洗能力特强，除显示乳化性能外，还具有除静电效果，可用作防腐剂、润湿剂，又是金属水基清洗剂的重要组成之一。

高分子复合增效活性剂：由多种高分子物质配制而成，能增强循环水中有机污染物质表面的活性，促进其降解，利于杂质的分离和去除。

该除垢液通过上述各种原料的复配，对热电厂循环水中的碳酸钙、硫酸钙、磷酸钙等常见水垢有良好的抑制和清除功能，对锌盐垢、铁盐垢也有良好的分散稳定作用，尤其对循环系统的中铜质、不锈钢及碳钢器件能起到优异的缓蚀和保护作用。该除垢液还具有很强的抗氯氧化能力和抗水解能力，并对水质波动有较强的容热能力。通过高分子复合增效活性剂的应用，能有效地阻止碳酸盐小晶粒的增大，从而防止循环水中的碳酸盐在换热器表面形成硬垢；加入的磷酸盐成分，能与水中的钙离子相结合，在循环水通过的金属表面形成保护膜，防止金属的腐蚀。该除垢液还能与水中的二价金属反应，使循环水中的不溶物不易沉降，具有卓越的阻垢分散功能。

产品应用 本品主要应用于热电厂循环水处理。

产品特性

（1）能快速有效地清除溶解热电厂循环水中的水垢，而且在循环水通过的金属表面形成保护膜，具有良好的阻垢分散功能，从而保证水加热及循环系统设备的正常运行，并能大大延长锅炉的维护、除垢周期和使用寿命，提高热电厂运行效率。

（2）通过对循环水中水垢的有效清除，不仅能延长循环水的使用周期，而且能够显著地提高锅炉的热效率，由此达到节约能源和水资源、提高发电生产效率、降低生产成本的良好效果。

（3）该除垢液不含任何强酸、卤素及各种油类物质，无挥发，对人体无毒害、无腐蚀、无刺激感，对环境无污染。

（4）该除垢液具有使用方法简单、操作方便快捷、安全可靠等优点。

热电厂循环水除垢剂

原料配比 ◈

原　料	配比（质量份）				
	1#	2#	3#	4#	5#
柠檬酸	6	4	7	8	5
甲酸	4	6	1	3	5
草酸	8	5	10	9	4
乙二胺四乙酸	15	10	12	20	18
聚磷酸盐	18	24	20	12	16
尿素	8	5	11	6	9
高分子复合增效活性剂	30	20	35	25	40
水	加至100	加至100	加至100	加至100	加至100

制备方法

（1）按所述配比量分别称取柠檬酸、甲酸、草酸、乙二胺四乙酸、尿素装入容器中加入水后加热溶解，加热温度为 $25 \sim 40℃$，搅拌均匀，制成水溶液原料，静置 $30 \sim 50min$。

（2）在步骤（1）制得的水溶液原料中加入所述配比量的高分子复合增效活性剂和水进行充分搅拌 $15 \sim 25min$，最终得到本产品热电厂循环水除垢剂。

原料配伍　本品各组分质量份配比范围为：柠檬酸 $4 \sim 8$，甲酸 $1 \sim 6$，草酸 $4 \sim 10$，乙二胺四乙酸 $10 \sim 20$，聚磷酸盐 $12 \sim 24$，尿素 $5 \sim 11$，高分子复合增效活性剂 $20 \sim 40$，水加至100。

产品应用　本品主要用作热电厂循环水除垢剂。

产品特性　本产品配料和制备方法简单，能快速有效地清除热电厂循环水中的水垢，有效地保护水循环系统中的水管及设备，保证水加热及循环系统设备的正常运行，并能大大延长锅炉的维护、除垢周期和使用寿命，提高热电厂运行效率。

热风炉和锅炉除垢剂

原料配比 ➡

原　料	配比（质量份）		
	1#	2#	3#
盐酸	8	10	9
氟化钠	1	6	4
磷酸三钠	1.5	3	2
缓蚀剂	0.6	0.6	0.6
渗透剂	1.5	3	2
水	加至 100	加至 100	加至 100

制备方法　将各组分原料混合均匀即可。

原料配伍　本品各组分质量份配比范围为：盐酸 8～10，氟化钠 1～6，磷酸三钠 1.5～3，缓蚀剂 0.6，渗透剂 1.5～3，水加至 100。

产品应用　本品主要用于热风炉和锅炉及其附件的清洗除垢。

清洗热风炉的步骤为：

（1）检查设备，并选定晾晒点。

（2）预先用高压水枪冲洗和机械疏通的方法，清除热风炉工作面上的浮质和附着物。

（3）分别配制除垢剂和中和剂，所述中和剂是浓度为 6‰ 的氢氧化钠水溶液。

（4）使用防腐泵将除垢剂均匀地喷射到热风炉需要清洗的工作面上，同时在除垢剂流经处喷洒中和剂并使 pH 值达到 7～9。

（5）工作面喷洒满除垢剂 3min 后，间歇 60min，循环往复直至热风炉工作面上的水垢清洗 95％以上，停止用除垢剂清洗；再用清水清洗，直到清洗率达到 100％。

（6）向热风炉工作面上喷洒中和剂，待充分反应后，用清水冲洗热风炉工作面直至将热风炉工作面洗净，并将废液全部排入选定晾晒点。

（7）调节选定晾晒点内溶液的 pH 值使之符合排放标准。

清洗锅炉的步骤为：

（1）检查设备，并选定晾晒点。

（2）预先用高压水枪冲洗和机械疏通的方法，清除锅炉工作面以及与锅炉连接使用的附件上的浮质和附着物。

（3）封闭待清洗的锅炉，将与被清洗锅炉连接的设备用盲板隔堵，对封闭的锅炉试压并封堵渗漏点直至无渗漏后泄压放水。

（4）根据清洗需要确定清洗循环回路。

（5）分别配制除垢剂和中和剂，所述中和剂是浓度为 6‰的氢氧化钠水溶液。

（6）将除垢剂打入封闭的锅炉清洗循环回路，进行逆循环清洗。

（7）常温下控制循环流速为 0.2～0.5m/s，定时监测循环回路内除垢剂的浓度和 pH 值。

（8）交替进行浸泡、循环，浸泡 2h，循环 30min，待循环回路内除垢剂浓度差小于 2‰，pH 值稳定后，将循环回路内的除垢剂排入选定晾晒点并冲洗循环回路内垢渣。

（9）将中和剂打入封闭的锅炉清洗循环回路，交替进行浸泡、循环，浸泡 2h，循环 30min，并定时监测循环回路内的 pH 值，待循环回路中和剂的 pH 值稳定在 7～9 时，将循环回路内的中和剂排入选定晾晒点。

（10）打开封闭锅炉，用清水冲洗锅炉垢渣，直至垢渣清洗干净。

（11）再次封闭锅炉，加压至 1.5 倍工作压力，保持 15min，确保无渗漏后将工业锅炉恢复工作状态。

（12）调节选定晾晒点内溶液的 pH 值使之符合排放标准。

产品特性　本产品解决了现有除垢剂清洗热风炉和锅炉时造成较严重的金属腐蚀、易产生二次氧化、金属表面光洁度变差，以及高压喷头耐腐蚀性较差、作用面积小的技术问题。本产品具有除垢高效、无毒副作用、除垢后废弃物对环境无污染、能够在金属表面形成保护膜延长设备使用寿命的优点。

热力管道除垢清洗液

原料配比

原　料	配比（质量份）		
	1#	2#	3#
磷酸	6	7	8
次亚磷酸钠	1	2	3
草酸	0.3	0.4	0.5
异噻唑啉酮	1	2	3
乙二胺四乙酸	0.1	0.2	0.3
渗透剂	1	2	3
聚乙二醇	4	5	7
尿素	2	3	4
AEO-9 乳化剂	0.3	0.4	0.6
工业盐	0.5	1	1.5
高分子复合增效活性剂	2	4	6
水	15	25	35

制备方法

（1）原料水溶液的配制：按所述配比量分别称取除磷酸和高分子复合增效活性剂以外的各种原料，并分别盛装在容器中加水并加热溶解，搅拌均匀，分别制成水溶液原料，其中加水量以各原料全部溶解成溶液状态为度，溶解加热温度控制范围分别是：次亚磷酸钠 25～35℃、草酸 25～35℃、异噻唑啉酮 30～50℃、乙二胺四乙

酸 60～80℃、渗透剂 25～35℃、聚乙二醇 30～50℃、尿素 25～
35℃、AEO-9 乳化剂 70～90℃、工业盐 15～25℃。

（2）将磷酸及高分子复合增效活性剂和制成的水溶液原料，按
照所述配方后一项与前一项逐项混合配制的次序，依次混合搅拌均
匀，并按所述配比量加足水，搅拌均匀，即制成产品。

原料配伍　本品各组分质量份配比范围为：磷酸 6～8，次亚
磷酸钠 1～3，草酸 0.3～0.5，异噻唑啉酮 1～3，乙二胺四乙酸
0.1～0.3，渗透剂 1～3，聚乙二醇 4～7，尿素 2～4，AEO-9 乳化
剂 0.3～0.6，工业盐 0.5～1.5，高分子复合增效活性剂 2～6 和水
15～35。

产品应用　本品主要用作热力管道除垢清洗液。

该清洗液在使用时，可按清洗液质量的 10～20 倍加水稀释，
每天用计量泵或通过调节阀将稀释后的除垢液溶液在循环水泵
进水口处加入。正常运行过程中每 24h 循环水的除垢液投放量为
6～10mL/L（以未稀释前的除垢液计算），即可有效地防止循环系
统的积垢现象。初次使用，对管道积垢进行清除时，视积垢厚度应
加大除垢液溶液投放量，并将含垢循环水排放到循环系统外，使分
离的水垢能彻底排出。

产品特性

（1）本产品选用所述原料进行组合，可使各原料功效产生协同
作用，从而能够快速有效地进行热力管道的除垢。各原料的功能作
用如下。磷酸：具有除锈、除氧化皮的作用，而且对金属表面具有
一定的磷化作用，形成致密的磷化膜，防止金属表面的锈蚀。次亚
磷酸钠：常用作催化剂、稳定剂、防脱色剂、分散剂，用于制备各
种工业防腐剂及油田阻垢剂，还可用作环保污水处理原料、洗涤清
洗原料等。草酸：呈弱酸性，具有络合作用。异噻唑啉酮：用作防
腐剂，对各种细菌、真菌、酵母菌活性适应性强，可以抑制和破坏
这些微生物菌种的生长。乙二胺四乙酸：是螯合剂的代表性物质，
能和碱金属、稀土元素和过渡金属等形成稳定的水溶性络合物，可
用作纤维处理助剂、洗涤剂、稳定剂、水处理剂等。渗透剂：具有

良好的渗透性、润湿性、再润湿性，且有乳化及洗涤功效，用于增强原料在除油除锈中的渗透性，对金属表面的净化有一定的辅助作用。聚乙二醇：可用作溶剂、助溶剂、乳化剂和稳定剂，对于水中不易溶解的物质，可作为固体分散剂的载体，以达到固体分散目的。尿素：呈微碱性，能与酸作用生成盐，可用于制取高分子合成材料、三聚氰胺树脂等。AEO-9乳化剂：化学名称为脂肪醇聚氧乙烯醚，具有去污、脱脂和缩绒、润湿等性能，用作工业洗涤剂的活性物，在金属加工过程中也可作为清洗剂组合。工业盐：能够杀灭细菌，抑制循环水中微生物的滋生，并具有很强的渗透性。高分子复合增效活性剂：由多种高分子物质配制而成，能增强循环水中有机污染物质表面的活性，促进其降解，利于杂质的分离和去除。

（2）通过所述各种原料的复配，使除垢清洗液对热力管道水中的碳酸钙、硫酸钙、磷酸钙等常见水垢有良好的抑制和清除功能，对锌盐垢、铁盐垢也有良好的分散稳定作用，尤其对循环系统的管道能起到优异的缓蚀和保护作用，而且具有很强的抗氯氧化能力和抗水解能力，并对水质波动有较强的容热能力。同时，通过高分子复合增效活性剂的应用，能有效地阻止碳酸盐小晶粒的增大，从而防止循环水中的碳酸盐在换热器表面形成硬垢；加入的磷酸盐成分，能与水中的钙离子相结合，在循环水通过的金属表面形成保护膜，防止金属的腐蚀。该除垢液还能与水中的二价金属反应，使循环水中的不溶物不易沉降，具有卓越的阻垢分散功能。

（3）按照所述方案制成的热力管道除垢清洗液，能够快速而彻底地清除热力循环管道中的积垢，并能抑制积垢的再生，有效地防止管道的腐蚀，而且其使用方法简便，只要从进水口处投加到循环水中，通过其循环流动过程中的冲洗就可将循环系统所有管道的积垢全部清除干净，无需停产拆卸管道和设备，从而收到提高生产效率，节约能源和水资源消耗，延长热力循环系统管道及设备使用寿命的良好效果，具有使用方法简单、操作方便快捷、安全可靠等优点。另外，该除垢液不含任何强酸、卤素及各种油类物质，无挥发，对人体和设备无损害、无腐蚀，对环境无污染。

∵ 熔硫釜硫黄垢除垢剂 ∵

原料配比 ➲

原料		配比（质量份）							
		1#	2#	3#	4#	5#	6#	7#	8#
络合剂	蒽醌二磺酸钠	25	10	—	6	6	8	8	11
	硫化钠	—	10	—	12	11	—	—	—
	硫化铵	—	—	—	—	—	14	14.5	—
	对苯二酚	—	—	10	6	—	—	—	12.5
	硫氰化钠	—	—	20	—	6	—	—	—
渗透剂	T	2	1	—	1.8	1	—	—	4
	乙二醇单丁酯	—	—	5	—	—	—	—	—
	琥珀酸二丁酯	—	—	—	—	—	1.5	2.2	—
表面活性剂	OP-10	1	0.5	—	—	0.6	—	1	2
	TX-10	—	—	—	—	—	0.8	—	—
	十二烷基磺酸钠	—	—	3	1.2	—	—	—	—
助溶剂	三聚磷酸钠	20	10	12	5	6	—	—	6
	氢氧化钠	—	5	13	14	12	—	—	17
	磷酸三钠	—	—	—	—	—	22	17	—
水		加至100	加至100	加至100	加至100	加至100	加至100	加至100	加至100

制备方法　将原料络合剂、渗透剂、表面活性剂和助溶剂加入反应釜进行搅拌，搅拌均匀后按比例加入一定量的水，充分搅拌均匀后，进行沉降、过滤，最后进行灌装，即得到本产品。

原料配伍　本品各组分质量份配比范围为：络合剂 20～30、渗透剂 1～5、表面活性剂 0.5～3、助溶剂 15～25、水加至 100。

所述络合剂为对苯二酚、蒽醌二磺酸钠、硫氰化铵、硫化铵、硫化钠和硫氰化钠中的至少一种。所述络合剂优选为对苯二酚、蒽醌二磺酸钠和硫化钠中的至少一种。

所述渗透剂为渗透剂 T、乙二醇单丁酯和琥珀酸二丁酯中的至少一种。所述渗透剂优选为渗透剂 T。

所述表面活性剂为 OP-10、TX-10、十二烷基磺酸钠和十二烷基苯磺酸钠中的至少一种。所述表面活性剂优选为 OP-10 和十二烷基磺酸钠中的至少一种。

所述助溶剂为磷酸三钠、三聚磷酸钠、氢氧化钠和硅酸钠中的至少一种。所述助溶剂优选为三聚磷酸钠和氢氧化钠中至少一种。

产品应用　本品主要用作熔硫釜硫黄垢除垢剂。

产品特性

（1）本产品熔硫釜硫黄垢除垢剂对熔硫釜硫黄垢、硫黄混合垢、硫黄块、单质硫黄均具有较强的溶解能力和较快的溶解速度。

（2）本产品熔硫釜硫黄垢除垢剂对各类金属的腐蚀率接近于零，几乎没有任何腐蚀。

（3）本产品熔硫釜硫黄垢除垢剂的除硫黄垢量大，每吨产品可溶解硫黄 200～300kg。

（4）本产品熔硫釜硫黄垢除垢剂能够彻底除去硫黄垢，在药剂充足的条件下，能够完全溶解硫黄垢，清洗后设备内肉眼难见黄色硫黄。

（5）本产品熔硫釜硫黄垢除垢剂使用较为方便，只需把要清洗的设备隔离开，加入本产品，循环即可。

（6）本产品熔硫釜硫黄垢除垢剂的除垢速度较快，一般条件下 3～6h 内即可完成清洗，对企业的连续正常生产不会造成影响。

弱酸性高效防垢除垢剂

原料配比

原　料	配比（质量份）		
	1#	2#	3#
氨基磺酸	25	20	15
硝酸铵	25	—	15
柠檬酸	—	5	7

续表

原　料	配比（质量份）		
	1#	2#	3#
丙烯酸	—	—	3
氯化铵	—	25	10
氯化钠	50	50	50
OP-10	100	—	—
平平加 O-20	—	100	—
平平加 A-20	—	—	100

制备方法　将有机酸、铵盐、氯化钠、非离子表面活性剂，充分混合均匀即可。

原料配伍　本品各组分质量份配比范围为：有机酸 20～30、铵盐 20～30、氯化钠 40～55、非离子表面活性剂 0.1～0.3。

上述的有机酸可以是氨基磺酸、柠檬酸、丙烯酸中一种、两种或三种的混合物。

上述的铵盐可以是硝酸铵、氯化铵中一种或两种的混合物。

非离子表面活性剂为 OP-10、OP-20、平平加 A-20、平平加 O-20 中一种，作为润滑、分散作用的助剂。

产品应用　本品主要应用于工业锅炉、冷却设备和用于水循环的各种管道中防垢和除垢。

产品特性　本品的弱酸性防垢、除垢剂可在工业锅炉、冷却设备和用于水循环的各种管道中防垢和除垢使用，该产品成本低，防垢、除垢效果高，经济实用。

三元复合采出井硅酸盐垢清垢剂

 原料配比

原　料		配比（质量份）
前置液	添加剂	6
	水	加至 100

原　料	配比（质量份）
盐酸	12
氢氟酸	10
清垢剂主剂　　冰醋酸	2
柠檬酸	0.2
咪唑啉型缓蚀剂	0.5
水	加至 100

制备方法

（1）咪唑啉型缓蚀剂（YC-Ⅱ），室内合成时将 $C_8 \sim C_9$ 脂肪酸和 N-羟乙基乙二胺按摩尔比 $1:1 \sim 1:1.2$ 的比例混合，加热到 $150 \sim 160℃$，在氮气保护下反应 $1.5 \sim 2h$，升温至 $150℃$，反应 3h 后，加占脂肪酸 1/10 摩尔比的 N-羟乙基乙二胺，在 $225 \sim 230℃$ 环化反应 2h，然后降温至 $65 \sim 70℃$，滴加丙烯酸甲酯，丙烯酸甲酯与上述合成物的摩尔比为 $2.5:1$，升温到 $90℃$，反应 2h，慢慢冷却到室温，得到棕色黏稠半透明液体，即咪唑啉型缓蚀剂。

（2）按上述比例分别配制前置液和主剂，配制主剂应该按照配比先加盐酸和氢氟酸，然后加咪唑啉型缓蚀剂，混合均匀后再加入水及其他原料。混合后的液体按照前置液、主剂的顺序通过泵车由套管注入油井中，然后再用水替换，至井口取样口喷出液的 pH 值小于 1 为止。

原料配伍　本品各组分质量份配比范围如下。前置液：添加剂 $5 \sim 7$、水加至 100；清垢剂主剂：盐酸 $11 \sim 13$、氢氟酸 $9 \sim 11$、冰醋酸 $1 \sim 3$、柠檬酸 $0.1 \sim 0.3$、咪唑啉型缓蚀剂 $0.4 \sim 0.6$、水加至 100。

所述添加剂由十二烷基苯磺酸钠、壬基酚聚氧乙烯醚、乙二醇单丁醚按质量比 $3:1:2$ 组成。

产品应用　本品主要应用于采油领域中的清垢。

产品特性　普通的清垢剂对三元采出井硅酸盐垢的清垢率很低，不到 50%，无法达到清垢要求，甚至会在施工过程中产生二次沉淀，加剧了采出井的卡泵、断杆等现象。本品的清垢剂配方体系与现有的配方体系相比有如下优点：

（1）与三元采出液配伍性强，适合于三元体系下采出井的清垢；

（2）清垢率较高，对硅酸盐垢的清垢率大于80％；

（3）实施过程中不会产生二次沉淀，保证了施工效果和质量；

（4）对采出井杆管及泵的腐蚀率低，仅为0.580g/(m² · h)。

三元复配除垢剂（1）

原料配比 ➡

原　料	配比（质量份）			
	1#	2#	3#	4#
EDTA二钠盐	26	27	28	28
DTPA	25	30	35	30
表面活性剂吐温-80	49	43	37	42

制备方法　将各组分原料混合均匀即可。

原料配伍　本品各组分质量份配比范围为：EDTA二钠盐25～39，DTPA 20～35，吐温-80加至100。

产品应用　本品是一种吐温-80和螯合剂三元复配除垢剂。

产品特性　本产品除垢性能良好，除垢率大大提升，且制造成本低。

三元复配除垢剂（2）

原料配比 ➡

原　料	配比（质量份）		
	1#	2#	3#
烷基酚聚氧乙烯醚乙酸钠	15	30	20
DTPA	25	40	35
EDTA二钠盐	加至100	加至100	加至100

制备方法　将各组分原料混合均匀即可。

原料配伍　本品各组分质量份配比范围为：烷基酚聚氧乙烯醚乙酸钠 10～30，DTPA 20～40，EDTA 二钠盐加至 100。

产品应用　本品是一种烷基酚聚氧乙烯醚乙酸钠三元复配除垢剂。

产品特性　本产品具有良好的除垢性能，且合成成本低，合成步骤简单。

设备除垢剂

原料配比

原　料	配比（质量份）				
	1#	2#	3#	4#	5#
氨基磺酸	30	35	36	38	40
乙二胺四乙酸	15	18	20	22	25
柠檬酸	15	18	20	22	25
十二烷基硫酸钠	1	2	3	4	5
聚苯乙烯磺酸钠	0.5	1.5	1.8	2	3
木质素	5	7	8	9	10
六亚甲基四胺	3	4	5	6	8
乙醇	2	5	6	7	8
三聚磷酸钠	0.5	0.7	0.8	1	1
水	120	136	138	142	150

制备方法

（1）按照质量份称取各组分。

（2）将水加热至 60～70℃，将除乙醇和三聚磷酸钠外的各组分加入水中，搅拌至溶解，然后将温度降至 50～60℃，加入乙醇与三聚磷酸钠，继续搅拌至溶液澄清即可得到设备除垢剂。

原料配伍　本品各组分质量份配比范围为：氨基磺酸 30～40，乙二胺四乙酸 15～25，柠檬酸 15～25，十二烷基硫酸钠 1～5，聚苯乙烯磺酸钠 0.5～3，木质素 5～10，六亚甲基四胺 3～8，乙醇 2～8，三聚磷酸钠 0.5～1，水 120～150。

产品应用　本品主要用作设备除垢剂。使用时只需加入设备中，慢速搅拌 0.5～1h 即可将设备内的垢类清除干净。

产品特性　本产品生产工艺简单，成本低，安全无毒，使用方便，除垢效果好，可以广泛使用。

食品加工设备用重油污清洗除垢剂

原料配比 ➲

原　料	配比（质量份）		
	1♯	2♯	3♯
十二烷基二甲基胺乙内酯	10	20	10
月桂醇聚氧乙烯醚	10	15	20
磺化琥珀酸二辛酯钠盐	5	10	15
丙二醇	2	5	10
β-羟基丙三酸	5	1	10
柠檬酸	5	1	10
氯化钙	1	5	10
酸性蛋白酶	0.5	0.1	1
去离子水	61.5	42.9	14

制备方法　将各组分原料混合均匀，溶于水。

原料配伍　本品各组分质量份配比范围为：十二烷基二甲基胺乙内酯 10～20，月桂醇聚氧乙烯醚 10～20，磺化琥珀酸二辛酯钠盐 5～15，丙二醇 1～10，β-羟基丙三酸 1～10，柠檬酸 1～10，氯化钙 1～10，酸性蛋白酶 0.1～1，去离子水加至 100。

柠檬酸和 β-羟基丙三酸是有机酸，十二烷基二甲基胺乙内酯和月桂醇聚氧乙烯醚是非离子表面活性剂，磺化琥珀酸二辛酯钠盐是高效渗透剂，酸性蛋白酶和丙二醇是多元醇。

产品应用　本品主要用作食品加工设备用重油污清洗除垢剂。

产品特性

（1）本品对碳钢、铝、铜、不锈钢等金属均基本无腐蚀。

（2）原料安全环保，无任何食品安全隐患。

（3）对含动植物油脂、矿物油脂、钙镁离子水垢等重污垢有良好的去除效果，且不会对设备造成腐蚀。

食品设备除垢剂

原料配比

原　料	配比（质量份）					
	1#	2#	3#	4#	5#	6#
柠檬酸	200	100	175.5	214.5	195	195
磷酸三钠	50	25	78	39	39	58.5
BS-12（十二烷基苯磺酸钠）	50	25	78	39	39	58.5
三聚磷酸钠	50	25	39	78	58.5	39
CMC（羧甲基纤维素钠）	40	20	19.5	19.5	58.5	39

制备方法　将各组分原料加入高温反应釜，加水搅拌浸泡 5h，即得产品。

原料配伍　本品各组分质量份配比范围为：柠檬酸 45.0～55.0，磷酸三钠 10.0～20.0，十二烷基苯磺酸钠（BS-12）10.0～20.0，三聚磷酸钠 10.0～20.0，羧甲基纤维素钠（CMC）5.0～15.0。

柠檬酸是有机酸，磷酸三钠和三聚磷酸钠是金属离子螯合剂，BS-12 是表面活性剂，CMC 是抗再沉淀剂。

产品应用　本品主要用作食品设备除垢剂。

产品特性

（1）全部采用食品级原料，无任何食品安全隐患。

（2）本除垢剂对碳钢、铝、铜、不锈钢等金属均基本无腐蚀。

（3）本除垢剂用量少、除垢效果好。

石油化工设备内壁重质油垢清洗剂

原料配比 ➡

原　料	配比（质量份）			
	1#	2#	3#	4#
丙二醇聚醚-2000（相对分子质量 2000）	70	50	—	—
聚丙二醇单丁醚（相对分子质量 1000）	—	—	80	—
聚丙二醇二缩水甘油醚（相对分子质量 640）	—	—	—	40
液体石蜡	30	50	120	160

制备方法　将原料放入清洗剂罐中，搅拌均匀，制成污垢清洗剂。

原料配伍　本品各组分质量份配比范围为：液态聚醚型高分子化合物 20～80、液体石蜡 30～160。

所述液态聚醚型高分子化合物为：丙二醇聚醚（相对分子质量范围 600～4000）、聚丙二醇单丁醚（相对分子质量 1000）、聚丙二醇二缩水甘油醚（相对分子质量 640）。

产品应用　本品主要应用于化工设备污垢清洗。

产品特性　本品高分子清洗剂利用相似相溶原理洗脱焦油垢，清洗剂耐 200℃ 的高温。无需降至常温清洗。清洗过程为首先在油垢表面吸附，使其润湿、膨胀，而后清洗剂渗透到油垢间隙，使油污物在清洗剂作用下逐渐溶解。经泵连续循环清洗、冲刷 1h，可使分散溶解的油污物脱离传热表面。

本品清洗剂既能高效地溶解有机油垢，同时又能有效破碎、分散积炭、使积炭剥落。清洗后冲出的清洗液集中收集，沉降后，大量松散的粉状残炭及 FeS 等不溶污垢沉出，经过滤，滤去固体污垢，滤液仍可供石油化工设备内壁重质油垢清洗剂循环清洗使用。本品除垢效果明显快速，工艺简单，操作安全无毒，成本低。

本品是一个解决人们长期渴望解决而又难以解决的石油化工设备内壁重质油垢清洗技术难题，具有明显的新颖性、创造性和实用性。

本品的优点是：

（1）溶垢快速、清除污垢效果好。

（2）对设备安全不腐蚀。

（3）清洗操作简单、对环境无污染。

（4）清洗剂生产简单、原料便宜、成本低。

（5）清洗剂可反复使用，清除设备污垢成本低。

∴ 输油管线用酸性除垢剂

原料配比 →

原　料	配比（质量份）
羟基亚乙基二膦酸	45
乙二胺四乙酸	15
腐植酸钠	7
水	加至 100

制备方法　将羟基亚乙基二膦酸、乙二胺四乙酸、腐植酸钠和水混合，pH 值为 2～3.5。

原料配伍　本品各组分质量份配比范围为：羟基亚乙基二膦酸 40～50、乙二胺四乙酸 10～15、腐植酸钠 5～8、水加至 100。

本品输油管线用酸性除垢剂的稀释比例为（1∶5）～（1∶15）。

产品应用　本品主要应用于输油管线除垢。

产品特性　本品的输油管线用酸性除垢剂的 pH 值在 2～4，其中不含有如盐酸、硫酸之类的强腐蚀配方，因此是一种温和的酸性除垢剂，其对管线系统不会造成强烈的腐蚀，能够延长管线的使用寿命。

依据本品所提供的配方制备，获得的酸性除垢剂为淡黄色水溶液，相对密度约为 1.05，其适宜的使用温度低于 70℃。

本品的酸性除垢剂能安全、有效、快速地去除碳酸盐垢、硫酸盐垢、锈垢以及其他矿物质的沉积物、泥沙性堆积物等，并且操作简便，成本低廉。

∷ 水垢防护剂（1）

原料配比 ➡

表 1　水垢防护组合物

原　料	配比（质量份）				
	1#	2#	3#	4#	5#
磷酸三钠	78	85	70	80	75
三乙醇胺	16.5	30	10	20	15
四溴荧光黄	5.5	12	4	10	5

表 2　水垢防护组合物水剂

原　料	配比（质量份）				
	1#	2#	3#	4#	5#
水垢防护组合物	0.7	0.1	10	50	70
水	100	90	80	50	30

制备方法

（1）用水将三乙醇胺稀释浓度为 10%～90%，四溴荧光黄稀释浓度为 10%～90%；将三乙醇胺、四溴荧光黄喷洒在磷酸三钠上，边喷洒边搅拌至吸收均匀；45℃烘干，研磨过 200 目筛，即得。

（2）水垢防护组合物水剂：将步骤（1）所得的水垢防护组合剂加水混合均匀，即可。

原料配伍 本品各组分质量份配比范围为：磷酸三钠70～85、三乙醇胺10～30、四溴荧光黄4～12。

一种水垢防护组合物水剂由以下组分组成：水垢防护组合物0.1～70、水30～100。

本品水垢防护组合物水剂或水垢防护组合物在水中，pH值可为7～11，尤其pH值为8～10；所述的水剂可直接用于冷却水箱及水循环系统表面。所述pH可用适量碱性制剂调整，如氢氧化钠溶液。

产品应用 本品适用于各种汽柴油冷却水箱及水循环系统。

产品特性

（1）本品组合物弱碱性，分解软化水中的矿物质，阻止水垢形成，使水垢不沉积于材料如金属材料表面，并能够吸收二氧化碳和硫化氢等气体，起到了对气体的净化作用，使水质的性质得到显著改变，具有防垢、防锈、无毒无味、使用安全、经济实用等优点。

（2）水垢防护组合物在汽柴油机冷却水箱及水循环系统中的应用，适用于各种汽柴油冷却水箱及水循环系统，延长机械设备表面的使用寿命。

（3）本品对长期存放机动车辆加入该品，同样起到防垢、防锈蚀的效果，特别是盐碱地区、温热地区、沿海地区尤其适用。

水垢防护剂（2）

原料配比

表1 水垢防护组合物

原　料	配比（质量份）				
	1#	2#	3#	4#	5#
磷酸三钠	78	85	70	78	70
三乙醇胺	1	9	0.2	1	0.1
四溴荧光黄	0.8	3.5	0.1	0.8	0.1

续表

原　料	配比(质量份)				
	1#	2#	3#	4#	5#
粒径为 10nm 的二氧化钛	—	—	—	0.6	—
粒径为 200nm 的二氧化钛	—	—	—	—	0.1

表2　水垢防护组合物水剂

原　料	配比(质量份)		
	1#	2#	3#
水垢防护组合物	0.1	50	70
水	90	50	30

制备方法

(1) 水垢防护组合物的制备:用水将三乙醇胺稀释为浓度 10%~90%,四溴荧光黄稀释为浓度 10%~90%,将三乙醇胺、四溴荧光黄和二氧化钛喷洒在磷酸三钠上,边喷洒边搅拌至吸收均匀,45~50℃烘干或自然干燥,研磨过 200 目筛,即得。

(2) 水垢防护组合物水剂的制备:将水垢防护组合物和水混合均匀,即可。

原料配伍　本品各组分质量份配比范围为:磷酸三钠 70~85、三乙醇胺 0.1~10、四溴荧光黄 0.1~4、粒径为 10~200nm 的二氧化钛 0.1~0.6。

水垢防护组合物水剂由以下组分组成:水垢防护组合物 0.1~70、水 30~90。

所述水垢防护组合物水剂或水垢防护组合物在水中,pH 值可为 7~11,尤其 pH 值为 8~10;所述水剂可直接用于冷却水箱及水循环系统表面;pH 可用适量碱性制剂调整,如氢氧化钠溶液。

产品应用　本品主要应用于汽柴油机冷却水箱及水循环系统。

产品特性　本品具有显著的改变水质,显著防垢、防锈、无毒无味,长期使用安全,经济实用的优点。

水垢清除剂

原料配比

原料	配比（质量份）	
	1#	2#
乙二胺四乙酸	40	40
氨基酸钠	30	40
柠檬酸	10	—
硫脲	—	8
十二烷基硫酸钠	—	4
亚甲基二萘磺酸钠	5	—
氯化铵	13	8
乌洛托品	2	—

制备方法 将原料经粉碎后混合，搅拌均匀即可。

原料配伍 本品各组分质量份配比范围为：水溶性有机酸 60～80、离子表面活性剂 3～6、铵盐助溶剂 8～35、缓蚀剂 2～10。

产品应用 本品可广泛用于家庭卫生器具，汽车、拖拉机水箱和以水作为冷却介质的热交换设备的除垢。

产品特性 本品具有原料来源广、成本低、安全无毒的特点。使用方便，除垢效果好，且除垢时不影响设备的运行，经济实用。

水基型轴承油垢清洗剂

原料配比

原料	配比（质量份）				
	1#	2#	3#	4#	5#
三聚磷酸钠	10	—	—	—	—
三聚磷酸钾	—	—	—	3	

续表

原　料	配比(质量份)				
	1#	2#	3#	4#	5#
磷酸钠	—	5	—	—	—
磷酸钾	—	—	—	—	9
二磷酸钠	—	—	6	—	—
聚合度为20的脂肪醇聚氧乙烯醚(0~20)	5	5	—	—	—
聚合度为40的脂肪醇聚氧乙烯醚(0~40)	—	—	5	—	—
聚合度为35的脂肪醇聚氧乙烯醚(0~35)	—	—	—	6	—
聚合度为10的脂肪醇聚氧乙烯醚(0~10)	—	—	—	—	10
氨水	—	1	—	—	3
氢氧化钾	2	—	—	4	—
氢氧化钠	—	—	6	—	—
硅酸钠	5	—	5	—	—
硅酸钾	—	1	—	—	—
无水硅酸钠	—	—	—	2	3
去离子水	78	88	78	85	75

制备方法　首先，按照质量比例称取磷酸盐、表面活性剂、pH 值调节剂、硅酸盐以及去离子水，在室温下依次将磷酸盐、表面活性剂、pH 值调节剂、硅酸盐加入到去离子水中，搅拌混合均匀，成为清洗剂成品。

原料配伍　本品各组分质量份配比范围为：磷酸盐 3~10、表面活性剂 5~10、pH 值调节剂 1~6、硅酸盐 1~5、去离子水加至 100。

其中，所说的表面活性剂为脂肪醇聚氧乙烯醚或烷基醇酰胺；所说的调节剂为氢氧化钠、氢氧化钾、多羟多胺或胺。

优选地，所说的磷酸盐为磷酸钾、磷酸钠、二磷酸钾、二磷酸钠、三聚磷酸钠或三聚磷酸钾。

所说的硅酸盐为硅酸钠、无水硅酸钠或硅酸钾。

所说的脂肪醇聚氧乙烯醚为聚合度为 10 的脂肪醇聚氧乙烯醚（O-10）、聚合度为 20 的脂肪醇聚氧乙烯醚（O-20）、聚合度为 35 的脂肪醇聚氧乙烯醚（O-35）或者聚合度为 40 的脂肪醇聚氧乙烯醚（O-40）。

产品应用　本品主要应用于水基型轴承油垢清洗。

产品特性　本品配方科学合理，生产工艺简单，不需要特殊设备，仅需要将上述原料在常温下进行混合即可；其清洗能力强，清洗时间短，节省人力和工时，提高工作效率，且具有除锈和防锈功效；该清洗剂呈碱性，对设备的腐蚀性较低，使用安全可靠，并利于降低设备成本；另外，该清洗剂为水溶性液体，清洗后的废液便于处理排放，符合环境保护要求。

水基油垢清洗剂

原料配比

原　料	配比（质量份）		
	1#	2#	3#
油酸	3	6	8
单乙醇胺	10	—	—
二乙醇胺	—	15	—
三乙醇胺	—	—	20
表面活性剂 OP-10	6	6	—
表面活性剂 JFC	6	—	—
表面活性剂 6501	6	6	10
表面活性剂 BX	—	6	10
偏硅酸钠	5	10	4
碳酸钠	5	5	10
氟硅酸钠	2	2.5	4

原　料	配比(质量份)		
	1#	2#	3#
消泡剂	0.05	0.08	0.1
水	加至100	加至100	加至100

制备方法

（1）将偏硅酸钠和碳酸钠、氟硅酸钠加水溶解。

（2）油酸、乙醇胺类，常温下搅拌反应产物呈黏稠透明状，加入表面活性剂和消泡剂，充分搅拌均匀后即得黏稠透明液体。

（3）把步骤（2）混合物倒入步骤（1）混合物中，充分搅拌，补加水至100，充分搅拌后，即得产品。

原料配伍　本品各组分质量份配比范围为：油酸2~10、乙醇胺类10~20、表面活性剂10~20、偏硅酸钠4~10、碳酸钠5~10、氟硅酸钠2~4、消泡剂0.05~0.1、水加至100。

乙醇胺类为单乙醇胺、二乙醇胺、三乙醇胺中的一种或其任意混合物。

表面活性剂为聚氧乙烯脂肪醇醚JFC、聚氧乙烯烷基酚醚类OP-10、6501、拉开粉BX中的一种或其任意混合物。

消泡剂为硅消泡剂。

产品应用　本品主要应用于清洗各种金属表面油污。

产品特性　机械设备、构件往往是由多种金属相连接组合而成，本品是由乙醇胺类同油酸形成的皂类，既有清洗能力，又是防止钢铁锈蚀的防锈剂；苯并三氮唑是防止铜及其合金的缓蚀剂；氟硅酸钠是铝和镁及其合金的缓蚀剂。实验表明，本品水基油垢清洗剂，对钢铁、铜、铝、镁、锡及其合金都具有较好的防锈性能；本品采用自乳化高效消泡剂BD3037，其消泡能力极强，且使用量少，本品5%的溶液按规定方法测定，几秒钟泡沫即消失；由于本品中添加碱金属的碳酸盐和硅酸盐，提高除垢能力，本品特别对难洗油垢，例如脱排油烟机沉积的油垢、机床陈年老油垢以及石化企业设备内沉积的大分子及高聚物垢均有很好的清除能力；本品水基油垢清洗剂，可以在常温下制备，节省能源，容易操作。

水冷换热器系统高效除垢剂

原料配比 →

原 料	配比（质量份）		
	1#	2#	3#
氨基磺酸	40	18	35
酒石酸	—	—	5
乙二胺四乙酸	25	30	18
马来酸	5	2	—
柠檬酸	12	35	20
亚甲基双萘磺酸钠	4	—	—
聚丙烯酸钠	—	4	—
十二烷基硫酸钠	4	—	5
聚苯乙烯磺酸钠	—	—	5
木质素	—	—	10
对甲氧基脂肪酰氨基苯磺酸钠	—	3	—
硫脲	8	—	—
丁炔二醇	—	—	2
羟基亚乙基二膦酸	—	4	—
氯化十八烷基二甲基苄基铵	—	4	—
六亚甲基四胺	2	—	—

制备方法 将各原料按规定比例称重，阴离子型表面活性剂、缓蚀剂、有机酸分别研细过筛后，在搅拌机内先进行自混，再进行互混，混合物经计量、包装、密封而制得成品。

原料配伍 本品各组分质量份配比范围为：有机酸 61～92、阴离子表面活性剂 1～10、缓蚀剂 2～12。

所述的有机酸为氨基磺酸、酒石酸、乙二胺四乙酸、马来酸、柠檬酸中两种或两种以上酸的混合物。

所述的阴离子型表面活性剂为肥皂、烷基磺酸钠、烷基芳基磺酸钠、烷基硫酸钠、仲烷基硫酸钠、对甲氧基脂肪酰氨基苯磺酸钠、聚丙烯酸盐中一种或一种以上的混合物。

所述的缓蚀剂为硫脲、六亚甲基四胺、羟基亚乙基二膦酸、氯化十八烷基二甲基苄基铵、木质素、丁炔二醇中一种或一种以上的混合物。

本品原理如下：利用水溶性有机酸能清洁除垢，阴离子型表面活性剂的分散作用，缓蚀剂可大为降低对金属的腐蚀，综合运用以达除垢之目的。

产品应用　本品主要应用于汽车、拖拉机水冷却系统及工业水冷换热器系统除垢。

产品特性　本品具有生产工艺简单，成本低，安全、无毒、高效的特点，使用运输方便，除垢效果好。用于以水作为冷却介质的内燃机冷却系统除垢时，不需停车进行，可广泛用于汽车、拖拉机水冷却系统及工业水冷换热器系统除垢。

水冷换热器系统水垢清除剂

原料配比

原料	配比（质量份）								
	1#	2#	3#	4#	5#	6#	7#	8#	9#
马来酸	16	—	—	—	8	—	—	38	—
酒石酸	—	15	—	—	—	15	—	—	10
柠檬酸	—	32	—	—	35	—	28	—	—
丁二酸	—	18	—	22	—	—	—	21	—
草酸	—	—	35	—	—	30	—	—	16
富马酸	—	—	12	—	8	—	14	—	—
乙二胺四乙酸	—	—	4	5	—	—	—	6	—

原　料	配比(质量份)								
	1#	2#	3#	4#	5#	6#	7#	8#	9#
氨基磺酸	32	—	—	38	—	—	—	—	25
乙醇酸	10	—	—	—	—	12	16	—	—
氯化铵	20	12	15	—	15	12	20	13	24
硝酸铵	6	8	10	12	8	7	6	6	6
氟化铵	—	—	9	8	10	8	—	—	4
平平加	—	—	—	6	—	—	—	—	5
亚甲基二萘磺酸钠	2	—	—	—	3	—	2	—	—
烷基萘磺酸钠	—	4	—	—	—	—	—	—	5
烷基酚聚氧乙烯醚	—	6	—	—	—	2	—	3	—
烷基醇酰胺	—	—	—	—	—	—	—	4	—
脂肪醇硫酸钠	—	—	—	4	—	—	2	2	—
聚丙烯酸钠	—	—	3	—	4	—	—	—	—
二邻甲苯硫脲	—	—	6	—	6	—	—	7	—
苯并三氮唑	—	—	2	—	—	2	—	2	—
木质素磺酸钠	2	—	—	4	—	—	—	—	—
亚硝酸钠	—	—	—	2	—	—	2	—	—
木质素钠	—	4	—	3	—	—	—	—	3
六偏磷酸钠	—	1	—	—	—	—	8	—	—
硫脲	9	—	—	—	—	8	—	—	2
乌洛托品	3	—	—	—	2	2	—	—	—

制备方法　各原料按配比规定称重，对主剂、辅剂、助剂分别研细过筛后，先进行预混，然后在搅拌机中互混，对混匀后的物料经计量、添加除沫剂后再密封、包装，即制得本品。

原料配伍　本品各组分质量份配比范围为：主剂 51～65、辅剂 16～35、助剂 8～20。

除沫剂则按总物料量的 0.1%～0.5% 添加。

　　上述主剂为有机酸，由酒石酸、柠檬酸、丁二酸、马来酸、氨基磺酸、乙醇酸、草酸、乙二胺四乙酸中的两种或两种以上组合而成。

　　辅剂为铵盐，由卤族元素铵盐和硝酸铵中一种或一种以上组合而成。

　　助剂中表面活性剂由阴离子表面活性剂及非离子表面活性剂中一种或一种以上组合而成，金属缓蚀剂由硫脲类、苯并三氮唑、乌洛托品、亚硝酸盐、木质素钠、六偏磷酸钠中一种或一种以上组合而成。

　　除沫剂由醇类、酯类、油类中的一种或一种以上组合而成。

　　产品应用　本品可广泛用于汽车、农用车、拖拉机水冷却系统及工业水冷换热器系统除垢，亦可用于家庭燃气热水器及卫生器具的除垢。

　　产品特性　本品具有生产工艺简单，成本低、无毒、高效的特点，使用安全，运输方便，除垢效果好。用于以水作为冷却介质的内燃机冷却系统除垢时，不需停车进行。

∴ 水箱除垢剂 ⫶

原料配比

原　料	配比(质量份)
固体磺酸胺	87.7
锌氯粉	3.7
氯化钠	3.7
促进剂 H	3.7
硫脲	0.6
苯三唑	0.3
洁尔灭	0.3

　　制备方法　取原料混合均匀即为成品。

原料配伍　本品各组分质量份配比范围为：固体磺酸胺 70～90、锌氯粉 3～9.5、氯化钠 3～9.5、促进剂 H 3～9.5、硫脲 0.4～1、苯三唑 0.2～0.8、洁尔灭 0.2～0.6。

产品应用　本品主要应用于汽车、船舶蒸发器、中央空调、冷却塔、反应釜夹套、太阳能热水器、水壶、家用热水器的除垢。

产品特性　本品以磺酸胺为溶垢剂，锌氯粉为缓蚀阻垢剂，氯化钠为渗透剂、助溶剂，促进剂 H 为腐蚀抑制剂，硫脲为铜离子隐蔽剂，苯三唑为缓性剂，洁尔灭为黏泥剥离剂，其配方独特，除垢效率达 90％以上，能快速清除水箱内的水垢，而且对汽缸夹套内的水垢也能彻底清除，适用于汽车、船舶蒸发器、中央空调、冷却塔、反应釜夹套、太阳能热水器、水壶、家用热水器的除垢，且对金属腐蚀性极轻微，无毒无污染，利于环境保护，且制造成本低。

水箱堵漏除垢剂

原料配比

原　料	配比（质量份）
酚醛树脂	30
邻苯二甲酸二丁酯	20
乙醇	25
丙烯酸酯	10
乙醇胺	15
醋酸酐	10
氧化钙	15
水泥粉	35
石英粉	30
钛白粉	20
过氧化苯甲酰	5

制备方法　先将氧化钙、过氧化苯甲酰粉碎至最大粒度不超过 0.5mm，再按配比取乙醇、酚醛树脂、邻苯二甲酸二丁酯、乙醇胺、丙烯酸酯，均匀混合，然后加配好的酪酸酐混合，再次加入氧化钙、水泥粉、石英粉、钛白粉均匀混合，最后加入过氧化苯甲酰均匀混合。

原料配伍　本品各组分质量份配比范围为：酚醛树脂 29～31、邻苯二甲酸二丁酯 19～21、乙醇 24～26、丙烯酸酯 9～11、乙醇胺 14～16、酪酸酐 9～11、氧化钙 14～16、水泥粉 34～36、石英粉 29～31、钛白粉 19～21、过氧化苯甲酰 4～6。

本品中，过氧化苯甲酰的作用是引发树脂接枝聚合。氧化钙的作用是脱水固化剂，丙烯酸酯起交联剂的作用。加入水泥粉、钛白粉、石英粉作为无机填充料用。

产品应用　本品主要应用于汽油、柴油发动机水箱的堵漏。

产品特性　本品的堵漏经实际使用，证明性能优良。堵住漏洞后 5min 内固化，它不但适用于粘补一般的容器，而且能粘补高温（250～270℃）、高压（2MPa）的容器及管道，这种堵漏除垢剂使用时不受地区的限制，并可以在不排空容器或管道液体的情况下边漏边堵。还可以在不停车、不影响车辆正常运转的情况下，对高压容器的孔洞进行强行粘补。不污染环境，成本低，使用时有除垢功能，有效期长。堵漏隙缝宽度在 0.6～0.7mm。

∵ 水箱快速除垢剂 ∵

原料配比 →

原　料	配比（质量份）	
	1#	2#
六亚甲基四胺	5	9
二壬基萘磺酸钡	2	4
聚乙二醇辛基苯基醚	7	3
乙二胺四乙酸	5	3

原　料	配比(质量份)	
	1#	2#
三聚磷酸钠	3	6
乙酸	16	13
水	加至100	加至100

制备方法　将原料各组分混合均匀即可。

原料配伍　本品各组分质量份配比范围为：六亚甲基四胺3～10、二壬基萘磺酸钡1～4、聚乙二醇辛基苯基醚3～8、乙二胺四乙酸2～5、三聚磷酸钠3～8、乙酸10～20、水加至100。

产品应用　本品主要应用于汽车水箱除垢。

产品特性　本品生产成本低，除垢效果好。

水箱用固体除垢剂

原料配比

原　料	配比(质量份)
氨基磺酸	60
氯化铵	15
乌洛托品	5
元明粉	20

制备方法　取氨基磺酸、氯化铵、乌洛托品、元明粉，分别研细后混合均匀，然后加入正常运行的汽车水箱中，经8h后放净清洗液，注入新的冷却水，即告清洗完毕。

原料配伍　本品各组分质量份配比范围为：强有机酸40～80、缓蚀剂2～8、铵盐10～20、无机钠盐20～35。

本品的原理如下：以水溶性强有机酸添加酸性溶液缓蚀剂、铵盐助溶剂和无机钠盐吸潮剂组合而成。强有机酸溶于水后，与垢中

的钙、镁盐反应生成溶于水的有机酸盐，再随污物一起排放，从而
达到除垢的目的。

产品应用　本品主要应用于锅炉和一些以水为冷却液的设备。

产品特性　本品具有性质稳定、经济实用、方便运输的特点。
其除垢能力与液体酸性除垢剂相当，除垢迅速；腐蚀性小，对金属
容器基本无损伤；无毒无臭，使用安全，尤其在清洗水箱时不需停
机，加入产品后即可自动除垢。适用于工业锅炉和各种水冷却设备
的清洗和除垢，亦可用于卫生间器具的清洁。

酸性除垢剂

原料配比 ➡

原　料	配比（质量份）
乙二胺四乙酸	15
腐植酸钠	5
聚磷酸盐	25
羟基亚乙基二膦酸	40
水	15

制备方法　将各组分溶于水混合均匀即可。

原料配伍　本品各组分质量份配比范围为：乙二胺四乙酸 10～
16、腐植酸钠 5～8、聚磷酸盐 20～27、羟基亚乙基二膦酸 35～42、
水 10～16。

采用本品进行清洗时，根据垢厚确定酸性除垢剂的稀释比例，
加入药剂后前 4h 每隔 0.5h 测一次 pH 值，控制 pH 值在 2.5～
4.5，当 pH>4.5 时补加酸性除垢剂，前 8h 保持水泵循环，然后
关泵静态浸泡 10h，再开泵循环 2～6h，清洗液排放后用清水漂洗
干净，最后加入钝化剂，钝化 48h 以上。一般情况下酸性除垢剂的
稀释比例为 10%左右。

质量指标 ▷

检验项目	检验结果
外观	淡黄色水溶液
相对密度	1.05
燃爆性	不燃爆
酸碱性	酸性
使用温度	<70℃
使用浓度	5%～15%

产品应用 本品可用于交换器、中央空调、供热水系统及冷却塔等水系统中水垢、锈垢、藻类的清洗,还可用于炉及其循环系统水垢的清洗,还可用于盥洗室、厕所、浴室、瓷砖饰面污垢的清洗,还可用于工业冷却设备等类似污垢的清洗。

循环清洗法:(1)对需清洗系统做全面检查确认需清洗部位水流畅通,系统无严重腐蚀故障。

(2)把要清洗的部位与其他不清洗的部位隔开,并接入临时管道与加药桶,组成循环回路。如本身无循环泵,须外接循环泵。

(3)统计循环水量,检查循环回路有无泄漏。

(4)根据垢厚确定酸性除垢剂的稀释比例(一般10%),加入药剂后前4个小时,每隔0.5h测一次pH值,控制pH值在2.5～4.5,当pH>4.5时补加除垢剂。前8h保持水泵循环,然后关泵静态浸泡10h,再开泵循环2～6h。

(5)清洗液排放后用清水漂洗干净。

产品特性 本品的酸性除垢剂不像强酸那样对金属有极强的腐蚀作用,它是依靠渗透能力和对污泥的剥离作用使有机酸渗透入垢层,并进而络合溶解而去除,溶解下来的污垢都呈泥浆状或粉末状。

本品的酸性除垢剂能安全、有效、快速地去除碳酸盐垢、硫酸

盐垢、锈垢以及其他矿物质的沉积物、泥沙性堆积物等，并且操作
简便，成本低廉。

∷ 糖垢清洗助剂

原料配比 ➥

原　料	配比(质量份)	
	1#	2#
葡萄糖	5	20
氨基磺酸	6	10
乌洛托品(六亚甲基四胺)	10	—
蓝-826	—	2
氯化钠	6	18
TX-10 阳离子表面活性剂	8	5
盐酸	300	500

制备方法　取原料搅拌均匀即可。

原料配伍　本品各组分质量份配比范围为：葡萄糖 5～20、氨
基磺酸 5～10、乌洛托品 1～10、氯化钠 5～20、TX-10 阳离子表
面活性剂 5～8、盐酸 300～500。

乌洛托品可用缓释剂蓝-5、蓝-826 或若丁 1-D 替代。

本品助剂的主要成分及作用：氨基磺酸无色、无臭，属一元
酸，中等强度酸性，其对金属腐蚀性小，对多种金属盐溶解性大，
清洗后的产物大多可溶解于水，不至于产生新的沉淀，它可与钙
盐、镁盐发生激烈反应，而且所生成的碱土金属的氨基磺酸盐在水
中能很好溶解，在 60℃ 以下清洗时可使 90% 的钙镁垢转化为可溶
性氨基磺酸钙、氨基磺酸镁。

将氯化钠和葡萄糖放在水中加以搅拌，氯化钠中的离子和葡萄
糖分子便均匀分布到水中，得到澄清透明的氯化钠和葡萄糖溶液，
因此溶液就是一种物质以分子或离子状态分散在另一种物质中所形

成的均匀而透明的液体混合物。

物质以分子或离子分散在另一种物质中去的过程称溶解，溶液包括两个部分，一般来说，能溶解其他物质的叫溶剂，被溶剂溶解的叫溶质，如食盐和蔗糖溶液里食盐和蔗糖是溶质，水是溶剂。在医药上补液用的葡萄糖溶液、生理盐水都是水溶液。通俗来说，葡萄糖、盐、氨基磺酸、乌洛托品与盐酸充分溶解糖垢后，并通过 TX-10 阳离子表面活性剂的清洗作用，以达到最终目的清洗、钝化、预膜及防腐的作用。

产品应用　本品主要应用于去除制糖设备积垢。

产品特性

（1）能清洗机械除垢达不到的地方，如在某糖厂试用，加热器上下管连接板机械清洗无法进行，长期积垢达 10～25mm，使用本清洗助剂后，顶板 80% 清除掉，底板垢厚降至 1～2mm 左右，从而加大加热面积，提高热效率 2%～5%。

（2）本清洗剂均匀一致，微小的间隙均能清洗到，而且不会剩下沉积颗粒，形成新垢的核心。而机械打管由于部分硅垢十分坚固，费时、费力、费能，打完管后还有 0.02～0.05mm 的硅酸盐、硅膜，影响加热的传导。

（3）加热器化学清洗可以避免金属表面的损伤，如打管时形成尖角、磨痕促进腐蚀，其附近形成的积垢使下次清洗更为困难，并影响设备使用寿命。

（4）由于复配的清洗助剂进行了防锈和钝化技术处理达到对设备防锈及防腐的作用，比一般情况下腐蚀率还要低（自然状态）。

（5）用清洗助剂清洗现场，劳动强度低、机械费用少、人员少。

（6）由于化学清洗彻底，高压冲洗时间短，费用低，提高加热效率，易于推广。通过试清洗，清洗助剂可重复使用 2～3 次，只要加装分离设备去除积垢残渣，循环使用可减少二次排放。

∴ 脱硫系统烟气换热器表面烟尘积垢清洗剂 ∴

原料配比 ➲

原　料		配比（质量份）										
		1#	2#	3#	4#	5#	6#	7#	8#	9#	10#	11#
清洁主剂	浓度为68%的硝酸	5	—	—	—	10	9	13.4	—	—	—	—
	浓度为31%的盐酸	—	15	—	5	—	9	6.6	6.6	6.6	6.6	6.6
	浓度为98%的硫酸	—	—	25	5	10	—	—	13.4	13.4	13.4	13.4
清洗助剂	浓度为90%的甲酸	3	—	—	—	—	—	—	—	—	—	—
	浓度为99%的乙酸	—	10	—	—	—	—	—	—	—	—	—
	浓度为99%的乙二胺四乙酸	—	—	15	—	—	—	—	—	—	—	—
	浓度为99.5%的氨基磺酸	—	—	—	8	—	—	—	—	—	—	—
	浓度为99.6%的草酸	—	—	—	—	—	10	—	—	—	—	—
	浓度为50%的羟基亚乙基二膦酸	—	—	—	—	—	—	12	—	—	—	—
	浓度为70%的乙醇酸	—	—	—	—	5	—	—	—	—	—	—
	甲酸、乙酸、乙二胺四乙酸、氨基磺酸、乙醇酸、草酸和羟基亚乙基二膦酸相以1:1:1:1:1:1:1混合	—	—	—	—	—	—	—	12	—	—	—
	甲酸、乙酸、乙二胺四乙酸相以1:2:1的比例混合	—	—	—	—	—	—	—	—	12	—	—
	乙醇酸、草酸和羟基亚乙基二膦酸相以2:1:1的比例混合	—	—	—	—	—	—	—	—	—	12	—
	甲酸和氨基磺酸相以1:3的比例混合	—	—	—	—	—	—	—	—	—	—	12

续表

原　料		配比（质量份）										
		1#	2#	3#	4#	5#	6#	7#	8#	9#	10#	11#
剥离剂	十二烷基二甲基苄基溴化铵	2	—	—	—	—	5	8	8	8	8	8
	氯化十二烷基二甲基苄基铵	—	8	—	—	4	—	—	—	—	—	—
	氯化二甲基双十八烷基铵	—	—	10	5	—	—	—	—	—	—	—
缓蚀剂		2	5	8	6	3	3	7	7	7	7	7
水		加至100	加至100	加至100	加至100	加至100	加至100	加至100	加至100	加至100	加至100	加至100

制备方法　将清洁主剂、清洗助剂、剥离剂、缓蚀剂和水，在常温常压下搅拌均匀，即得脱硫系统烟气换热器表面烟尘积垢清洗剂。

原料配伍　本品各组分质量份配比范围为：清洁主剂 5～25、清洗助剂 3～15、剥离剂 2～10、缓蚀剂 2～8、水加至 100。

所述清洁主剂是指硝酸、盐酸和硫酸中的一种或两种。

清洗助剂是指甲酸、乙酸、乙二胺四乙酸、氨基磺酸、乙醇酸、草酸和羟基亚乙基二膦酸中的一种以上。

剥离剂是指十二烷基二甲基苄基溴化铵、氯化十二烷基二甲基苄基铵和氯化二甲基双十八烷基铵中的一种。

缓蚀剂是指酸洗缓蚀剂。所述酸洗缓蚀剂是指多功能酸洗缓蚀剂或盐酸酸洗缓蚀剂。

本品的清洗剂使用无机酸作为清洁主剂，使用有机酸作为补充，剥离剂浓度控制很重要，三者配合得当，能够很有效地软化、清洗去除 GGH 上的难溶积垢；使用缓蚀剂，对换热元件和清洗系统的设备起到保护作用，确保腐蚀速率符合化学清洗技术要求。

产品应用　本品主要应用于清洗大型电力燃煤机组中石灰石-石膏法脱硫系统设置的气气换热器表面烟尘积垢。

清洗方法：将本品的清洗剂注入喷淋装置，循环喷淋到 GGH 换热元件表面即可，单次清洗时间约 8h，最后采用 10MPa 压力水冲洗即可。

产品特性

（1）采用本品的清洗剂，就可实现在脱硫 GGH 停运后，常温下在线清洗，无需拆卸 GGH 换热元件，清洗除垢彻底，清洗时间短，一般只需 4 天左右，清洗费用较低。

（2）采用本品的清洗剂，清洗工艺简单，无需加热，无需碱煮，对 GGH 换热元件表面搪瓷无腐蚀。

（3）制备本品的清洗剂采用的原材料均为常用的化工原料，制备工艺简单，生产成本低，效果好。

污垢清洗剂

原料配比

原　料	配比（质量份）	
	1#	2#
改性航空煤油	11	13
聚醚 L64	5	5
聚氧乙烯醚 TX-10	4	3
烷基酚聚氧乙烯醚硫酸钠 OPE-8S	3	4
硅酸钠	4	3
水	73	72

制备方法　将改性航空煤油倒入反应釜中，在 60～65℃下加入聚醚 L64、聚氧乙烯醚 TX-10、烷基酚聚氧乙烯醚硫酸钠 OPE-8S、硅酸钠和水进行反应，搅拌 2～6h。

原料配伍　本品各组分质量份配比范围为：改性航空煤油 1～20、聚醚 L64 1～15、聚氧乙烯醚 TX-10 1～8、烷基酚聚氧乙烯醚硫酸钠 OPE-8S 1～6、硅酸钠 1～5、水加至 100。

产品应用　本品主要应用于清洗火药燃烧残留物或燃气内煤焦油在工件上形成的污垢。

使用方法：使用时，将清洗剂按 1：（1～10）的比例用水稀释，将带有火药燃烧残留物的实物或工件放入装有本品的容器里，浸泡 15～30min 后，实物或工件上的积炭会慢慢分解，由碳链网状分解为直链状或颗粒状，此时用毛刷或抹布即可擦掉实物或工件上的污物，然后用清水冲干净即可。在实物或工件比较大的情况下，也可喷刷或擦洗。本品对人体、环境无污染，对金属无腐蚀，目前还没有清洗火药燃烧残留物的水基型清洗剂。

产品特性　本品清洗剂中的改性航空煤油容易生物降解，因其分子中有一个强亲水性的磺酸基与烃链相连，故其表面活性极强，即使在硬水中仍有良好的润湿、乳化、分散、渗透、去垢能力，特别是对火药燃烧时产生的积炭迅速将碳链网状结构分解至直链状或颗粒状，彻底将积炭清洗干净，并且对人体无腐蚀，对环境没有污染，对铜、铝等金属没有腐蚀，清洗效果良好。

∷ 无机物污垢复合清洗剂 ∷

原料配比

原　料	配比（质量份）		
	1#	2#	3#
甲酸	10	11.5	9.7
柠檬酸	10	11.5	9.7
草酸（乙二酸）	30	30.5	30
氢氟酸	10	10.5	10
去离子水	40	40	40.6

制备方法　将原料混合搅拌均匀即可。

原料配伍　本品各组分质量份配比范围为：甲酸 9.7～11.5、柠檬酸 9.7～11.5、草酸 30～30.5、氢氟酸 10～10.5、去离子水

40～40.6。

产品应用 本品主要应用于清洗水处理膜系统中硅垢、铁的氧化物垢、钙盐垢以及镁盐垢污染。

产品特性 本品通过多重作用去除硅对膜系统的污染，可达到良好的除污效果；可同时解决无机盐、金属氧化物等多类污染物对膜系统的损害，药效范围广，可代替多种药剂共同使用，操作简便。

∴ 无磷消毒重垢表面清洁剂

原料配比 ➡

原　料	配比（质量份）
异丙醇	10
椰油酰二乙醇胺	9
辛基酚聚氧乙烯醚 9.5	5
直链烷基苯磺酸	2
松油	20
水	54

制备方法 按顺序将各个组分加入水中，进行搅匀就可以。使用时 1～2 份精洁剂用 130 份（体积）水稀释就制备得到本品无磷消毒重垢表面清洁剂。

原料配伍 本品各组分质量份配比范围为：异丙醇 9～11、椰油酰二乙醇胺 8～10、辛基酚聚氧乙烯醚 4～6、直链烷基苯磺酸 1～3、松油 19～21、水 53～55。

产品应用 本品主要应用于去除石油和含脂、油的脂肪酸，黏土及其他颗粒污垢、硬水盐（如皂垢），其应用领域包括浴室（含缸、水池、地面及其他用具）。

产品特性 与同类产品相比制备更为简单，其具有同类产品特点的同时，还具有消毒、去垢效果更为强劲的特点，而且其中所含成分不会对环境造成污染。

原料配比 ➡

原料	配比（质量份）			
	1#	2#	3#	4#
聚马来酸酐	42	38	32	48
苯并三氮唑	25	28	22	30
硝酸锌	45	47	42	50
聚丙烯酸	12	10	8	15
聚氧琥珀酸	16	10	12	20
葡萄糖酸钠	2	4	1	5
去离子水	适量	适量	适量	适量

制备方法　将聚马来酸酐、苯并三氮唑、硝酸锌、聚丙烯酸、聚氧琥珀酸、葡萄糖酸钠和去离子水混合均匀，即得到产物。

原料配伍　本品各组分质量份配比范围为：聚马来酸酐30～50，聚氧琥珀酸10～20，硝酸锌40～50，苯并三氮唑20～30，聚丙烯酸5～15，葡萄糖酸钠1～5，去离子水适量。

产品应用　本品主要涉及一种工业循环水用无磷除垢缓蚀剂。

产品特性

（1）本产品在使用过程中不易形成磷酸钙垢，且排放水中磷含量远低于国家标准，属于环境友好型水处理剂。

（2）本产品将生化技术及表面技术与传统的水质稳定技术相结合，有效地改善了换热器金属界面的阻垢和防腐性能，尤其针对我国北方地区高硬度、高碱度、水质容易结垢的行业性难点问题，突破了传统水质稳定技术在提高浓缩倍数方面的局限，创造性地解决了超浓缩循环水处理的阻垢问题，使循环冷却水能够在超浓缩（≥5）条件下运行，节约了大量的淡水资源。

（3）本产品无需加酸处理，采用自然 pH 运行，既节约了设备投资，简化了操作程序；又有利于提高设备寿命，保护系统的安全运行，避免了传统加酸处理造成的腐蚀设备、系统泄漏等隐患。

（4）制备方法操作简单，使用方便，使用量少，成本低，有助于降低循环水运行成本和加强循环水的管理，阻垢缓蚀剂在生产中有很好的阻垢缓蚀作用，且对后段工序无任何影响，具有很好的应用前景。本品还具有较好的缓蚀效果，特别对黑色金属有明显的缓蚀作用。

⸬ 烟垢清洗剂

原料配比

原　料	配比（质量份）		
	1#	2#	3#
硝酸	20	15	25
硫酸	12	15	10
磷酸	2	5	1
壬基酚聚氧乙烯醚（TX-10）	3	2	4
仲烷醇聚氧乙烯醚（JFC）	3.5	4	2
乙二醇丁醚	8	—	—
乙二醇甲醚	—	15	—
乙二醇丁醚或乙二醇甲醚	—	—	10
蒸馏水	加到 100	加到 100	加到 100

制备方法

（1）在反应锅中，加入蒸馏水并加热到 55～65℃，加入表面活性剂溶解均匀。

（2）冷却到 35～45℃，加入溶剂，搅拌均匀。

（3）加无机酸，搅拌均匀。

（4）灌装。

原料配伍　本品各组分质量份配比范围为：硝酸 15～25、硫酸 10～15、磷酸 1～5、壬基酚聚氧乙烯醚 2～4、仲烷醇聚氧乙烯醚 2～4、乙二醇丁醚或乙二醇甲醚 8～15、蒸馏水加到 100。

本品的烟垢清洗剂中，加入的表面活性剂仲烷醇聚氧乙烯醚 (JFC) 和壬基酚聚氧乙烯醚（TX-10）在酸中溶解性好，性能稳定，润湿力和渗透力强，能与无机酸协同去污；由于提取液的主要成分为弱碱性的有机碱，使用硝酸、硫酸和磷酸几种酸混合，混合酸的氧化性和强酸性有利于烟垢的去除；加入乙二醇丁醚或乙二醇甲醚的溶剂对烟垢有很强的溶解能力，并且可帮助其他成分溶解分散。

产品应用　本品主要应用于烟叶末和烟梗等重新加工成高档香烟的生产过程中的设备和输送管道内烟垢的清除。

产品特性　本品的烟垢清洗剂，专门用于该生产过程中的制烟设备和管道内烟垢的清除，能快速、完全清除生产设备上的烟垢，而且在使用浓度范围内对人、动物、生产设备是安全的，成本低。

烟气脱硫系统中烟气再热器的除垢剂

原料配比

原　料	配比(质量份)		
	1#	2#	3#
浓盐酸	30	40	45
乌洛托品	9	8	8
苯胺	5	4	6
氟化钠	2	3	2
阴离子表面活性剂 LAS(烷基苯磺酸钠)	1	—	—
阴离子表面活性剂 AEC(烷基聚氧乙烯醚羧酸钠)	—	1	—
阴离子表面活性剂 NNO(亚甲基双萘磺酸钠)	—	—	1
水	加至 100	加至 100	加至 100

制备方法　将各组分原料混合均匀即可。

原料配伍　本品各组分质量份配比范围为：浓盐酸 30～45，乌洛托品 8～9，苯胺 4～6，氟化钠 2～3，阴离子表面活性剂 1，水加至 100。

所述阴离子表面活性剂为：LAS（烷基苯磺酸钠）、AEC（烷基聚氧乙烯醚羧酸钠）或 NNO（亚甲基双萘磺酸钠）。

产品应用　本品主要用作烟气脱硫系统中烟气再热器的除垢剂。

使用本产品对 GGH 硬垢（硅酸盐和硫酸盐垢）进行清洗时，用水将该除垢剂稀释至质量分数为 6%～8%，清洗方式采用浸渍法，清洗温度在 15～60℃，清洗时间 72～120h（根据硬垢的成分和含量），除垢率均达到 87% 以上，GGH 换热片搪瓷层没有明显损伤，搪瓷层表面光泽度好。

产品特性　本产品对 GGH 硬垢有较好的清除效果，具有环境污染小、适应性强等特点。采用本产品对 GGH 硬垢进行有效清洗后，首先可以完全避免因为 GGH 结垢造成脱硫系统停运甚至影响主机运行的风险；其次可以大大降低整个脱硫系统的阻力，从而有效降低增压风机运行电耗。

油垢清洗工业水处理剂

原料配比

原料	配比（质量份）		
	1#	2#	3#
乙醇	3.5	3	4
异丙醇	13.5	14	14
拉开粉	16	14	13
十二烷基苯磺酸钠	8	9	8
去离子水	55	56	57
苯并三氮唑溶液	2.6	2.6	2.6
乌洛托品	1.4	1.4	1.4

制备方法

(1) 将乙醇、异丙醇投入反应釜内、搅匀并升温至 30~60℃。

(2) 向釜内加入拉开粉，搅拌至溶解。

(3) 向釜内加入十二烷基苯磺酸钠，搅拌至溶解。

(4) 向釜内加入去离子水，搅匀。

(5) 向釜内加入苯并三氮唑，搅拌均匀。

(6) 向釜内加入乌洛托品，搅拌均匀。

步骤(2)~步骤(6) 均在 30~60℃的恒温下进行。

(7) 冷却至常温后，出料，即得。

步骤(5) 加入苯并三氮唑前先将苯并三氮唑用异丙醇溶解，异丙醇和苯并三氮唑的质量比为 2：1。

步骤(6) 的搅拌时间为 20~40min。

原料配伍 本品各组分质量份配比范围为：乙醇 3~6、异丙醇 10~20、拉开粉 10~25、十二烷基苯磺酸钠 6~12、苯并三氮唑 2.5~2.6、乌洛托品 1~2、去离子水加至 100。

产品应用 本品主要应用于工业上清洗油垢。

产品特性 本品将拉开粉作为渗透剂，十二烷基苯磺酸钠作为表面活性剂，苯并三氮唑、乌洛托品作为缓蚀剂，乙醇、异丙醇作为溶剂，将它们复配成一种油垢清洗剂。本品溶垢彻底、渗透力强、除垢速度快、清洗时不需停车且能清洗、缓蚀一次完成。本品解决了清洗时系统的 pH 值较低，设备易腐蚀，不能深度清除设备油垢，且需要停车清洗，影响生产，清洗时间较长，费用相对较高的问题。

油井用固体除垢酸棒

原料配比

原 料	配比(质量份)
固体酸	88.4
硫脲	1.8

原　料	配比（质量份）
十二烷基苯磺酸钠	1.8
聚合度 30 的平平加	3.6
羧甲基纤维素钠	0.2
溴化锌	4
阳离子聚丙烯酰胺	0.2
其中 88.4% 的固体酸中氨基磺酸	33
硝酸粉末	25
乙二胺四乙酸	30.4

制备方法

（1）首先制备主体酸部分：按照配方，分别称取氨基磺酸粉末、硝酸粉末、乙二胺四乙酸粉末、聚合度为 30 的平平加、硫脲粉末及十二烷基苯磺酸钠粉末，然后将上述组分混合在一起并搅拌均匀。

（2）制备酸棒：按照配方，分别称取羧甲基纤维素钠、溴化锌及阳离子聚丙烯酰胺，然后将上述组分加入到步骤（1）制备的主体酸中，搅拌均匀后放入压力机中进行压制成型。

原料配伍　本品各组分质量份配比范围为：固体酸为 88.4，硫脲为 1.8，十二烷基苯磺酸钠为 1.8，聚合度为 30 的平平加为 3.6，羧甲基纤维素钠为 0.2，溴化锌为 4，阳离子聚丙烯酰胺为 0.2；其中 88.4% 的固体酸中氨基磺酸为 33，硝酸粉末为 25，乙二胺四乙酸为 30.4。

油井用固体除垢酸棒，其组成包括主体酸、胶结剂、加重剂、防吸水剂；所述主体酸包括：固体酸、渗透剂、缓蚀剂、清洗剂。

上述固体除垢酸棒组成中胶结剂采用羧甲基纤维素钠（CMC），加重剂采用溴化锌 $ZnBr_2$，防吸水剂采用阳离子聚丙烯酰胺，固体酸包括氨基磺酸、硝酸粉末、乙二胺四乙酸（EDTA），渗透剂采用聚合度为 30 的平平加，缓蚀剂采用硫脲，清洗剂采用十二烷基苯磺酸钠。

产品应用   本品主要用作油井用固体除垢酸棒。

产品特性   本产品克服了强酸的强腐蚀性、强刺激性和生产使用不方便等缺点，保持了其强溶解性、弱酸性等优点，使其能够有效除垢，且不与管柱、胶筒发生腐蚀。本产品的存放期大于150d，能够满足现场投放器带压投放，解除遇阻成功率80%以上。

油田注水井除垢剂

原料配比 →

原　料	配比（质量份）				
	1#	2#	3#	4#	5#
盐酸（质量分数28%～38%）	10	15	5	12	11
乙酸钠	1	0.2	0.1	1	1.2
柠檬酸钠	1.5	0.5	0.1	1	1.2
氟化钠	1.5	0.1	3	0.1	0.1
酒石酸钾钠	3	2	1	1	1
松香酸聚氧乙烯酯	0.5	0.5	0.5	0.3	0.3
拉开粉	0.2	0.4	0.4	0.1	0.1
顺丁烯二酸二仲辛酯磺酸钠	1	1.5	1.5	0.2	0.2
固体亚氯酸酐	0.6	0.6	0.1	0.3	0.3
羟基亚乙基二膦酸	1.2	1.5	0.5	1.3	1.2
水	79.5	77.7	87.8	82.7	83.5

制备方法

（1）在常温条件下，在带搅拌器的耐酸配液罐内加入水，将乙酸钠、柠檬酸钠、酒石酸钾钠、氟化钠、松香酸聚氧乙烯酯、拉开粉、顺丁烯二酸二仲辛酯磺酸钠七种组分按质量份配比加入水中，搅拌均匀，产生泡沫，各组分加入顺序随意。

（2）在搅拌条件下，将按质量份配比称量好的羟基亚乙基二膦酸加入上述配制好的混合溶液中，搅拌均匀。

（3）在搅拌条件下，加入按质量份配比称量好的固体亚氯酸酐，搅拌均匀。

（4）在搅拌条件下，将加入按质量份配比称量好的盐酸，搅拌均匀，得到淡黄色透明的油田注水井除垢剂。

原料配伍　本品各组分质量份配比范围为：盐酸（质量分数 28%～38%）5～15（有效成分以 HCl 计）；乙酸钠 0.1～1.5；柠檬酸钠 0.1～1.5；氟化钠 0.1～8.5；酒石酸钾钠 1～6；松香酸聚氧乙烯酯 0.05～0.5；拉开粉 0.05～0.4；顺丁烯二酸二仲辛酯磺酸钠 0.2～1.5；固体亚氯酸酐 0.1～0.6（有效成分以 ClO_2 计）；羟基亚乙基二膦酸 0.5～1.5；水加至 100。

产品应用　本品主要用作油田注水井除垢剂。适用于清除注水井在注水过程中生成的各类结垢，包括碳酸盐垢、硫酸盐垢、硫化亚铁垢、油垢、硅酸盐垢等。

油田注水井除垢剂的使用方法：先将注水井放空泄压；等放空泄压完成后用泵以小排量正注或反注的方式将油田注水井除垢剂注入结垢井筒（正注时先打开套管阀门，用管线连接到放空池或者连接到装除垢剂的罐中，反注时打开油管阀门，用管线连接到放空池或者连接到装除垢剂的罐中）；待除垢剂充盈油套环形空间和油管后，停止注入，反应 2h；反应完成后用清水正常洗井，正洗反洗皆可，洗井完成后即完成除垢。

注意事项：本产品的除垢剂具有微弱的刺鼻性气味，为避免配液和施工过程中引起操作人员的不适，配液和施工时应戴好防范酸性气体的防护面罩。

产品特性　本产品对注水井中碳酸盐垢、硫酸盐垢、硫化亚铁垢、油垢、硅酸盐垢等进行浸泡冲洗，2h 左右皆能完成除垢；且对油套管和注入设备腐蚀小，对设备腐蚀度低于 $0.5994mg/(cm^2 \cdot h)$；除垢作业安全，作业过程中不会有 H_2S 气体放出。

∴ 油井缓蚀清垢防垢剂

原料配比 →

原　料	配比(质量份)				
	1#	2#	3#	4#	5#
乌洛托品	1.5	1.6	1.7	1.8	1.9
多聚甲醛	0.22	0.24	0.26	0.28	0.3
碘化钾 KI	0.06	0.09	0.1	0.13	0.15
乳化剂 OS-15	0.05	0.06	0.07	0.08	0.09
盐酸	7.2	6.8	6.2	5.5	5.2
氯化铵	10	9.5	9	8.5	8
维生素 B_2	0.05	0.06	0.07	0.08	0.09
酵母膏	0.01	0.015	0.02	0.025	0.03
水	加至 100	加至 100	加至 100	加至 100	加至 100

制备方法　首先，将乌洛托品和多聚甲醛按比例加入搪瓷反应釜内；再加入需要加入水的 5%，搅拌同时缓慢升温到 35～40℃后，再搅拌 30min；依次按比例加入碘化钾 KI、乳化剂 OS-15、盐酸和氯化铵、维生素 B_2、酵母膏，边加入边搅拌；搅拌 30min；最后加入剩余部分的水并搅拌 30min，停止加热；边冷却边搅拌，冷却至常温，得到油井缓蚀清垢防垢剂。

原料配伍　本品各组分质量份配比范围为：乌洛托品 1.5～2、多聚甲醛 0.2～0.3、碘化钾 KI 0.05～0.15、乳化剂 OS-15 0.05～0.1、盐酸 5～7.5、氯化铵 8～10、维生素 B_2 0.05～0.1、酵母膏 0.01～0.03、水加至 100。

所述多聚甲醛（工业品）：别名聚蚁醛、聚合甲醛、仲甲醛、固体甲醛、聚合蚁醛。分子式 $(CH_2O)_n$，低分子量的为白色结晶粉末，具有甲醛味。多聚甲醛主要用于除草剂的生产和使用，还用于制取合成树脂（如人造角制品或人造象牙）与胶黏剂。多聚甲醛同时用于制药工业（避孕乳膏的有效成分）及药房、衣服和被褥等的消毒，多聚甲醛也可用作熏蒸消毒剂、杀菌剂和杀虫剂。

所述碘化钾 KI（工业品）：碘化钾为无色或白色立方晶体。极易溶于水、乙醇、丙酮和甘油，水溶液遇光变黄，并析出游离碘。碘化钾为稳定剂和助溶剂，饲料级的碘化钾也可作为饲料加工中碘的补充剂。

产品应用　本品主要应用于石油工业采油过程中防腐阻垢清垢。

本品油井缓蚀清垢防垢剂的使用方法：在油井现场，作业人员定期从油井的油套环空加入油井缓蚀清垢防垢剂。加入油井缓蚀清垢防垢剂质量与油井产液量体积比为：35～50mg/L。

产品特性　在油井日常维护时加入油井缓蚀清垢防垢剂，当油井缓蚀清垢防垢剂加入质量与油井产液量体积比为 35～50mg/L 的情况下，缓蚀率大于 80%，阻垢率大于 90%，清垢率大于 75%。油井的检泵周期延长 1 倍以上。

∵ 油井清垢防垢剂 ∵

原料配比 →

原　料	配比（质量份）				
	1#	2#	3#	4#	5#
聚氧乙烯烷基苯酚羧酸盐	32	33.2	34.8	35.5	36.5
N,N'-二(2-羟乙基)甘氨酸钠	15	14.3	14.8	13.5	12.4
苯甲酸钠	5.6	5.9	6.3	6.8	7.4
亚硝酸钠	0.6	0.7	0.8	0.9	1
维生素 A	0.5	0.6	0.7	0.8	0.9
乌洛托品	5.1	5.8	6.3	6.7	7.4
盐酸	0.6	0.8	1	1.2	1.4
甲醇	9.5	9	8.7	7	5.6
水	31.1	29.7	26.6	27.6	27.4

制备方法 首先将聚氧乙烯烷基苯酚羧酸盐、N,N'-二（2-羟乙基）甘氨酸钠、苯甲酸钠、乌洛托品按配比加入搪瓷反应釜。缓慢升温到 50～65℃。在不断搅拌下加入甲醇，继续搅拌 30min 后，然后再依次加入维生素 A、亚硝酸钠、盐酸，边加入边搅拌，最后加入水，搅拌 30min 后停止加热，最后，边冷却边搅拌，冷却至常温。得到油井清垢防垢剂。

原料配伍 本品各组分质量份配比范围为：聚氧乙烯烷基苯酚羧酸盐 32～36.5、N,N'-二（2-羟乙基）甘氨酸钠 12～15、苯甲酸钠 5.5～7.5、亚硝酸钠 0.5～1、维生素 A 0.5～1、乌洛托品 5～7.5、盐酸 0.5～1.5、甲醇 5～10、水 25～33。

产品应用 本品主要应用于油井除垢。

使用方法：根据油井产液量体积的多少，从油套环空按200～300mg/L的配比将油井清垢防垢剂加至油井中，即每生产1L油井产液加入 200～300mg 的油井清垢防垢剂，现场技术人员能完成。

产品特性 本品加入油井中，能使油井的阻垢率达90％以上，清垢率达55％以上。

油水井除垢解堵剂

原料配比

原　料	配比（质量份）	
	1#	2#
复合酸	24	55
表面活性剂	3.3	10.3
络合剂	1.5	4
有机溶剂	1	6
酶制剂	0.1	0.3
水	加至100	加至100

制备方法　将原料各组分的药剂及水在常温下混溶后搅拌均匀即可。

原料配伍　本品各组分质量份配比范围为：复合酸 24～55、表面活性剂 3.3～10.3、络合剂 1.5～4、有机溶剂 1～6、酶制剂 0.1～0.3、水加至 100。

其中复合酸为盐酸、乙酸、氢氟酸、柠檬酸、氨基磺酸和聚马来酸酐中的两种或两种以上，所述的表面活性剂为乙二胺四亚甲基磷酸钠、壬基酚聚氧乙烯醚、蓖麻油聚氧乙烯醚、烷醇酰胺、琥珀酸二烷酯磺酸钠和烷基聚葡萄糖苷中的两种或两种以上，所述的络合剂为缓蚀剂或铁离子稳定剂，所述的酶制剂采用生物酶。

上述的复合酸采用以下组分中的两种或两种以上组成，各组分为：盐酸 10%～25%，乙酸 3%～9%，氢氟酸 2%～5%，柠檬酸 1%～3%，氨基磺酸 1%～3%，聚马来酸酐 5%～10%，上述为体积分数。

上述的表面活性剂采用以下组分中的两种或两种以上组成，各组分为：乙二胺四亚甲基磷酸钠 2%～5%，壬基酚聚氧乙烯醚 0.5%～1%，蓖麻油聚氧乙烯醚 0.3%～2%，烷醇酰胺 0.2%～1%，琥珀酸二烷酯磺酸钠 0.1%～0.5%，烷基聚葡萄糖苷 0.2%～0.8%，上述为体积分数。

上述的络合剂采用缓蚀剂 0.5～1，或铁离子稳定剂 1～3，或上述两者组合。

有机溶剂采用甲乙酮 1～6。

酶制剂采用生物酶 0.1～0.3。

其中，酶制剂为市售产品，主要含有脂肪酶，缓蚀剂为市场现有常规药剂；主要含有精喹啉、吡啶；铁离子稳定剂为市场现有常规药剂，主要是柠檬酸。

产品应用　本品主要应用于油水井除垢解堵。

使用方法：使用本品配有高低压药剂喷射头，连接油管后送入井底注入解堵剂，清除炮眼处的堵塞，可以快速地缩短施工时间。

产品特性

（1）本品可有效地溶解、溶蚀油田井底及油层深部的无机盐、铁化合物、黏泥、聚合物以及油垢的堵塞。

（2）杀菌，改善水质，阻止垢的再次形成，增加地层渗透率，提高原油流动性，增加了原油的采收率以及水井注水量。

（3）配制简单，使用方便，缩短施工时间，减少施工成本。

（4）对地层、设备伤害性小，解堵彻底。

油烟污垢隔离剂

原料配比

原料	配比（质量份）			
	1#	2#	3#	4#
羧甲基纤维素	4.5	—	—	—
十二烷基苯磺酸钠	1	—	4	—
PVA（聚合度 1750±50）	0.5	3.5	4.5	3
PVP	—	—	—	0.1
平平加	—	0.5	—	1
ABS	—	—	—	2
R-磺酸醇胺盐	—	3.5	—	—
椰子油烷醇酰胺	—	3	3	—
六亚甲基四胺	—	0.5	—	—
消泡剂	—	0.3	—	—
酒精	—	20	—	—
PTX-10	0.5	—	—	—
JFC	1	—	—	—
苯甲酸钠	0.3	—	0.5	—
乳酸钙	—	—	—	0.6

续表

原　料	配比(质量份)			
	1#	2#	3#	4#
聚氧乙烯烷基醚	—	—	1	—
磷酸三钠	0.3			
磷酸氢二钠	—	—	1	0.8
乙醇	10	—	—	—
水	81.9	68.7	86	92.5

制备方法　将 PVA 加软水浸泡 24h 在水浴搅拌下加热至 90～95℃，保温搅拌 0.5h 成 5％的透明胶液（A 液）。取羧甲基纤维素在充分搅拌下加入软水中，搅拌成均一胶液（B 液），取 A 液 10 份加入 B 液中搅拌均匀并加入十二烷基苯磺酸钠。取苯甲酸钠溶于水中（C 液），取磷酸三钠溶于水中（D 液），将 C 液和 D 液分别在搅拌下加入上述 A 与 B 混合液中，并在搅拌下加入工业酒精，再加入 JFC 和 PTX-10 搅拌均匀为止。

原料配伍　本品各组分质量份配比范围为：非离子型表面活性剂/阴离子表面活性剂（1∶1）～（1∶25）、水溶性成膜树脂/复合表面活性剂（1∶0.1）～（1∶6）、水溶性成膜树脂与表面活性剂总量/溶剂（2∶100）～（35∶100）。

所述水溶性树脂可以是：聚乙烯吡咯烷酮（PVP）、明胶、聚乙烯醇（PVA）、可溶性淀粉、羧甲基纤维素等，这些树脂单用或两种以上合用都行，以聚乙烯醇最为常用，其配用量占隔离剂总量的 0.5％～30％为宜。

所述表面活性剂由阴/非离子表面活性剂复配而成。非离子表面活性剂可以是聚乙烯脂肪酸酯、聚氧乙烯烷基酰胺、聚氧乙烯烷基醚、聚氧乙烯硬化蓖麻油、聚氧乙烯烷基苯基醚、烷醇酰胺、吐温等，阴离子型表面活性剂可以是十二醇硫酸钠、十二烷基苯磺酸钠、十二醇聚氧乙烯醚硫酸钠、石油磺酸钠、十二烷基醇酰胺磷酸酯、烷基聚氧乙烯磷酸酯、烷基酚聚氧乙烯醚磷酸酯（PTX-10），

R—磺酸醇胺盐（R 为碳原子数 4～18 的烷基或烷芳基）等，可由上述非离子和阴离子表面活性剂各选一种或多种复配使用，非离子表面活性剂/阴离子表面活性剂可在（1∶1）～（1∶25）选定，最好是（1∶1）～（1∶15）。

复合表面活性剂的配用范围是：100 份水溶性成膜树脂配用10～600 份表面活性剂，最好是 30～300 份。在此配比范围内表面活性剂与水溶性树脂可以形成良好的复合隔离层，低于 10 份不容易擦净油污，形成二次污染；超过 600 份不能形成柔韧、易洗、完整的隔离膜，往往形成发黏的软质层，膜不完整，易破裂或呈网状，且有大量的表面活性剂或添加剂渗出，防锈能力较差。选用阴离子表面活性剂在于能显著提高油污在水中的负电荷性，同时阴离子表面活性剂有可能使物面对油污粒子产生静电斥力，加之它在物面上定向吸附或乳化，所以许多阴离子表面活性剂对油污的洗涤效果好，选用非离子表面活性剂可以增强隔离剂的相溶性及乳化洗涤性能。将多量的阴离子表面活性剂和少量的非离子表面活性剂选择搭配，取长补短，发挥协同效力，从而起到单一类表面活性剂达不到的效果，非离子表面活性剂与水溶性树脂相溶性不佳时，添加一种或多种阴离子表面活性剂可以改善相溶性，增加制剂的透明度和稳定性，提高成膜性。例如：100 份 PVA 加入 50 份吐温-80（非离子表面活性剂），配制液成网状膜，表面活性剂渗出较多，若再加上 50 份 R—磺酸醇胺盐，则配制液可形成光滑平整的膜，表面活性剂渗出也少，从而增强湿擦净的效果。同样当水溶性树脂与阴离子表面活性剂和防锈剂、防腐剂复配后，呈现不相溶性状态时，加少量的非离子表面活性剂可改善制剂的相溶性，使之透明度提高。

无论是非离子还是阴离子表面活性剂，对于同一种水溶性成膜树脂而言，其相溶性各不同，100 份 PVA 树脂中可配用一种 R—磺酸醇胺盐 600 份形成完整的柔软隔离膜，在同量 PVA 树脂中，配入 50 份的平平加 O 即呈不相溶状态，只能形成不完整的网状膜，对于一固定量的水溶性树脂而言，每一种表面活性剂似乎有一个可配入的"饱和量"，超过这个"饱和量"不能很好地成膜并有较多量的表面活性剂渗出。非离子表面活性剂和阴离子表面活性剂的复配，通常是非离子表面活性剂的配入量少于阴离子表面活性剂配入量，且二者的 HLB 值应有差异。

所述溶剂可以是水和低级醇，如异丙醇、丁醇、乙醇等，但从实用价值来考虑，其中有机溶剂占溶剂总量的 0～40％为宜。溶剂量/隔离剂一般为 100∶(102～135)，最好为 100∶(110～130)。

防锈剂可以是：亚硝酸钠、磷酸盐、硝酸锌、酒石酸、硫脲、六亚甲基四胺、石油磺酸钠等，用量为水溶性树脂的 5％～90％。

防腐剂可以是：尼泊金甲（乙、丙或丁）酯、乳酸钠、乳酸钙、苯甲酸钠以及洗涤剂用其他防腐剂，用量为水溶性树脂的 0.5％～30％。

渗透剂可以是 JFC、平平加 O、拉开粉 BX、渗透剂 T 等。

本品根据需要可适当添加色素、香精等，一般情况配制的隔离剂呈透明或半透明复合层膜，不会改变被保护物品的外观。

产品应用 本品刷（喷）涂在金属、涂料、塑料、玻璃及纱窗等物面，不仅可以形成复合型透明或半透明水溶性隔离膜，使油烟污垢与物面隔离，隔离膜上沉积的油烟污垢很容易用水或湿布擦洗净，从而防止厨房中油烟污垢及 SO_2、CO_2、NO_x 和酸性气体对物面的污染和侵蚀。

产品特性 本品涂布后可形成平整的复合隔离层，厨房油烟污垢沉积在含表面活性剂和其他助剂的树脂膜表层，底层为表面活性剂（包括渗透剂）和防锈剂的软质附着层。清除油垢时，可用湿布湿棉纱擦洗，表层膜很容易剥离和卷裹，起到卷裹油垢和乳化、净洗的作用，底层则起防止油垢的二次污染和防锈作用，这就很方便地用擦（刷）洗的方法达到清除油垢"一擦就净"的效果，因此应用范围广泛。本品由于加入了阴离子表面活性剂，有效地降低了成本，而且去污效果好。

❖ 有机除垢剂

原料配比 ➔

原　料		配比(质量份)				
		1#	2#	3#	4#	5#
清洗剂	MA-AA	2	10	15	8	3
	HEDP	6	15	20	25	6
	ATMP	8	25	30	30	15
	JFC	占清洗剂质量的0.3‰~5‰				
水		84	50	34.5	36.7	76
缓蚀剂	CM-911	占清洗剂质量的1‰~3‰				

制备方法

(1) 先将清洗剂配方中所述比例的水按配比兑入清洗剂制备容器中，并加入清洗剂总质量1‰~3‰的缓蚀剂（CM-911）和占清洗剂总重0.3‰~5‰的渗透剂（JFC），搅拌均匀。

(2) 将占清洗剂总重1%~15%的马来酸-丙烯酸共聚物（MA-AA）加入，搅拌均匀。

(3) 加入占清洗剂总重1%~25%的羟基亚乙基二膦酸（HEDP），再次搅拌，最后加入占清洗剂总重2%~30%的氨基三亚甲基膦酸（ATMP），充分搅拌均匀制得，得到的产品为淡黄色透明液体，无味。

原料配伍 本品各组分质量份配比范围为：含有马来酸-丙烯酸共聚物（MA-AA）1~15、羟基亚乙基二膦酸（HEDP）1~25、氨基三亚甲基膦酸（ATMP）2~30、渗透剂JFC占清洗剂质量的0.3‰~5‰、水加至100、缓蚀剂占清洗剂质量的1‰~3‰。

对于有机除垢剂的组分选择，本品在现有技术的基础上，进行了大量反复的试验研究，例如：DTPMP（二乙烯三胺五亚甲基膦酸）和PBTCA（2-膦酸丁烷-1,2,4-三羧酸），根据多个配方试验发现，它们在清洗碳酸盐水垢时效果就不如羟基亚乙基二膦酸（HEDP）和氨基三亚甲基膦酸（ATMP）；聚丙烯酸（PAA）和水解聚马来酸酐（HPMA）同是聚羧酸共聚物，经过试验发现聚丙烯酸、水解聚马来酸酐不如马来酸-丙烯酸共聚物溶解碳酸盐水垢效率高。最终通过大量对比试验，确定了本品所述的以羟基、羧基、有机膦酸盐、表面活性剂为主要成分的速效有机除垢剂，其阻垢机理主要有晶格畸变、络合增溶、凝聚分散（如聚羧酸类）等，其中，渗透剂 JFC 能够提高清洗剂的溶垢能力，加快碳酸盐水垢的溶解速度；MA-AA 共聚物对碱土金属离子具有很强的螯合分散能力；HEDP 与 ATMP 复配使用有很好的协同效应和增效作用，使除垢剂具有添加量小但溶垢能力强的特点，并有缓蚀作用。

本品所述有机除垢剂的清洗原理是利用本身的氧化性、酸性（在水溶液中发生离解反应，缓慢电离出 H^+）和所带的活性基团的优异螯合能力（含有的羧基能与许多金属离子络合形成稳定的络合物），再加上分散性和强力渗透性的作用，能在一定的温度条件下迅速将覆盖在金属表面的氧化层水垢剥离、浸润、分散、螯合至清洗液中，以达到清洗的目的。

此外，在一个完善的配方中，还需要根据有机物单体的突出性能进行科学复配及合理选择各组分的质量分数，而组分比例的选择又会受到药剂单体之间的协同效应，以及清洗现场的温度、材质、器皿类型等多因素的综合影响。如清洗中温度升高能加快反应速率，但有的器皿（例如壁挂式燃气热水器）就没有加温的条件，在常温下马来酸-丙烯酸共聚物溶垢效力好。因此对马来酸-丙烯酸共聚物（MA-AA）、羟基亚乙基二膦酸（HEDP）、氨基三亚甲基膦酸（ATMP）进行了多次多个配比试验，在同一配比下，温度升高，溶垢速率加快，在同一温度下，配比加快，溶垢速率加快。配方中加入渗透剂（JFC），更加提高了清洗剂的渗透溶垢能力，加快了碳酸盐水垢的溶解速度。

由于本品的有机除垢剂有较强的螯合、分散性能，适用于清洗碳酸盐、硫酸盐、硅酸盐及铁锈等水垢，适用的材质有：碳钢、不锈钢、黄铜、紫铜、铝等合金。另外，本品有机除垢剂中的有机酸不含有害氯离子成分，不会引起设备孔蚀和应力腐蚀，还具有安全性，因此是一种安全的除垢剂。

产品应用　本品主要应用于清洗碳酸盐、硫酸盐、硅酸盐及铁锈等水垢，适用的材质有：碳钢、不锈钢、黄铜、紫铜、铝等合金。优选在清除家用热水器或汽车水箱内碳酸盐水垢方面的应用。

在应用中，若条件允许可适当加温，加温后垢的溶解速度加快，但清洗温度应在 20～60℃，否则药剂中缓蚀剂作用会受到影响。

产品特性

(1) 除垢速度快。

(2) 腐蚀速率低：本品的有机除垢组合物腐蚀速率均 ≤0.04g/(m² · h)。

(3) 除垢率高：本品除水垢组合物，只要其配比在控制范围内，温度在 20～60℃，碳酸盐水垢在 5mm 以下，除垢率均能达到95％以上（国家相关指标是大于 90％）。

有机物污垢复合清洗剂

原料配比 →

原料	配比(质量份)		
	1#	2#	3#
碳酸氢钠	15	14.5	15
EDTA-4Na	25	25	24.5
柠檬酸铵	15	15.5	15
十二烷基苯磺酸钠	1	1	1
纯水	44	43	44.5

制备方法　将原料混合搅拌均匀即可。

原料配伍　本品各组分质量份配比范围为：碳酸氢钠 14.5～

15、EDTA-4Na 24.5~25、柠檬酸铵 15~15.5、十二烷基苯磺酸钠 1、纯水 43~44.5。

产品应用　本品主要应用于清除水处理膜系统中油类、胶体、表面活性剂等有机物污染。

产品特性　本品通过多重作用去除有机物对膜系统的污染，可达到良好的除污效果；可同时解决无机盐、金属氧化物等多类污染物对膜系统的损害，药效范围广，可代替多种药剂共同使用，操作简便。

蒸汽锅炉用节能阻垢除垢防腐复合型药剂

原料配比 →

原　料		配比(质量份)		
		1#	2#	3#
有机组分	木质素	15	25	35
	海藻酸钠	5	15	20
	腐植酸钠	0.5	1.5	2.5
	单宁酸钠	1.5~3.5	2.5	3.5
	变性淀粉	1.5	2.5	3.5
	乙二醇衍生物	2.5	4	5.5
无机组分	氢氧化钠	2.5	4	5.5
	磷酸三钠	5	11	17

制备方法

(1) 有机组分的制备：取 15~35 质量份的木质素、5~20 质量份的海藻酸钠、0.5~2.5 质量份的腐植酸钠、1.5~3.5 质量份的单宁酸钠、1.5~3.5 质量份的变性淀粉、2.5~5.5 质量份的乙二醇衍生物，得有机组分。

(2) 无机组分的制备：取 2.5~5.5 质量份的氢氧化钠、5~17 质量份的磷酸三钠，得无机组分。

(3) 将上述有机组分和无机组分混合，即得所述蒸汽锅炉用复合型药剂。

原料配伍　本品各组分质量份配比范围为：木质素 15～35，海藻酸钠 5～20，腐植酸钠 0.5～2.5，单宁酸钠 1.5～3.5，变性淀粉 1.5～3.5，乙二醇衍生物 2.5～5.5，氢氧化钠 2.5～5.5，磷酸三钠 5～17。

木质素可以疏松和分解锅垢；海藻酸钠和腐植酸钠防止水垢的生成；单宁酸钠形成单宁酸盐防腐保护膜并吸附氧；变性淀粉调节污泥；乙二醇衍生物抑制泡沫的形成；氢氧化钠，沉淀水中的硬度和控制 pH 值，保护磁性四氧化三铁膜；磷酸三钠防止垢的生成并保护铁的表面。

产品应用　本品主要用作蒸汽锅炉用节能阻垢除垢防腐复合型药剂。

产品特性　本产品溶解固体的增加量最小，物理作用：彼此分离并高度分散的有机物有很高的分子量，能够吸引水中的杂质分子。其效果就相当于两个物体间的相互吸引，在这个阶段没有化学反应发生。盐类的中性吸附：这种吸附作用的分子呈中性，因而能够吸附水中所有的盐类，暂时硬度和永久硬度物质以及含铁、氯和硅等的盐都能被吸附，沉淀污泥，离子中和，即时吸附，防止腐蚀，防止苛性脆化，与锌板有关的问题，可在线清除老垢。

中低压锅炉防除垢粉剂

原料配比

原　料	配比（质量份）							
	1#	2#	3#	4#	5#	6#	7#	8#
碳酸钠	80	85	75	65	80	50	45	60
腐植酸钠	20	15	15	15	15	20	15	15
六偏磷酸钠	—	—	10	5	10	10	5	8
磷酸三钠	—	—	—	—	—	30	30	35

制备方法　将各组分混合均匀即可。

原料配伍　本品各组分质量份配比范围为：碳酸钠 45～85、腐植酸钠 15～25。

本品还可以在上述配方中选加六偏磷酸钠，其组分的质量份配比为：碳酸钠 60～80、腐植酸钠 15～20、六偏磷酸钠 5～10。

本品还可以在上述配方中选加磷酸三钠，其组分的质量份配比为：碳酸钠 45～60、腐植酸钠 15～20、六偏磷酸钠 5～10、磷酸三钠 30～35。

产品应用　本品主要应用于中低压锅炉的防垢、除垢。使用时，本品粉剂制成 25%～35% 的水溶液即可。

产品特性　由于本品药剂集防垢、防腐为一体，在炉体内形成一种光滑的保护膜，阻碍了氢氧根对金属的腐蚀，防垢率达 90% 以上，除垢迅速，不腐蚀设备，无毒无污染。

∴ 中央空调主机除垢除锈剂 ∴

原料配比 ➡

表 1　固体混合物

原　料		配比（质量份）			
		1#	2#	3#	4#
氨基磺酸		85	80	85	75
多元膦酸类螯合剂	羟基亚乙基二膦酸	7	—	—	—
	氨基三亚甲基膦酸	—	10	—	10
	乙二胺四亚甲基膦酸	—	—	10	—
氟化物硅垢溶解促进剂	氟化氢铵	7	8	—	—
	氟化钠	—	—	4	10
非离子表面活性剂脂肪醇聚醚渗透剂	壬基酚聚氧乙烯醚	1	—	—	—
	脂肪醇聚氧乙烯醚	—	2	—	—
	硅氧烷聚醚	—	—	1	—
	烷基聚氧乙烯醚	—	—	—	5

表 2　缓蚀剂

原　料	配比(质量份)
乌洛托品	2
苯胺	2
甲基苯并三氮唑	1

制备方法　本品在使用时将固化混合物用水稀释然后加入缓蚀剂即可。

原料配伍　本品各组分质量份配比范围为：氨基磺酸 75～85、多元膦酸类螯合剂 4～10、氟化物硅垢溶解促进剂 4～10、非离子表面活性剂脂肪醇聚醚渗透剂 1～5。

所述缓蚀剂为液体，由乌洛托品、苯胺、甲基苯并三氮唑按质量比 2∶2∶1 混合制备而成，该缓蚀剂在所述固体混合物与水混合配成酸洗液时按水量的 0.3% 添加到酸洗液中。

所述多元膦酸类螯合剂为：羟基亚乙基二膦酸、氨基三亚甲基膦酸、乙二胺四亚甲基膦酸；氟化物硅垢溶解促进剂为：氟化钠、氟化氢铵；非离子表面活性剂脂肪醇聚醚渗透剂为：壬基酚聚氧乙烯醚、脂肪醇聚氧乙烯醚、硅氧烷聚醚、烷基聚氧乙烯醚。

质量指标 →

检验项目	检验结果
外观	白色固体粉末或颗粒
密度/(g/mL)	2.0～2.5
1%水溶液 pH 值	1.0～1.2
挥发物	无
有效成分含量	≥98%

产品应用　本品主要应用于清洗铜质换热设备，尤其是清洗中央空调主机。使用方法如下：

(1) 用少量水将本品的固体混合物溶解后投入配液箱中混匀；或直接将本品的固体混合物投入配液箱中搅拌溶解，同时按比例添加缓蚀剂，用循环清洗泵注满被清洗设备，按确定的清洗工艺清洗。可采用强制循环法、浸泡法。

（2）配比浓度：视水垢厚薄程度，每100L水投加本品的固体混合物3~10kg，投加缓蚀剂0.3kg。

（3）清洗时间：一般在2~8h，最长不超过12h。要缩短除垢时间可适当增加温度，但不能超过60℃。

（4）除垢结束后，可用中和剂中和，并用清水漂洗30min。

产品特性

（1）能溶解碳酸盐、硅酸盐、硫酸盐以及铁氧化物等各种水垢、锈垢。除垢剂中的固体有机酸酸度强，能快速与碳酸盐水垢反应。利用高效渗透剂先对被清洗固体表面润湿，使酸洗液能渗透到垢层内部，在垢层基底上反应，以剥离、去除污垢，加快除垢速度。复配的螯合剂对成垢性阳离子钙、镁以及铁等金属离子有较强的螯合能力（其螯合稳定常数分别为 $K_{Ca^{2+}}=6.04$，$K_{Mg^{2+}}=6.55$，$K_{Fe^{3+}}=16.21$），对这些金属的难溶盐垢类如硫酸钙、硅酸镁等进行螯合、软化、分散，并将之清除，可以有效地解决无机酸对非碳酸盐水垢的清洗难题。本品对碳酸盐水垢的除垢率可达100%，对硅酸盐水垢、铁氧化物的除垢率可达70%以上，对硫酸盐水垢的除垢率可达40%以上。

（2）对金属腐蚀率极低。本品由于复配了高效缓蚀剂，且有机多元膦酸类螯合剂对金属有缓蚀作用，因此对紫铜、黄铜等中央空调主机常用材料以及碳钢材料有较强的缓蚀性能，其腐蚀率较一般无机酸类除垢剂低几倍，甚至几十倍，大大低于化学清洗质量标准。同时缓蚀剂还可以有效地抑制碳钢的析氢能力以及 Fe^{3+} 的加速腐蚀能力，在除垢过程中可以有效地保护设备，保证设备的安全，因此本品尤其适用于中央空调主机这类铜管管壁极薄的设备。

（3）除垢时，不会像无机酸除垢剂一样产生酸雾及有害气体，对环境以及操作人员的危害大大降低。

（4）相对于一般有机酸除垢剂，常温时即有较快的除垢速度。在升温不大于60℃条件下清洗能进一步加快除垢速度。

（5）相对目前较新的其他类产品具有更好的除垢效果。

中央空调循环水系统除垢剂

原料配比 ➡

原　料	配比（质量份）
氨基磺酸	34
柠檬酸	25
乙二胺四乙酸	16
腐植酸钠	5
纯净水	30

　　制备方法　将各组分原料混合均匀即可。

　　原料配伍　本品各组分质量份配比范围为：氨基磺酸30～40，柠檬酸20～30，乙二胺四乙酸5～20，腐植酸钠5～10，纯净水30～40。

　　产品应用　本品主要用于中央空调循环水系统的除垢。

　　产品特性　本产品的主要成分为混合酸，主要作用机理是利用其本身的氧化性、酸性和所带活性基团的螯合能力，将覆盖在金属表面的污垢和腐蚀产物等剥离、浸润、分散、螯合至洗液中，以达到清洗的目的，是一种环保、性能优良的空调循环水系统的除垢剂。本产品性质相对比较温和，基本不产生对金属的腐蚀，能安全、有效、快速地去除金属表面的多种沉积物、垢质，由于组分经复合配制而成，可以互相补足，发挥最大的作用。

中央空调循环水系统酸性除垢剂

原料配比 ➡

原　料	配比（质量份）
乙二胺四乙酸	10～15
腐植酸钠	5～8

原　料	配比（质量份）
聚磷酸盐	20～25
水	加至 100

制备方法　将各组分溶于水混合均匀即可。

原料配伍　本品各组分质量份配比范围为：乙二胺四乙酸 10～15、腐植酸钠 5～8、聚磷酸盐 20～25、水加至 100。

本品的中央空调循环水系统酸性除垢剂在使用时的稀释浓度可以根据不同状况（垢层的厚薄）发生变动。比如针对一般的空调系统，其在使用时的稀释比例为 (1∶3)～(1∶15)。

进一步的，本品所述的中央空调循环水系统酸性除垢剂在使用时的稀释比例可为 1∶10。

产品应用　本品主要应用于中央空调循环水系统除垢。

产品特性　本品不像强酸那样对金属有极强的腐蚀作用，其性质相对比较温和，基本不产生对金属的腐蚀。

本品能安全、有效且快速地去除金属表面的多种沉积物、垢质，并且操作简便，成本低廉。

∴ 中央空调专用除垢剂

原料配比 ➡

原　料	配比（质量份）		
	1#	2#	3#
蒸馏水	50	65	80
柠檬酸	10	20	30
木质素磺酸钠	15	18	20
草酸	3	5	8

制备方法　将蒸馏水加入反应容器中，然后依次将柠檬酸、木质素磺酸钠、草酸投加入反应容器中，并进行搅拌 1h 后即得成品。

原料配伍　本品各组分质量份配比范围为：柠檬酸 10～30，木质素磺酸钠 15～20，草酸 3～8，蒸馏水 50～80。

产品应用　本品主要用作中央空调专用除垢剂。

产品特性

(1) 本产品中所使用的柠檬酸为有机酸，对金属材料的腐蚀性较无机酸弱，与 Fe^{3+} 形成络合物，以达到去除铁垢和铁锈的目的。

(2) 本产品中所使用的木质素磺酸钠其结构单元上含有酚羟基和羧基，能生成不溶性的蛋白质络合物，具有分散、黏合、络合与乳化-稳定作用，对中央空调循环水起到阻垢分散和缓蚀作用。

(3) 本产品对铜管及其他金属管道腐蚀能力小，不容易产生氢脆现象，除锈、除锈垢率高，并有一定的缓蚀作用，使用安全。

重垢低泡型金属清洗剂

原料配比 ➔

原　料	配比（质量份）
聚乙二醇辛基苯基醚	5
磷酸酯盐	4
无水硅酸钠	32
二丙二醇甲醚烷醇酰胺	5
氨基苯磺胺	3
丁二醇	5
水	加至 100

制备方法　将各组分混合并搅拌均匀，使用时，按清洗污垢的程度，用水稀释到所需要求即可。

原料配伍　本品各组分质量份配比范围为：聚乙二醇辛基苯基醚 3～5、磷酸酯盐 2～4、无水硅酸钠 28～32、二丙二醇甲醚烷醇酰胺 3.5～5、氨基苯磺胺 1～3、丁二醇 3～5、水加至 100。

产品应用　本品主要应用于金属重垢清洗。

产品特性　本品对清洗金属表面重垢有明显作用，具有低泡、高效，对金属表面无腐蚀，稳定性好，安全环保，对人体无直接伤害的优点。

重油垢和胶层清除剂

原料配比 ➡

原料		配比（质量份）								
		1#	2#	3#	4#	5#	6#	7#	8#	9#
表面活性剂部分	7960	—	—	—	—	—	—	8	—	—
	7960+1227	7+5	—	—	5+4	—	—	—	5+6	—
	肉豆蔻脂肪酸	—	5	—	—	—	—	—	—	—
	棕榈油脂肪酸	—	—	10	—	—	—	—	—	—
	油酸	—	—	—	—	8.5	—	—	—	13
	油酸-三乙醇胺	—	—	—	—	—	7	3	—	—
	乙醇胺	—	3	—	—	—	—	—	—	8
	三异丙醇胺	—	—	—	—	—	5.5	—	—	—
	固体氢氧化钠	—	—	3.5	—	—	—	—	—	—
	十二烷醇硫酸钠	—	—	—	—	—	8	—	—	—
	月桂基硫酸乙醇胺	—	4	—	—	—	—	—	9	—
溶剂部分	异丙醇	16	—	—	—	—	6	8	—	—
	二丙酮醇	—	12	—	8	8	10	—	8	9
	苯甲醇	—	—	16	7	16	—	8	12	16
	二氯甲烷	—	—	—	3	6	—	—	7	8
	二氯乙烷	—	8	—	—	—	—	8	—	—
	二溴甲烷	—	—	5.5	—	—	—	—	—	—
	乙酸丁酯	10	—	—	—	—	8	—	—	—
	水	62	68	65	73	56	61	56	62	46

制备方法　将原料在常温下混合，即可。

　　原料配伍　本品各组分质量份配比范围为：表面活性剂 5～20、可溶于水的脂肪醇 5～16、苯甲醇 5～8、卤甲烷或卤乙烷 0～12、乙酸乙酯或乙酸丁酯 0～12、水加至 100。

　　上述的表面活性剂以采用 C_{12}～C_{18} 碳酸（酯）盐为宜，以选用油酸＋三乙醇胺或硬脂酸＋三乙醇胺为最佳。所述的油酸或硬脂酸与三乙醇胺之质量比为 2:1。

　　上述的可溶于水的脂肪醇以采用二丙酮醇为最佳。

　　上述的卤甲烷以采用二氯甲烷为最佳。

　　在上述混合物中还可加入 0.1%～0.2% 的香精。

　　本品选用对重油垢浸润性很强的表面活性剂，以及溶解性很强而毒性和气味对人体影响微弱的溶剂，其酸碱值呈中性（pH 7.5～8）。

　　由于所选用的材料具有良好的特性，可加入一定数量的水，从而能大大降低成本。

　　本品的清除剂用于清除厨房中的油垢，效果极佳。经在家庭与餐馆中使用，结果表明，对于一年以上自然形成的油垢，其厚度为 $500\mu m$，用原液（若温热至 35～40℃ 则更佳）润湿油垢 2～5min，即可用百洁布或抹布很快地擦掉油垢，而且附着在布上的油污很容易搓洗干净。至于一个月内自然形成的油垢，则可将原液稀释 5～10 倍后予以使用，效果亦好。

　　本品还可作为高效金属清洗剂，其效能优于常用的金属清洗剂，而且不易生锈。

　　本品还可作为油墨清洗剂以及废纸浆和脱墨去污剂。

　　本品亦可作为某些涂料、黏合剂的清洗剂。

　　产品应用　本品主要应用于清除重油垢、油墨、黏合剂、涂料等。

　　产品特性

　　(1) 用途广，不仅可清除重油垢，还可清洗某些涂料、油墨、黏合剂等。

　　(2) 安全，本品的清除剂不燃，并具阻燃性，无任何腐蚀，其毒性浓度极低，对人体不构成伤害，不含磨料，不会造成物面的擦痕。

（3）不污染环境。本品的清除剂在使用中不易挥发，因而不会造成环境污染。

（4）成本低廉。本品能够充分利用清洗材料，减少原材料的浪费，因而可大幅度降低成本。

注水井管柱用有机酸除垢剂

原料配比

原　　料		配比（质量份）		
		1#	2#	3#
有机酸		7	18	15
缓蚀剂		3	1	2
渗透剂		1	5	2.6
水		加至 100	加至 100	加至 100
有机酸	氨基磺酸	2	8	5
	固体硝酸	5	10	10

制备方法　将各组分原料混合均匀即可。

原料配伍　本品各组分质量份配比范围为：有机酸 7～18，缓蚀剂 1～3，渗透剂 1～5，水加至 100。

所述的有机酸由氨基磺酸和固体硝酸组成，两者占除垢剂的质量分数如下：氨基磺酸 2%～8%，固体硝酸 5%～10%。优选两者占除垢剂的质量分数如下：氨基磺酸 5%，固体硝酸 10%。

所述的缓蚀剂为缓蚀剂 LJ-1，缓蚀剂 LJ-1 为六亚甲基四胺与甲基戊炔醇的复配物，复配质量比为 1：1。

所述的渗透剂为渗透剂 LJ-2，渗透剂 LJ-2 为以多乙烯多胺为起始剂的聚氧乙烯、聚氧丙烯、聚醚与阳离子表面活性剂 C_{16}-4-C_{16} 的复配物，复配质量比例为 3：7。

产品应用 本品主要用作注水井管柱用有机酸除垢剂。

产品特性 本产品在温度 50℃，反应时间 12h 时，对碳酸钙垢的除垢率大于 85％，对硫酸钙垢的除垢率大于 50％，对 N-80 钢片的腐蚀速率小于 $2.0g/m^2$，缓蚀率大于 90％。

铸造铝合金洗白除垢溶液

原料配比 ➔

原料		配比(g/L)			
		1#	2#	3#	4#
氧化剂	过氧化氢	40	—	30	70
	过硫酸铵		120	100	150
络合剂	柠檬酸	20	—	20	40
	酒石酸	—	5	10	20
	草酸	—	10	20	20
助洗剂	氟化铵	100		100	200
	氟化氢铵		100	100	120
缓蚀剂	硫脲	10mg/L	—	20mg/L	35 mg/L
	烯丙基硫脲	—	4mg/L	6mg/L	6 mg/L

制备方法 将各组分原料混合均匀即可。

原料配伍 本品各组分质量份配比范围为：本品包含氧化剂、络合剂、助洗剂与缓蚀剂。

所述氧化剂选自过氧化氢和/或过硫酸铵。

所述络合剂选自酒石酸、柠檬酸、草酸中的一种或多种。

所述助洗剂选自氟化铵和/或氟化氢铵。

所述缓蚀剂选自硫脲和/或烯丙基硫脲。

所述氧化剂各物质单一或多种组合时的质量浓度为过氧化氢 30～130g/L；过硫酸铵 100～200g/L。

所述络合剂各物质单一或多种组合时的质量浓度为酒石酸 3～

30g/L；柠檬酸 10～50g/L；草酸 10～50g/L。

所述助洗剂各物质单一或多种组合时的质量浓度为氟化铵 100～250g/L；氟化氢铵 100～250g/L。

所述缓蚀剂各物质单一或多种组合时的质量浓度为硫脲 1～50mg/L；烯丙基硫脲 1～10mg/L。

产品应用　本品主要用作铸造铝合金洗白除垢溶液。

产品特性

(1) 除垢效果与"三酸法"相当。

(2) 溶液配制完成后 pH 2～2.5，且有缓蚀剂存在，腐蚀性不显著，不会影响加工件尺寸精度。

(3) 不含磷酸，不产生磷的排放，废水处理容易。

(4) 不含硝酸，生产过程中不产生氮氧化物棕色烟雾的排放，改善生产环境，减少废气处理。

(5) 在常温下，经本产品所述溶液处理铸造铝合金 10～120s 后，产品表面洁白、色泽均匀，经清洗后即可进行沉淀锌等后续工序，后续镀层结合力好。

参考文献

中国专利公告

CN－201310514945.0

CN－200910213116.2

CN－201310539741.2

CN－200910036369.7

CN－200910028828.7

CN－200910036368.2

CN－200910028829.1

CN－200910036366.3

CN－200910259996.7

CN－200710009297.8

CN－200510094864.5

CN－200910065236.2

CN－2013105134188

CN－201410340704.3

CN－200910213109.2

CN－200910213108.8

CN－200510017846.7

CN－201110143502.6

CN－201510040988.9

CN－200910036364.4

CN－200910156320.5

CN－200910036367.8

CN－201310517703.7

CN－201210362476.0

CN－200710005032.0

CN－201310486937.X

CN－200710175912.2

CN－200510074404.6

CN－200910011843.0

CN－201410372368.0

CN－201310509478.2

CN－200810111752.X

CN－201410467486.X

CN－201410467377.8

CN－200710010249.0

CN－201110254832.2

CN－201110253343.5

CN－201110254833.7

CN－201110254829.0

CN－201110253541.1

CN－201110256331.8

CN－201110253341.6

CN－201110253538.X

CN－201110253530.3

CN－201410265508.4

CN－201410265930.X

CN－201410265839.8

CN－201410257655.7

CN－201410258290.X

CN－201410258305.2

CN－201210159112.2

CN－201310508937.5

CN－201010574299.3

CN－200910213104.X

CN－201310627140.7

CN－201310454092.6

CN－201310575273.4

CN－200910036363. X

CN－200910311026. 7

CN－201310677441. 0

CN－201510198064. 1

CN－201310673400. 4

CN－201010129136. 4

CN－201310621070. 4

CN－201110419425. 2

CN－200910113521. 7

CN－201410647988. 0

CN－201410621662. 0

CN－201010276833. 2

CN－201310749542. 4

CN－201110190451. 2

CN－200910064399. 9

CN－201210479309. 4

CN－201210479250. 9

CN－200710034801. X

CN－201210180645. 9

CN－200710179034. 1

CN－201310001676. 8

CN－201410435619. 5

CN－201110297647. 1

CN－201410368651. 6

CN－201310673309. 2

CN－201310581186. X

CN－200910213111. X

CN－200710010277. 2

CN－200610045827. X

CN－201410372356. 8

CN－201510053842. 8

CN－201110426150. 5

CN－200410066837. 2

CN－200410006559. 1

CN－201410292813. 2

CN－201310637342. X

CN－201410683863. 3

CN－200610042705. 5

CN－201410372596. 8

CN－201010268408. 9

CN－201410683670. 8

CN－201310514891. 8

CN－201310725161. 2

CN－201410372341. 1

CN－201010282662. 4

CN－200910113645. 5

CN－201110080061. X

CN－201410305112. 8

CN－201010276832. 8

CN－200910213110. 5

CN－200910213112. 4

CN－200910034632. 9

CN－200710072798. 0

CN－200810079495. 6

CN－200510043902. 4

CN－201310567233. 5

CN－200910198919. 5

CN－200910198928. 4

CN－201310728732. 8

CN－201310727358. X

CN－201110148100. 5

CN－201010217997. 8

CN—200610015635. 4

CN—200410084072. 5

CN—200610097841. 4

CN—201410426267. 7

CN—201310702069. 4

CN—201410357960. 3

CN—200910156321. X

CN—201010587123. 1

CN—201410352622. 0

CN—201210287449. 1

CN—201510068794. X

CN—201410355086. X

CN—200410025575. 5

CN—200810046015. 6

CN—200510076788. 5

CN—201010506449. 7

CN—200410066836. 8

CN—201010587206. 0

CN—200910213102. 0

CN—201410491593. 6

CN—201310442295. 3

CN—201210288028. 0

CN—200410066821. 1

CN—201410336651. 8

CN—201410333070. 9

CN—201410097184. 8

CN—201010218000. 0

CN—201010125327. 3

CN—201410268130. 3

CN—201410267657. 4

CN—201410268208. 1

CN—201410268193. 9

CN—201410268209. 6

CN—200810049511. 7

CN—200910213107. 3

CN—201110137844. 7

CN—200910213103. 5

CN—201410337563. X

CN—201110222391. 8

CN—201110231548. 3

CN—201010100301. 3

CN—201310004325. 2

CN—200410024589. 5

CN—200410070461. 2

CN—201010598723. 8

CN—200910036365. 9

CN—200610017001. 2

CN—201010100271. 6

CN—201310730694. X

CN—201410426266. 2

CN—201010100253. 8

CN—200910172229. 2

CN—200910072984. 3

CN—201210486514. 3

CN—201210479346. 5

CN—201210483281. 1

CN—201210486484. 6

CN—2014100312319

CN—201310376739. 8

CN—201210338130. 7

CN—201010128471. 2

CN—200410066845. 7

CN—200510058842. 3

CN—201010538731. 3

CN—200610161545. 6

CN—200910213106. 9

CN—200910213106. 9

CN—200410025513. 4

CN—200810073888. 6

CN—201010237072. X

CN—200910229773. 6

CN—200910198926. 5

CN—200810111766. 1

CN—200810061039. 9

CN—201310100496. 5

CN—200710025297. 7

CN—201110219336. 3

CN—201310079116. 4

CN—201010180202. 0

CN—200910238210. 3

CN—201010011437. 7

CN—200910143903. 4

CN—200910198927. X

CN—201410114629. 9

CN—200610045826. 5

CN—200410066844. 2

CN—200710035124. 3

CN—201310550828. X

CN—201110426155. 8

CN—201010562102. 4

CN—201510089699. 8

CN—201510207119. 0